站在巨人的肩上
Standing on the Shoulders of Giants

U0383250

TURING 图灵原创

黄豆奶爸——著

ChatGPT
从入门到精通

人民邮电出版社

北京

图书在版编目（CIP）数据

ChatGPT从入门到精通 / 黄豆奶爸著. -- 北京 ： 人
民邮电出版社，2024.1
（图灵原创）
ISBN 978-7-115-62735-3

Ⅰ. ①C… Ⅱ. ①黄… Ⅲ. ①人工智能 Ⅳ. ①TP18

中国国家版本馆CIP数据核字(2023)第182142号

内 容 提 要

本书旨在帮助读者了解 ChatGPT 和它背后的技术原理，掌握它的使用方法并了解它的潜在应用和影响。书中详细阐述了人工智能（AI）的相关基本概念，例如机器学习和自然语言处理，并全面介绍了如何使用 ChatGPT 进行对话和写作。此外，本书还深入探讨了人工智能将如何改变我们的工作方式，以及我们如何通过教育和培训来适应这些变化。这包括如何进行持续学习、如何开发新的技能，以及如何使用 ChatGPT 等 AI 工具来提升我们的工作效率。

本书适合正在经历第四次科技革命，并想在这次科技革命中抓住先机的人阅读。

◆ 著　　　　黄豆奶爸
　　责任编辑　王振杰
　　责任印制　胡　南

◆ 人民邮电出版社出版发行　　北京市丰台区成寿寺路 11 号
　　邮编　100164　　电子邮件　315@ptpress.com.cn
　　网址　https://www.ptpress.com.cn
　　固安县铭成印刷有限公司印刷

◆ 开本：800×1000　1/16
　　印张：22.75　　　　　　　　2024 年 1 月第 1 版
　　字数：508 千字　　　　　　2025 年 4 月河北第 8 次印刷

定价：79.80元

读者服务热线：(010)84084456-6009　印装质量热线：(010)81055316
反盗版热线：(010)81055315

赞　誉

这本书不仅是一本手册，更是一扇开启 AI 世界的大门。它将复杂概念浅显易懂地呈现，无论你是初学者还是专家，都能在其中获得深刻的洞见。

——粥左罗　10 万册畅销书《学会写作 2.0》作者

如果你对 ChatGPT 或自媒体营销有兴趣，这本书将是你的必读之作。它为读者提供了全面而细致的指南，让人工智能不再是遥不可及的黑箱，而是触手可及的工具。

——肖厂长　恒星私董会和恒星联盟发起人、星辰教育 CEO

ChatGPT 问世之后，我把市面上几乎所有的相关课程都买了。在学习期间，我认识了黄豆奶爸，并邀请他给我们的学员和员工做培训。到现在，我们有将近 2000 名学员学过他的课程，好评如潮，并且我自己公司的员工学了之后，人效提升了一倍多。得知黄豆奶爸写了这本入门书，我想马上向你推荐，希望更多人受益！

——孙圈圈　圈外同学创始人、CEO

AI 时代是一个游乐园，想要玩得好，就要有门票，还要有向导。在与 AIGC（AI 生成内容）相关的书中，这本书帮你去粗取精、快速上手、立刻应用，值得边看边用！

——易仁永澄　幸福进化俱乐部创始人、个人成长教练品牌课创始人

作为一个知识付费创业者，这本书对于我的价值极大，它向我展示了 ChatGPT 能够为互联网创业提供的所有需求场景，非常推荐大家阅读。

——芷蓝　知识付费创业者、万人社群玩赚新媒创始人

这本书能真正让你成为工具的主人，驾驭 ChatGPT，将其应用于自媒体领域，并帮助你一步步实践，拿到结果。它提供了人工智能与实用技术完美结合的例证。一定要看，不要错过！

——梁靠谱　某三甲医院医生、多平台自媒体博主、某医药生物公司自媒体顾问

学懂 ChatGPT，小到制作一套课件、写一本书、做一个爆款账号，大到帮助企业完成降本增效，你都会从这本书中获得系统的方法。黄豆奶爸的新书，不只教我们将 AI 这个工具纳入我们的生产体系中，更让我们懂得，作为人类，有哪些绝不可被替代的部分，可以形成我们生命的护城河。

——理白先生　医学硕士、25W 博主 IP 赋能教练

AI 是未来 10 年最大的风口之一，是不亚于移动互联网的又一次工业革命，所有行业都可以在 AI 时代重新做一遍，AI 也可以赋能各行各业。黄豆奶爸的书则是让你了解 AIGC 的一张门票。错过了淘宝，错过了抖音，不要错过 AI，拥抱 AI 即是拥抱未来！

——唐晓涵　某新媒体公司创始人、企业新媒体战略顾问

恰逢人工智能的黄金时代，这本书是一本及时的指南，有理论、有实操、有案例，适合每一位渴望跟上 AI 时代的前沿学习者。

——沈文婷　个人知识管理研究者、畅销书《了不起的学习者》作者

推　荐　序

我第一次接触"人工智能（AI）"这个概念还是在读研究生的时候，那个时候通信领域都在研究"智能天线""自适应接收机"等概念，很多同学都捧着研究"人工神经网络"的书看。

那时候，我们理解的智能就是研究快速变化的无线通信信道，通过自适应算法来调整天线的增益，有效地控制信噪比和信干比，以提高接收信息的有效性。那时，我的研究方向是无线通信信道本身的特性，因此没有太多地去钻研算法，冥冥之中又错过了一个风口。

真正让我对人工智能有了颠覆性认识的时刻是在我研究生毕业接近 20 年之时，在阅读特伦斯·谢诺夫斯基写的《深度学习》一书之后。我第一次对"人工智能"产生了敬畏之心。它不是我们以为的仅仅是一个程序、一台计算机，而是一个信息化的、具有学习能力的"大脑"。按照那本书中的推演，人工智能总有一天会达到人脑的思维水平，很多人脑完成的工作都将被机器代替。

2022 年 11 月，随着 ChatGPT 的推出，人工智能的强大终于让整个世界震惊了。紧接着，大量围绕着大模型的智能应用相继推出，它们与 ChatGPT 一起，以超乎寻常的速度改变着我们的传统工作模式。这样的变化让很多人兴奋，但也让人焦虑。如此多的与 AI 相关联的应用，到底从哪里开始学习？怎样能够有效地利用这些工具来为自己服务？

黄豆奶爸的这本书刚好及时地推出了。无论你是技术"小白"，还是像我一样的信息技术爱好者，只要你想从现在开始拥抱 AI，准备学习更有效地使用 AI 工具，那么这本书就是一个非常好的起点。作者浓缩了纷繁复杂的信息，通过结构化的整理，写成了易于学习的操作手册。大量丰富的实例可以让你轻松上手，并在不断地使用工具中发现更多的技巧。

作为一名教育工作者，我始终都在思考，有了这么强大的工具以后，我们还需要教孩子什么。孩子们在基础教育阶段还需要学习什么呢？在北京大学教育学院组织的论坛上，我和其他几位校长一起探讨了这个问题。只有具备批判性思维和强大学习能力的人才能很好地使用 AI，因此，在使用 ChatGPT 的时候，提问者的逻辑思维能力就显得尤为关键了。

令人非常庆幸的是，黄豆奶爸的这本书中提供了有效提问的方法。希望每一位阅读此书的读者都能有所收获。未来也许是"机器"的世界，但是我希望因为有人的参与，工具能够更好地为人类的发展和福祉服务。

孙继先

重庆德普外国语学校小学部校长

德普教育（深圳）有限公司副总经理

前　言

2022 年 8 月，一幅名为《太空歌剧院》的 AI 绘画作品在美国科罗拉多州举办的艺术博览会上脱颖而出，获得数字艺术类别冠军。2022 年 11 月，OpenAI 发布自己研发的聊天机器人 ChatGPT，它迅速在社交媒体上走红，短短 5 天，其注册用户数就超过 100 万。2023 年 1 月末，ChatGPT 的每月活跃用户数突破 1 亿，成为史上用户增长最快的消费者应用。

区别于以往的聊天机器人，ChatGPT 不仅能够模拟人类的语言进行对话，还能根据聊天内容的上下文进行互动，真正像人类一样来聊天交流。

伴随着 ChatGPT 的爆红，国内的科技大佬也纷纷加入人工智能（AI）的战局。百度的文心一言率先拉起了大旗；紧随其后，阿里的通义千问、华为盘古大模型、商汤日日新大模型也纷纷亮相。国内各大 AI 大模型都迫不及待地提交自己的答卷。自此，AI、ChatGPT、Midjourney 这些原来只在程序员的世界中存在的词语，开始走进大众的视野。

许多人之前就听说过人工智能，现在，相关的概念和技术突然变得与每个人切身相关，这让人们不得不思考它们在未来生活中的角色。在聊天机器人 ChatGPT 推出后，ChatGPT 很快就在社交媒体上引发了广泛讨论。人们开始询问这项新技术究竟是什么，它对我们的生活、工作甚至就业会有怎样的影响。

在我们探索这些问题时，首先需要理解什么是人工智能，以及什么是 ChatGPT。

简单来说，人工智能是一种模仿人类智能的机器或系统，它能够"理解"[①]、学习和应用知识，解决问题，进行决策，甚至创造新的事物。而 ChatGPT 是 OpenAI 研发的一个基于人工智能的聊天机器人，它不仅能"理解"人类的语言，还能学习、互动，甚至能够撰写邮件、视频脚本和广告文案，做翻译，编代码，写论文，等等。

---

① 从根本上说，GPT 是一个基于统计学的预测系统，是对词语序列的概率相关性分布的建模；它通过大量数据训练，根据上文出现的语句频率，挑选一个匹配概率最高的答案。但是，它并不能像人类一样，真正理解给出的任务或交流中的语言。故本书中，在 AI 理解人类任务、理解语义等相关的语境中，"理解"一词均加了引号。——编者注

有些人可能会问："那 ChatGPT 和我们有什么关系呢？"实际上，ChatGPT 的应用范围可能会比我们想象得更广泛。例如，它可以作为一个 24 小时在线的客服，解答消费者的问题，也可以帮助公司编写内部文档，甚至可以协助编程，将大量的代码编写工作自动化。此外，ChatGPT 还可以作为一个翻译工具，帮助需要跨越语言障碍的人们进行交流。

有人可能会担忧，ChatGPT 会取代我们，让我们下岗。这是一个极其重要的问题，值得我们深入思考。

首先，我们需要认识到，人工智能技术，比如 ChatGPT 的出现，确实会对某些行业产生冲击，例如客服和文档编写等重复性较高的传统工作可能会被 AI 取代。

其次，我们必须承认，尽管人工智能在很多领域已经表现出强大的能力，但在理解人类情感、创新思维、领导力等许多方面，机器还无法与人类相匹敌。换言之，有很多工作仍然需要人类的独特才能和直觉才能完成。例如，尽管 AI 可以编写出一篇流畅的文章，但它不能创作出深情的诗歌，或是描述出人性的复杂和美妙。

最后，我们可以预见的是，人工智能技术的发展可能会改变我们的工作方式，而非完全取代我们的工作。就像过去的工业革命那样，新技术的引入可能会使某些工作变得过时，但同时也会创造出新的职业和机会。

众所周知，工业革命是人类历史上一个重大的转折点，它改变了人类生产和生活的方式，同时也带来了一系列深远的社会变革。当机器开始替代手工劳动时，一些传统的行业和职业，如铁匠，开始逐渐消失。然而，新的机遇和职业也随之产生，例如工厂工人、机械工程师、铁路工人等。

人工智能产品，尤其是像 ChatGPT 这样的聊天机器人，也会催生新的机遇和职业。比如，现在我们需要 AI 工程师来设计、开发和维护聊天机器人；我们需要数据科学家来处理和分析大量的数据，帮助训练更强大的 AI；我们需要人工智能伦理专家来处理 AI 技术引发的伦理问题和法律问题，等等。

在 AI 帮助人类完成一些烦琐、重复的工作时，我们能够将更多的精力投入到需要创新和创造力的工作之中。这种大转变、大变革并非总是平稳的。技术的进步总是伴随着一些困扰和挑战，包括失业、技能不匹配和社会不平等等问题。

然而，历史告诉我们，这种转变又是可以应对的。比如，工业革命时期，尽管很多工人失去了工作，但随着时间的推移，新的职业出现了，教育和培训日渐普及，社会最终达到了新的平衡。

面对人工智能的冲击时，我们可以借鉴历史经验，采取积极的应对策略。比如，我们可以通过教育和培训来帮助工人适应新的技术和职业，我们可以通过政策调整来保护那些最容易受到冲击的工人和社区，我们还可以通过鼓励创新创业来创造新的工作机会。

在这样的变革背景下，本书将带领你快速学习并掌握相关新技术，让你可以更好地应对新技术带来的挑战。

本书旨在帮助你学习 ChatGPT 和它背后的技术原理，掌握使用它的方法，并了解它的潜在应用和影响。书中详细阐述了人工智能的相关基本概念，例如机器学习和自然语言处理，并全面介绍了如何使用 ChatGPT 进行对话和写作。

此外，本书还深入探讨了人工智能将如何改变我们的工作方式，以及我们如何通过教育和培训来适应这些变化。这包括如何进行持续学习、如何开发新的技能，以及如何使用 ChatGPT 等 AI 工具来提升我们的工作效率。

回顾历史，我们可以看到，技术的进步总是会带来问题和挑战，但它同时也会带来更强的生产力和更高的生活质量。面对 ChatGPT 等人工智能技术的出现，我们不应该恐惧，而应该去了解它，去学习如何与它共存，如何利用它来改善我们的生活。

ChatGPT 和其他科技的出现为我们提供了无尽的可能性。我们需要对这些新技术有一个全面且理性的理解，并学习如何适应这些技术，如何充分发挥它们的潜力。同时，我们也需要更加敏锐，高度关注由此带来的社会问题和伦理问题，以确保新的技术进步能够惠及所有人，并指引人类走向一个更加公正、更加人性化的未来。

这本书适合谁来学习

它适合想在互联网上创业，但之前被各种复杂的营销知识、营销方法吓倒的企业家、创业者或任何一位普通人。

它适合任何已经开始使用 ChatGPT 但希望以更高的水平使用它，以便为自己的公司或职业提供方向和价值的企业所有者、营销人员或学生。

它适合任何听说 ChatGPT 即将取代自己的内容创作者、程序员或者文案人员，以及那些想要走在技术前沿而不想被前沿技术淘汰的人。

本书适合正在经历第四次科技革命，并想在这次科技革命中抓住先机的那些人，适合那些曾经错过了很多机会的人，以及那些不想在下一个大事件到来时袖手旁观、无所作为的人。

本书共分 7 章，内容由浅入深、由易到难。我将带你逐步掌握 ChatGPT 的使用技巧，走完从入门到精通的旅程。

第1章　初步认识 ChatGPT，了解 ChatGPT 的工作原理，以及在人工智能时代，我们应该如何保持先发优势。

第2章　学习人机对话的基本原理和语法规则，深入探索经常被提及的提示词。我们将了解设定提示词的基本原则、编写提示词的高级技巧和提示词学习资源。

第3章　了解如何利用 ChatGPT 拓宽赚钱思路并增加收入，包括如何利用 ChatGPT 制作在线课程、做 SEO、做闲鱼副业赚钱。

第4章　结合具体的业务场景，探索如何正确使用 ChatGPT，让它帮助你打造个人 IP，不断提升自我。

第5章　了解作为学生或者刚刚步入职场的新人，如何让 ChatGPT 成为免费的私人教练随时在身边辅导自己，帮助自己找到满意的工作，高效办公。

第6章　了解在日常生活中，我们如何借助 ChatGPT 优化自己的生活节奏，进行健康管理，提升生活品质，做一个高效的生活达人。

第7章　学习一些 ChatGPT 的高级使用技巧。比如，如何提高由 AI 生成的文案的原创度，写一篇爆款文案。此外，你还会了解除了 ChatGPT，目前市场上还有哪些好用的 AI 工具。

接下来，就让我们一起学习、探索和使用由 AI 技术构建的令人兴奋的 ChatGPT 吧！

目　　录

第 1 章

认识 ChatGPT

AI 的发展历程可追溯到 20 世纪 40 年代。随着计算机科学的诞生，AI 的概念也逐渐浮现。在早期阶段，出现的主要是对 AI 可能性的理论研究。阿兰·图灵提出了著名的"图灵测试"，用以判断一台机器是否能够达到人类的智能水平。

20 世纪五六十年代，人工智能开始从理论走向实践。1956 年的达特茅斯会议被视为 AI 历史上的一个重要里程碑，会议由约翰·麦卡锡发起，他首次提出了"人工智能"这个术语。这一阶段的研究主要集中在规则导向的专家系统和符号主义。

20 世纪 70 年代至 80 年代，AI 发展开始取得实质性的成果。1972 年，专家系统 MYCIN 展示了在某些疾病诊断方面可以匹敌医生的能力，其设计者爱德华·肖特利夫因此获得了显赫的声誉。此外，这一阶段也见证了神经网络的早期研究。

20 世纪 90 年代至 21 世纪初，随着计算能力的提高和大数据的出现，AI 开始了大规模的实用化进程。例如，IBM 的"深蓝"在 1997 年击败了世界象棋冠军卡斯帕罗夫，标志着 AI 在复杂任务处理上的重要突破。

近年来，AI 发展更加迅速，其发展范围更加广泛。2011 年，IBM 的"沃森"在智力竞猜电视节目《危险边缘》中胜出，展示了 AI 在自然语言处理和大规模数据处理方面的能力。2016 年，谷歌 DeepMind 开发的 AlphaGo 击败了围棋世界冠军李世石，人工智能解决复杂问题的能力再次令世界瞩目。

同时，人工智能开始逐渐渗透到人们的日常生活中，如智能手机的语音助手、自动驾驶汽车等。OpenAI 的聊天机器人 GPT 系列，如 GPT-3 和 GPT-4，也展现了 AI 在文本生成和文本"理解"上的显著进步。未来，人工智能的发展仍充满无限可能。

1.1 AIGC 时代到来

伴随着人工智能的发展，近来出现了一个新名词——AIGC。那什么是 AIGC 呢？这是一种以人工智能为主体的内容生产方式。从内容创作的主体变化角度看，我们经历了从 PGC

（Professional Generated Content，专业人士创作内容）、UGC（User Generated Content，用户创作内容）到 AIGC（AI Generated Content，AI 生成内容）的过渡。

PGC

这种类型的内容主要由专业人士或专业组织创建，例如新闻出版机构、电影制作公司、广告公司等。这些内容的生产通常需要专门的知识和技能，以确保其质量和准确性。新闻报道、科学研究成果、电影、电视剧等都属于 PGC。

UGC

这种类型的内容由普通用户或消费者创建并分享到网络上。UGC 的兴起主要归功于社交媒体和各种网络平台，如微博、百家号、今日头条、知乎、小红书、抖音、微信视频号等，它们为用户提供了发布和分享自己的观点、想法、经验和作品的平台。UGC 可以包括文字、图片、视频、评论、评级等各种形式。

AIGC

这种类型的内容由人工智能系统或机器人生成。通过机器学习和深度学习等技术，AI 系统可以学习和分析大量数据，然后创作出全新的内容。例如，AI 可以编写新闻报道、生成艺术作品，甚至编写代码。近年来，随着 AI 技术的发展，AIGC 的能力越来越强，也越来越普遍。例如，OpenAI 的 GPT-4 模型就能够创作出令人惊奇的逼真文本。

在现代社会，这 3 种类型的内容生成方式经常同时存在并互相影响。例如，UGC 可以为 AI 系统提供其学习的数据，而 AI 系统生成的内容又可以被专业人士和普通用户使用和分享。

在人工智能逐渐占据生活各个方面的今天，AIGC 的出现为内容创作领域带来了翻天覆地的变革。

AIGC 打破了传统内容创作的形式和流程。AI 系统能够快速、高效地分析和处理大量数据，然后生成符合特定要求的内容。例如，新闻写作机器人可以自动编写新闻报道，而 AI 绘画系统可以创作出美观、惊艳的艺术作品。此外，由于 AI 系统不需要休息，它可以 24 小时不间断地工作，这极大地提高了内容生成的效率。

AIGC 给整个内容创作行业以及从业人员带来了挑战。随着 AI 的普及，许多传统的内容创作工作可能会被机器取代，从业人员可能面临失业的风险。此外，AI 系统生成的内容可能会导致信息过载，使得人们难以分辨真实与虚假，这给信息的准确性和可信度也带来了挑战。

面对这样的变革，我们需要做出及时的应对，积极地学习和适应这种变化，以便在 AI 时代中更好地生存和发展。

首先，我们需要接受并适应 AI 的存在。AI 并不是要取代我们，而是要成为我们的工具和助手，帮助我们更好地完成工作。因此，我们需要学习和掌握与 AI 相关的技能，使之成为我们工作的一部分。

其次，我们需要丰富和提升自己的专业知识和创新能力。尽管 AI 可以生成各种内容，但它依然缺乏真正的创新能力和理解能力。因此，具有专业知识和创新能力的人将在未来的内容创作领域中占据优势。

最后，我们更需要参与到 AI 的发展和监管中来。我们需要确保 AI 系统的使用遵循道德规范和法律法规，以防止 AI 被滥用和误用。此外，我们还需要努力寻找和创造新的工作机会，以应对 AI 带来的就业挑战。

在本书中，我将手把手地带你从 ChatGPT 零基础阶段，提升到 ChatGPT 专业人士的水平。我们将了解什么是 ChatGPT、学习 ChatGPT 基础操作、了解提示词的原则和编写方法，还会深入研究 ChatGPT 的各种业务使用场景，并进行实战演练。比如，如何通过 ChatGPT 撰写营销文案、做 SEO 和网络营销工作、创作自媒体文案；如何利用 ChatGPT 丰富自己的知识储备，进行健康管理，打造高效人生。

1.2 ChatGPT 问世

在了解了 AIGC 时代的内容创作趋势后，我们来详细了解 AIGC 趋势下的当红应用——ChatGPT。

ChatGPT 是由 OpenAI 公司研发的。OpenAI 是一家人工智能研究实验室，成立于 2015 年，总部位于美国加利福尼亚州旧金山。OpenAI 的使命是确保人工智能技术能够让人类广泛共享，并确保人工智能技术对社会的发展产生有益且积极的影响。OpenAI 期望将研究成果向整个人工智能领域公开发布，但同时也意识到，出于安全和公众利益的考虑，可能需要限制部分研究成果的发布。

OpenAI 由一些科技领域的知名企业家和研究者联合创立，他们中有以下人士。

- 埃隆·马斯克：知名创业者，特斯拉和 SpaceX 的创始人兼 CEO，PayPal 联合创始人。
- 山姆·阿尔特曼：创业者和投资人，曾任 YC 总裁，现为 OpenAI 的 CEO。
- 格雷格·布罗克曼：OpenAI 总裁，曾任 Stripe 的 CTO。
- 伊利亚·苏茨克维：人工智能专家，曾在谷歌大脑（Google Brain）实验室工作，是深度学习领域的重要人物，是 OpenAI 首席科学家。
- 沃伊切赫·扎伦巴：机器学习专家，OpenAI 创始人之一。

OpenAI 已经发布了一些具有影响力的研究成果，比如 GPT-3。这是一种能够生成类似于人类文本的高质量文本的强大的语言生成模型。OpenAI 的工作为 AI 的开发和实施制定了道德标准和安全标准，这对于人工智能的未来发展至关重要。

OpenAI 公司有两大类产品：一类是多功能的模型，另一类是专门为开发者定制的 API 调用接口。

多功能的模型

GPT：这是 OpenAI 最知名的产品，它基于大规模训练的语言模型，能生成高质量文本。GPT-3 的应用广泛，从生成新闻文章，创作诗歌，到编写代码、聊天、翻译，它都可以做到。

DALL-E：这是一个用于生成图像的人工智能模型。如果给定一个描述，比如"一只穿着运动鞋的企鹅"，DALL-E 就可以创作出符合这个描述的图像。

Whisper：Whisper 是一个多功能的语音识别模型，可以识别、转录和翻译多种语言。

专门为开发者定制的 API 调用接口

OpenAI 公司提供的 API 调用接口允许开发者通过编程方式在自己的应用或产品中嵌入人工智能功能，从而实现更高级的自动化和智能化。比如，可以使用 GPT-3 构建交互式聊天机器人和虚拟助手，让它们以自然的方式与人类对话；使用 GPT-3 开发用于文本分类、搜索的应用等。

在 OpenAI 的众多产品中，ChatGPT 无疑是当家花旦，作为一种人工智能聊天机器人，它以令人惊讶的方式"理解"和生成人类语言。想象一下，你正在和一个朋友聊天，他能理解你的问题，给出答案，甚至可以编写一篇文章或创作一首诗歌。这就是 ChatGPT 的功能，但它并非人类，而是计算机程序。

你可以把它想象成一种很复杂的学习工具，或一个超级聪明的学生，可以从大量的书籍和文章中学习知识。ChatGPT 的学习方式与我们学习新的知识或语言的方式类似。它的学习源自大量的文本资料，这种学习方式被称为机器学习。就像我们通过阅读书籍或听讲座来学习新知识一样，ChatGPT 也通过阅读大量的文字来学习语言和知识。当你向 ChatGPT 提出问题或给出任务时，它会根据已经学到的知识来回答或完成任务。

ChatGPT 的应用范围广泛，涵盖了写作、教育、客户服务等多个领域和行业。例如，你可以让 ChatGPT 帮你写一篇日记，或者写一份简报。在教育领域，它可以作为一个在线助教，帮助学生解答问题。在客户服务行业，它可以回答客户的常见问题，提高服务效率。

简单来说，ChatGPT 就像一个会说话、能"理解"语言的 AI 助手。无论你是想找一个能够帮助你解答问题的工具，还是想找一个可以陪你聊天、分享想法的伙伴，ChatGPT 都能满足你的需求。

打开 OpenAI 官网，在页面上方的菜单栏中可以看到 ChatGPT。单击 ChatGPT 下拉菜单中的"Try ChatGPT↗"后，你会看到如图 1-1 所示的画面。单击蓝色的"Log in"（登录）即可登录 ChatGPT。

图　1-1

登录后，可以看到 ChatGPT 的首页，如图 1-2 所示。

在输入框中输入你想问的问题，就可以和 ChatGPT 对话了。

我们来看一个和 ChatGPT 对话的示例[①]。

 帮我写一首赞美中国大好河山的诗。

江山壮丽似画图，山河浩瀚胜仙居。

红日初升东方远，华夏大地景色珍。

长城蜿蜒仁世界，悠扬黄河如银带。

五千年文化传承，中华儿女自豪怀。

丹青笔下描神州，诗意山水赞不休。

雄鸡报晓唤春曙，祖国山河永安宁。

ChatGPT 也可以帮助我们解答算术方面的问题。让我们看看 ChatGPT 是如何回答鸡兔同笼问题的。

 解决鸡兔同笼问题：

有若干只鸡兔同在一个笼子里，从上面数，有 35 个头，从下面数，有 94 只脚。问笼中各有多少只鸡和兔？

要求：不能列方程式，用小学生能理解的方式去解题。

 这是一个经典的鸡兔同笼问题。鸡有 2 只脚，兔子有 4 只脚。我们可以用一种简单易懂的方式来解答这个问题，不需要列方程，也适合小学生理解。

假设笼子里都是鸡，那么脚的总数应该是 35（头数）× 2 = 70 只脚。但是实际上我们有 94 只脚，比 70 多了 24 只。那么这 24 只脚来自哪里呢？它们肯定是兔子的，因为兔子比鸡多了 2 只脚。

那么，有多少只兔子呢？我们用多出来的脚数 24 除以兔子比鸡多的脚数 2，就是兔子的数量，即 24 ÷ 2 = 12 只兔子。

所以，鸡的数量就是总的头数 35 减去兔子的数量 12，也就是 23 只鸡。

所以，笼子里有 23 只鸡和 12 只兔子。

---

① 对于多文字的对话，为保证内容清晰度，本书未采用截图，而是复制出了文字。——编者注

我们不仅能让 ChatGPT 给出答案，而且还可以就同样的问题让它给出多种解题思路。

ChatGPT 到底是何方神圣，为何有如此强大的问题处理能力？让我们首先看看 ChatGPT 的英文全称——Chat Generative Pre-trained Transformer。英文全称中每个单词的意义解释如下。

Chat：代表这个模型是专为对话应用而设计的。它的目标是能够"理解"用户输入并生成有意义的回复，以实现人机对话的交互性。

Generative：代表该模型是生成模型，它可以生成新的文本，而不仅仅是对已有文本进行分类或标注。ChatGPT 可以根据输入的上下文生成连贯、有逻辑性的回复。

Pre-trained：代表模型是通过预训练得到的。在预训练阶段，ChatGPT 使用了大规模的文本数据来学习语言模型的知识。这种预训练允许模型在未经特定任务训练的情况下学习到丰富的语言知识。

Transformer：代表模型使用了 Transformer 架构。Transformer 是一种基于自注意力机制的神经网络架构，它在自然语言处理任务中表现出色。ChatGPT 中的 Transformer 架构使模型能够有效地处理输入和生成输出，实现对话的连贯性和语义"理解"。

ChatGPT 的英文全称说明了该模型是一个预训练的生成模型，专门用于对话任务，并使用了 Transformer 架构来处理输入和生成输出。

在 AI 技术发展史上，ChatGPT 并不是第一个大语言模型，但它是第一个一对一的、面向个人开放的大语言模型，它拥有友好的用户界面，不需要任何技术背景，谁都可以使用 ChatGPT。

不过，ChatGPT 的知识只限于 2021 年 9 月之前的内容，也就是说，ChatGPT 只能从截止到 2021 年 9 月的训练数据中提取信息，反馈给用户，但它并不拥有过去两年的信息，也没有当前事件的信息。

2023 年 5 月，OpenAI 推出了一系列联网和插件功能。ChatGPT 增强版的用户可以使用 ChatGPT 联网功能，实时查询互联网上的数据，这突破了 ChatGPT 过去预训练数据的限制。

接下来，我们看看 ChatGPT 菜单栏。ChatGPT 的页面非常简洁，左右两侧共有 4 个区域，如图 1-3 所示。

图 1-3

左侧上方有聊天对话的历史记录，如图 1-4 所示。

左侧下方显示的是"Upgrade"（升级）和账号名称。单击账号名称旁边的 3 个圆点后，在出现的弹窗上从上到下依次显示的是："Custom instructions"（自定义指令）、"Settings"（设置）、"Log out"（退出登录），如图 1-5 所示。

图 1-4

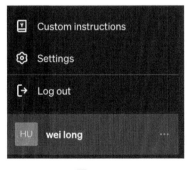

图 1-5

自定义指令是指，用户可以为 ChatGPT 提供特定的指令或说明，以指导模型生成符合用户需求的回答。这一功能用于更精确地定制 ChatGPT 的行为，使其更符合用户的期望。通过提供自定义指令，用户可以告诉 ChatGPT 如何回答问题、提供详细信息、进行推理，或按照用户的偏好和要求生成特定内容。这有助于调整模型的回答，使其更具针对性和实用性。

在设置中，我们可以通过"Theme"（主题）来调节页面的明暗模式，如图 1-6 所示。

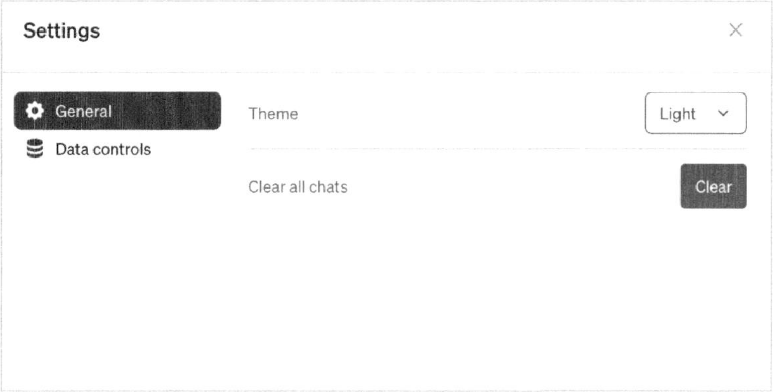

图　1-6

在设置中的"Data controls"（数据控制）里，我们可以通过"Export data"（导出数据）导出聊天记录，如图 1-7 所示。

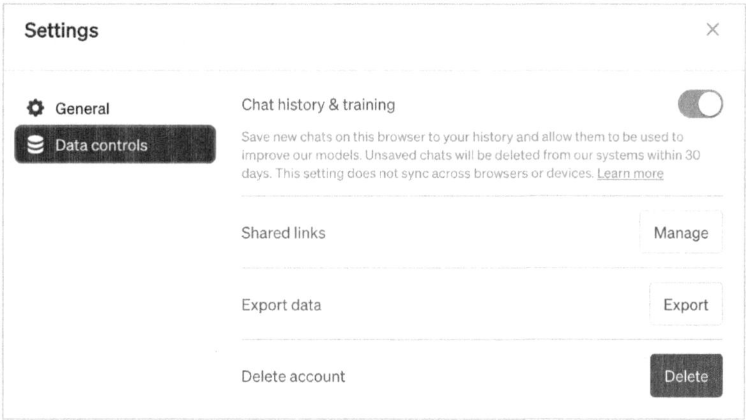

图　1-7

单击"Upgrade"，我们可以看到有两个升级方案供我们选择。刚刚注册登录的普通用户使用的是免费方案（Free）。OpenAI 还推出了付费方案（Plus），是 ChatGPT 的增强版，如图 1-8 所示。

免费计划方案和 Plus 的区别在于，Plus 拥有更快的响应速度。在 ChatGPT 使用人数较多的时候，这些用户仍然可以流畅使用。此外，Plus 可以优先使用 GPT-4 版本、联网功能和各种插件，可以获得更高质量的答案。目前，Plus 的收费标准为每月 20 美元。

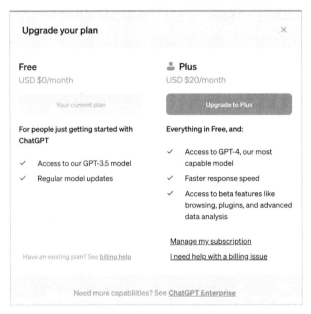

图 1-8

接下来，我们看看对话窗口。在对话框中，输入我们想要问的问题，如图 1-9 所示。

图 1-9

按回车键，就可以获得问题的答案。

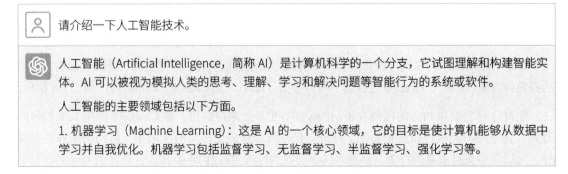

2. 深度学习（Deep Learning）：这是机器学习的一个分支，使用所谓的神经网络进行学习。神经网络有多个隐藏层，可以自动从原始数据中提取有用的特征。

3. 自然语言处理（Natural Language Processing，简称 NLP）：这个领域致力于使计算机理解和处理人类语言。这包括机器翻译、情感分析、自然语言生成等任务。

4. 计算机视觉（Computer Vision）：这个领域的目标是让计算机能够理解和解析视觉信息，如图像和视频。这包括物体识别、图像分割、3D 重建等任务。

5. 知识表示与推理（Knowledge Representation and Reasoning）：这个领域试图将复杂的、未结构化的世界知识形式化，使得计算机可以进行推理。

6. 智能代理（Intelligent Agents）：这个领域研究如何构建可以在复杂环境中自我决策的系统。

7. 机器人学（Robotics）：这个领域研究如何设计和构建可以在现实世界中执行任务的机器人。

以上各领域并不是相互独立的，而是相互关联，常常需要结合使用。人工智能的目标是创造能够执行一系列复杂任务的系统，这些任务可能包括语音识别、图像识别、自然语言理解、机器翻译、游戏对战等。

除了具有回答问题的功能之外，ChatGPT 还有记忆功能。比如，如果你对刚才回答的问题不满意，或者对其中某个内容不理解，你可以直接用对话的方式继续与它互动。

比如，如果你觉得刚才的答案太长了，想让 ChatGPT 精简一下，就可以这样说："帮我把刚才的答案精炼一下，用两句话简单描述一下"，于是可以得到如下对话。

帮我把刚才的答案精炼一下，用两句话简单描述一下。

人工智能是计算机科学的一个分支，旨在创造能模拟人类思考、学习和解决问题的系统。它涵盖了机器学习、深度学习、自然语言处理、计算机视觉等多个领域，目标是使机器能处理复杂任务，如语音识别、图像识别和自然语言理解等。

可以看到，我们得到了更精简的答案。

1.3 用 ChatGPT 获取先发优势

随着 OpenAI 及其 ChatGPT 的飞速发展，国内的 AI 市场也在紧锣密鼓地进行布局。百度、科大讯飞、印象笔记纷纷发布了自己的 AI 产品。属于 AI 的时代悄然开始。面对这样一场科技革命，我们如何才能保持先发优势呢？

如果你正在看这本书，那么恭喜你，因为你选择成为在最近 25 年中开发出的最强大、最具颠覆性技术的早期使用者。在这场科技革命当中，你已经获得了竞争优势，因为你比你的竞争对手更早地开始使用这项技术。

对于职场人士、个体创业者或企业家来说，优先学会使用 AI 技术，包括学会使用 ChatGPT，将在职场竞争和企业竞争中获得无可比拟的优势，主要原因如下。

AI 技术可以帮助提升工作效率。像 ChatGPT 这样的语言模型能够迅速生成高质量的文本内容，帮助处理邮件、撰写报告、回答常见问题等，极大地减少了烦琐的手动工作。通过使用 AI 技术，工作任务可以更快地完成，不仅可以节省时间和精力，而且可以让个人和团队更专注于核心业务和创新。

AI 技术可以提供智能决策支持。ChatGPT 可以分析和处理大量的数据，提供实时的市场分析、模型预测和决策建议。这种智能化的决策支持能够帮助企业家和职场人士做出更准确、更明智的决策，从而降低风险并优化业务运营模式。企业家和职场人士可以利用 AI 技术快速获取关键信息，进行数据驱动的决策，获得更高的成功率、更好的效益。

AI 技术可以提供个性化的客户服务和用户体验。ChatGPT 等 AI 工具可以模拟人类的对话能力，实现智能客服和虚拟助手的功能，能够为客户提供个性化、即时的服务和支持。这种个性化客户体验可以大大提升用户满意度和忠诚度，为企业赢得竞争优势。个体创业者和企业家可以利用 AI 技术打造独特的品牌形象和个性化的产品，吸引更多的客户，提高产品的市场份额。

然而，要保持先发优势，仅仅学会使用 AI 技术是不够的。了解其背后的技术原理和应用场景至关重要。只有通过持续学习和不断实践，提升自己在 AI 领域的专业能力，充分利用 AI 的技术优势，才能在职场竞争和企业竞争中保持领先地位。

1.4 ChatGPT 的工作原理

在了解 ChatGPT 的工作原理之前，我们先来看一下，人类是如何创作的。比如，如果我想写一个故事，可能会写下这样的句子：

很久很久以前，有一个国王，国王有一位可爱的公主……

如果让不同的人写，可能会写出不同的版本。那么 ChatGPT 能写故事吗？当然能。

> 很久很久以前，有一个国王，国王有一位可爱的公主……继续帮我完成这个故事，字数 500 字。

很久很久以前，在一个遥远的国度，有一个贤明的国王。国王有一位叫作苏菲的可爱公主。她有一双清澈如湖水的眼睛，一头如丝般柔顺的金发，以及灵动而又善良的心。

苏菲公主的魅力不只是她的外貌，更是她善良的心灵。她热爱着所有生命，总是对每一个人充满了爱心和关怀。她的笑容，就像阳光普照大地，照亮了人们的心灵。

然而，美好的事物总是引来嫉妒。那个国度的邻国的邪恶巫师，因为嫉妒苏菲公主的美貌和善良，将她变成了一只小白兔。他期待看到国王和人民陷入绝望的情景。

然而，苏菲公主即使变成了小白兔，她的内心依然热爱着这个世界，对所有人都充满了善意。她虽然不能说话，但是她的善良和爱心的力量，引来了森林中所有生物的帮助。

森林中的小动物们，带领着苏菲穿越了荆棘森林，来到了一座神秘的山脉。那里，住着一个能够解除所有魔法的老巫婆。她看到小白兔苏菲的纯真和勇敢，被她打动，于是答应帮助她解除魔法。

经过了一场复杂的魔法仪式，小白兔苏菲终于恢复了人形。当她回到自己的国土时，国王和人们都无比高兴，他们为她的归来举行了一场盛大的庆祝活动。

这个故事告诉我们，善良和爱心的力量是无穷的，它能够战胜邪恶，赢得友情和爱。而我们每个人，都应该像苏菲公主一样，对这个世界充满善意和爱心。因为，这才是我们生活的真谛。

1.4.1 ChatGPT 和其他聊天机器人的区别

ChatGPT 是一个聊天机器人，是一个由人工智能技术驱动的在线对话的计算机程序。像 ChatGPT 这样的聊天机器人是使用大语言模型来生成类似人类对话的内容的。大语言模型会对单词顺序或序列的概率分布进行预测和估计。

除了 ChatGPT 这个聊天机器人，你听过其他的聊天机器人吗？苹果的 Siri、微软的小冰、阿里巴巴的天猫精灵、小米的小爱……那么，这些聊天机器人和 ChatGPT 聊天机器人有什么区别？Siri、小冰、天猫精灵、小爱等聊天机器人与 ChatGPT 之间存在一些区别，主要体现在以下 3 个方面。

1. 架构和模型

Siri、小冰、天猫精灵、小爱等聊天机器人通常采用特定的架构和模型，这些架构和模型可能是基于规则、统计模型或混合方法。而 ChatGPT 是基于 GPT-3 这样的大语言模型，基于深度学习的架构，并使用了海量数据进行训练。

2. 数据来源和训练

ChatGPT 是基于大量文本数据进行预训练的，因此它能够获得广泛的知识和语言能力。相比之下，Siri、小冰、天猫精灵、小爱等聊天机器人的训练数据可能更加特定，这些机器人是基于特定的领域或任务进行训练的。

3. 适用范围和功能

Siri、小冰、天猫精灵、小爱等聊天机器人通常是作为智能助理的一部分，提供更广泛的服务和功能，例如控制设备、执行特定任务、查询信息等，而 ChatGPT 更注重提供自然语言对话的能力，它的用途可能更多地聚焦于自由对话、问题回答和生成文本等方面。

1.4.2　大语言模型与 ChatGPT 功能的实现

大语言模型是一种基于深度学习的人工智能模型，它可以"理解"和生成人类的语言。我们可以将其比喻为一个非常聪明的语言专家。

想象一下，大语言模型就像一个读过无数书籍和文章的超级聪明的机器人。它通过阅读大量的文字，学习了语言规则、用词习惯和语境，还掌握了很多常见的词汇、短语和句子结构。

当你向大语言模型提问或与它对话时，它会分析你的输入，并尽力"理解"你的意思。然后，它会利用自己学到的知识和经验，生成一段回答或对话来回应你。

大语言模型的强大之处在于，它可以处理复杂的语言表达并做出推理，因为它学习了大量的语言模式和规律。它可以回答问题、提供信息、描述事物，甚至可以进行创作和讲述故事。

通过图 1-10，我们能够更好地理解什么是大语言模型。大语言模型是一种利用深度学习技术训练的智能模型，它可以"理解"人类的语言并生成自然流畅的回应。它的目标是模拟人类的语言能力，使机器能够"理解"人类并与人类交流。

什么是大语言模型

图　1-10

ChatGPT 的功能是如何实现的呢？它是基于深度学习和神经网络技术。下面是 ChatGPT 功能的一般实现步骤。

1. 数据收集和预处理

首先，需要收集大量的数据作为训练集。这些数据可以来自互联网上的对话、聊天记录或是特定领域的对话。然后，对这些数据，进行预处理，包括分词、去除噪声和标记语义信息等。

2. 模型架构设计

GPT 是一个基于 Transformer 架构的深度学习模型，通过大规模文本数据预训练来掌握语言规律。Transformer 模型主要用于处理序列数据，如文本。它采用自注意力机制，允许模型同时处理序列中所有元素的信息，这样每个元素都能直接捕捉到与它相关的元素信息，极大地提高了模型捕获长距离依赖关系的能力。

3. 模型训练

使用预处理后的数据集，将其输入到模型中进行训练。在训练过程中，模型会根据输入序列预测下一个词语或答案，然后与实际的下一个词语进行比较来计算损失。通过反向传播算法和优化算法（如随机梯度下降），模型会逐渐调整权重和参数，以使损失函数最小化并提高对话生成的准确性。

4. 迭代优化

训练过程通常需要多个迭代轮次，每一轮都会反复使用训练数据进行参数更新和优化。通过多次迭代训练，模型可以逐渐提高对话"理解"和对话生成的能力。

5. 应用部署

训练完成后，ChatGPT 被部署到实际的应用环境中，例如网站、聊天平台或智能设备上。用户可以与 ChatGPT 进行对话。在用户输入问题或语句后，模型会生成相应的回答。

值得注意的是，ChatGPT 的具体实现可能会有一些变化和改进。根据使用的技术和算法的不同，ChatGPT 在实现细节上会有所差异。上述步骤只是提供了一个一般性的框架来理解 ChatGPT 的实现过程。

我们可以将上述复杂的实现逻辑概括为 3 个简单步骤，如图 1-11 所示。

ChatGPT是如何实现的？

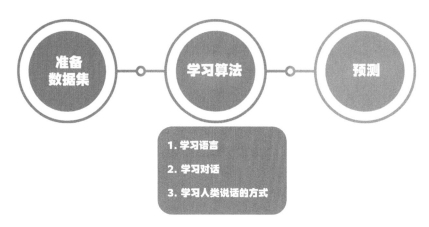

图   1-11

第一步，准备数据集。首先，需要为 ChatGPT 准备海量的数据集，供它训练。通过提供大规模的训练数据，让它学习自然语言的概率分布和语言规律。在训练过程中，这些模型通过观察海量的文本数据来建立词语之间的联系和上下文信息，如图 1-12 所示。

ChatGPT从互联网上数十亿的来源中获得大块的词语、段落和句子，来源包括但不限于：

文章、杂志；
科学论文；
脸书、Twitter；
维基百科。

它从所有这些在线语言的例子中学习创造新的句子和段落。

图   1-12

第二步，学习算法。学习算法是指学习语言、学习对话、学习人类说话的方式。

人工神经网络首先要以一定的学习准则进行学习，然后才能工作。神经网络是一种非常复杂的计算结构。作为普通人，我们不需要深究底层技术。我们可以把神经网络学习算法的过程简化为：在一个词语后面接哪个词语是最合理的，如图 1-13 所示。

一个词语后面接哪个词语 —— 学习算法过程 (简化版)

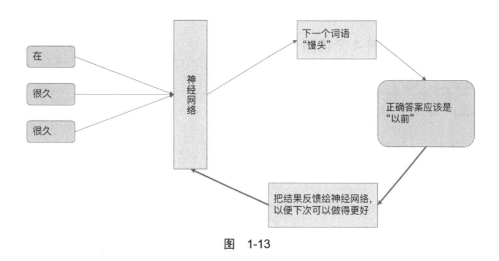

图 1-13

比如,"在很久很久"之后,可以接哪个词语呢?显然,根据我们的经验,接"馒头"是不合理的,接"以前"是最合理的。

第三步,预测。预测是指语言模型根据用户的问题进行预测,生成相应的回答,如图 1-14 所示。

一个词语后面接哪个词语 —— 模型训练之后

图 1-14

经过训练之后，这个模型就能根据我们给定的问题，并结合上下文生成最适合的词语或句子。

1.4.3 ChatGPT 的 4 个优势

1. 自定义

ChatGPT 可以根据用户的需求和偏好定制响应语气和风格，以及它能够讨论的信息和主题类型。

比如，我们让 ChatGPT 写一篇 200 字的文章来介绍人工智能，语气要求幽默有趣。

 写一篇 200 字的文章介绍人工智能，语气要幽默有趣。

 好的，让我们开始一趟旅程，探索人工智能的奇妙世界。

首先，什么是人工智能？你可能会想起《终结者》中的那个冷酷的机器人，或者是叫"瓦力"的那个可爱的机器人。但事实上，人工智能（AI）是一种让计算机像人一样"思考"的技术。其头，如果把人脑比作一位老司机，那么 AI 就是一位正在学车的新手。它还在努力学习如何在生活的各个方面像我们一样做决策，甚至试图超越我们！

AI 已经变得无处不在了，你可能早已在不知不觉中与它互动。你的智能手机里的 Siri、你的 Netflix 推荐、你的社交媒体新闻推送，等等，这些都是 AI 在默默地工作。

人工智能就像一个渴望知识的小学生，狂热地吸取所有的信息，然后试图从中寻找规律。这个过程通常叫作机器学习。这就像你试图从一堆乱七八糟的乐高积木中建出一座城堡，而 AI 则是努力学习如何从混乱中找到有意义的模式。

无论如何，人工智能都在我们的生活中扮演了重要角色。它就像个永不疲倦的小精灵，时刻准备为我们的生活增添便利和乐趣。但是，让我们也别忘了给它设定规则，以防它变得太过聪明，想要"接管世界"！

我们再让 ChatGPT 用专业严谨的语气介绍人工智能。

 写一篇 200 字的文章介绍人工智能，语气要专业严谨。

 人工智能（Artificial Intelligence，AI）是一种模拟并实现人类的智能行为的计算机系统。它是计算机科学的一个重要分支，旨在理解、构建和实现由人类大脑产生的智能。

人工智能可以分为两类：弱 AI 和强 AI。弱 AI 专注于执行特定任务，例如语音识别或推荐系统，而强 AI 能够执行任何认知任务，就像人类一样。到目前为止，我们的科技进步主要集中在弱 AI 领域。

核心技术之一是机器学习，这是一种算法技术，它从大量数据中学习和预测。深度学习，是机器学习的一个子集，模仿人脑的神经网络结构，处理和理解复杂的模式。

AI 已被广泛应用在众多领域，包括自动驾驶汽车、医疗诊断、股票交易等。AI 的发展正在快速改变我们的世界，提高生活质量，促进经济发展，但同时也带来伦理和社会影响的问题。因此，对 AI 的控制和规范成为科技、伦理和法律等领域需要认真考虑的问题。

当我们定义了不同的文案风格，ChatGPT 就会围绕同样的主题生成两篇风格迥异的文案，这就是 ChatGPT 的自定义功能。

2. 个性化

ChatGPT 可以根据机器学习算法和用户过去的互动历史及偏好进行个性化响应。这可以使对话更加自然，同时可以根据用户的需求和兴趣给出个性化的回答。比如一位全职奶爸想通过 ChatGPT 了解如何照顾一个 3 岁的小朋友。

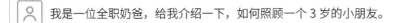

我是一位全职奶爸，给我介绍一下，如何照顾一个 3 岁的小朋友。

作为一名全职奶爸，照顾 3 岁的小朋友不仅需要耐心和爱心，还需要了解孩子在这个阶段的发展需求。以下是一些基本建议。

1. 保持健康饮食：给孩子提供营养丰富的食物，包括全谷类、蔬菜、水果、蛋白质和乳制品。适度控制糖分和盐分的摄入，避免过度依赖加工食品。

2. 保持规律生活：3 岁的孩子需要约 10~13 小时的睡眠，包括白天的午睡。设定和坚持规律的睡觉时间和醒来时间有助于他们的健康成长。

3. 鼓励运动和游戏：每天应至少有一个小时的活动时间，可以是游戏、跑步、跳舞或其他形式的活动。此外，不要忽视安静的游戏，如拼图、绘画等，这也能促进他们的大脑发育。

4. 学习和沟通：3 岁的孩子正在学习语言和沟通技巧，所以尽量多和他们交谈，读故事书，扩大他们的词汇量。教他们简单的自我介绍和基本的礼貌用语。

5. 教导自理能力：鼓励他们学习如何自己穿衣、洗手、刷牙和收拾玩具。这些简单的任务可以帮助他们建立自信，培养他们的独立性和责任感。

6. 情绪管理：3 岁的孩子可能会经历"3 岁叛逆期"，这时候他们可能会有挑战性的行为。你需要有耐心和理解，教他们正确表达自己的情绪和需求。

总的来说，每个孩子都是独一无二的，他们会有自己的节奏和兴趣。你的任务是提供一个充满爱、鼓励、支持和安全感的环境，让他们在其中成长和探索。

再比如一位全职宝妈想通过 ChatGPT 了解在家照顾孩子的时候如何增加收入。

 我是一位全职宝妈，希望在家照顾孩子的时候增加收入，你有什么建议。

 全职宝妈希望在家增加收入的话，有许多可以尝试的工作和项目。以下是一些可能的选项。

1. 网络兼职：互联网为我们提供了许多远程工作的机会。比如数据输入、网页设计、平面设计、写作和咨询服务等都是可行的选择。你可以在猪八戒、淘宝等网站上找到这类兼职工作。

2. 电商销售：如果你有创作独特产品或者选购优质商品的能力，可以尝试在淘宝、京东、拼多多等平台上开设自己的店铺；对于质量可靠且有特色的产品，消费者是愿意付费的。

3. 开设博客或者开通短视频账号：如果你善于表达，并且有特定的兴趣或专业知识，可以尝试开设个人博客，或者在抖音、快手等平台上开通账号，来分享你的生活、你的专业知识或者兴趣爱好，当粉丝数量达到一定规模后，可以通过广告植入、品牌合作来获取收入。

4. 网络教育：如果你有教育经验或者专业技能，可以考虑提供在线教育服务。这可以包括在线家教、语言教学、音乐课程，甚至烹饪课程等。

这些方法的选择取决于你的兴趣、技能和时间安排。希望你能在兼顾家庭和事业之间找到适合自己的平衡点。

3. 多语言支持

ChatGPT 能够"理解"和回应多种语言的输入，这一功能使其成为对国际用户或希望用多种语言交流的人非常有用的工具。

比如我们让 ChatGPT 将"Write a blog about AI, 50 words"这个任务的答案翻译成中文、日文和韩文。

 Write a blog about AI, 50 words and translate the blog into Chinese, Japanese and Korean languages.

AI, the Future of Innovation: Artificial Intelligence, or AI, is revolutionizing industries, from healthcare to finance. It enhances efficiency, improves decision-making, and drives innovation. However, we must responsibly navigate its ethical implications to ensure a brighter and sustainable future for humanity.

Translation into Chinese（中文翻译）:《AI，创新之未来》——人工智能（AI）正在颠覆各个行业，从医疗到金融。它提高效率、改善决策，并推动创新。然而，我们必须负责地应对其伦理影响，以确保人类拥有更加光明和可持续的未来。

Translation into Japanese（日本語翻訳）:「AI、イノベーションの未来——人工知能（AI）は、医療から金融まで、産業を革新しています。効率を高め、意思決定を改善し、革新を推進します。しかし、倫理的な影響を考え、より明るく持続可能な未来を確保する必要があります。」

Translation into Korean（한국어 번역）: AI, 혁신의 미래——인공 지능, 또는 AI 는 의료부터 금융에 이르기까지 산업을 혁명화하고 있습니다. 효율성을 향상시키고, 의사 결정을 개선하며, 혁신을 촉진합니다. 그러나, 인류에게 더 밝고 지속 가능한 미래를 보장하기 위해 그 윤리적 함의를 책임감 있게 다루어야 합니다.

4. 可扩展性

ChatGPT 能够处理大量的流量，并可以驱动与多个用户同时进行对话。这使其非常适合客户服务或在线社区等应用。我们还可以通过 OpenAI 开放的接口，开发第三方应用。

1.4.4 ChatGPT 的工作流程

现在，我们对 ChatGPT 及其功能有了一定的了解，让我们深入了解一下 ChatGPT 是如何工作的。ChatGPT 的工作流程可以分为以下 4 步，如图 1-15 所示。

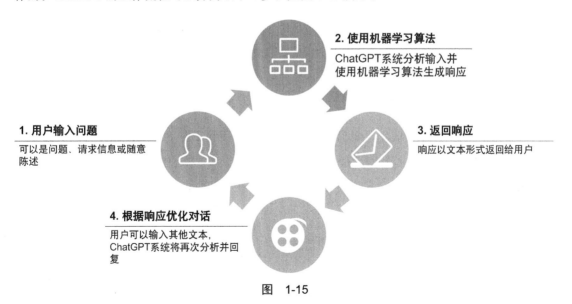

2. 使用机器学习算法
ChatGPT系统分析输入并使用机器学习算法生成响应

3. 返回响应
响应以文本形式返回给用户

1. 用户输入问题
可以是问题、请求信息或随意陈述

4. 根据响应优化对话
用户可以输入其他文本，ChatGPT系统将再次分析并回复

图 1-15

第一步：用户将文本输入 ChatGPT 界面。文本可以是问题、请求信息或随意陈述。

第二步：ChatGPT 系统分析输入并使用机器学习算法生成响应。

第三步：响应以文本形式返回给用户。

第四步：用户可以输入其他文本，ChatGPT 系统将再次分析并回复。

这个过程一直持续到对话结束。

1.5　ChatGPT 的 30 种功能和 4 个常见应用场景

通过前面对 ChatGPT 基本工作原理的探索，我们已经了解到 ChatGPT 是一个强大的语言模型。它能够"理解"和回应输入，就像人类一样。而早期的一些其他聊天机器人可能依赖于预先编程的响应或简单的关键字匹配来回应输入，这可能导致它们的响应不够自然，或者出现所问非所答的情况。

ChatGPT 与其他聊天机器人的另一个区别是 ChatGPT 的学习能力。通过使用机器学习算法，ChatGPT 能够分析用户的输入，并根据过去的对话改进其响应，这有助于生成更加个性化、更加相关的响应。

第三个关键区别是，ChatGPT 具备处理更复杂或开放式的对话的能力。因为 ChatGPT 能够"理解"和回应上下文，所以它更能处理涵盖广泛主题的对话，或需要更加深入响应的对话。

1.5.1　ChatGPT 的 30 种功能

基于上述 3 点明显的区别，我们来看一下 ChatGPT 可以做什么。OpenAI 官网罗列出了 ChatGPT 的 30 种强大功能，如图 1-16 所示。

在 OpenAI 官网列举出的众多功能当中，以下是一些常见功能。

1. 语法纠正

ChatGPT 能自动检测和修正文本中的语法错误，不仅提高句子的准确性，还增强了读者的理解力，使沟通更流畅、高效。

2. 给二年级学生总结一下

该功能可为二年级学生对复杂的主题进行简化和总结，通过易懂的语言，帮助年幼的学生更好地理解学习内容。

语法纠正
将不合语法的语句转换为标准英语。

给二年级学生总结一下
将文本简化到适合二年级学生的水平。

解析非结构化数据
从非结构化文本创建表格。

表情符号翻译
将常规文本翻译为表情符号文本。

计算时间复杂度
求函数的时间复杂度。

解释代码
解释一段复杂的代码。

关键词
从文本块中提取关键字。

产品名称生成器
根据描述和种子词生成产品名称。

Python 错误修复器
查找并修复源代码中的错误。

电子表格创建者
创建各种数据的电子表格。

推文分类器
检测推文中的情绪。

机场代码提取器
从文本中提取机场代码。

心情到颜色
将文本描述转换为颜色。

VR健身创意生成器
产生健身推广虚拟现实游戏的想法。

Marv 讽刺聊天机器人
Marv 是一个既真实又讽刺的聊天机器人。

按转弯方向转弯
将自然语言转换为逐向导航。

面试问题
创建面试问题。

规格中的功能
根据规范创建 Python 函数。

提高代码效率
提供提高 Python 代码效率的想法。

单页网站创建者
创建一个单页网站。

说唱战斗作家
在两个角色之间进行说唱战斗。

备忘录编写者
根据提供的要点生成公司备忘录。

表情符号聊天机器人
仅使用表情符号生成对话回复。

翻译
翻译自然语言文本。

苏格拉底导师
作为苏格拉底式导师生成答案。

自然语言到 SQL
将自然语言转换为 SQL 查询。

会议记录总结器
总结会议记录，包括总体讨论、行动项目和未来主题。

回顾分类器
根据一组标签对用户评论进行分类。

赞成与反对讨论者
分析给定主题的优点和缺点。

课程计划编写者
为特定主题生成课程计划。

图 1-16

3. 关键词

关键词功能用于从大量文本中识别和提取主要词汇或短语，可用于搜索优化、内容分析，或突出显示文本主旨。

4. 解释代码

该功能能够分析编程代码，提供对代码功能和结构的详细解释，有助于开发者和学习者理解和使用特定的编程技巧。

5. 推文分类器

通过分析社交媒体推文，ChatGPT 可根据主题、情感等因素进行分类和组织，协助了解和追踪特定的趋势和观点。

6. 面试问题

该功能可生成或分析面试问题。无论是面试官还是求职者，都可以借助该功能来准备和优化面试过程。

7. 单页网站创建者

即使是非程序员也可使用 ChatGPT 创建网站。用户可通过简单的操作快速设计和构建精美的单页网站。

8. 会议记录总结器

通过分析会议记录，该功能能有效地提取关键信息，生成有针对性的总结，帮助团队成员快速了解会议核心内容。

以上只是一些基本功能。实际上，GPT 的可能用途是无限的，它只受限于你的想象力。

1.5.2　ChatGPT 的 4 个常见应用场景

现在，我们了解一下 ChatGPT 最常见的 4 个应用场景——客户服务、教育、信息提供和社交互动。

1. 客户服务

ChatGPT 可用于实时提供信息，回答客户问题并解决问题，这对于希望为客户提供 7×24 小时支持的企业尤其有用，比如，医疗咨询、房地产、心理咨询等行业中的企业。

现在，让我们测试一下 ChatGPT 在这些行业中的应用。

首先，我们向 ChatGPT 咨询医疗问题，比如有关人工植发的一些问题。

 我想做人工植发，有哪些注意事项，应该怎么挑选正规的美容整形医院。

进行人工植发手术时，有一些注意事项和选择正规的美容整形医院的方法可以帮助你做出明智的决策。以下是一些建议。

注意事项

1. 在决定进行人工植发手术之前，最好先咨询专业的医生。他们可以评估你的脱发情况并建议适合你的治疗方案。

2. 了解不同的植发技术。目前常见的技术有 FUT（毛囊单位移植法）和 FUE（毛囊单位提取法）。了解每种技术的优势和劣势，选择适合你的情况的技术。

3. 寻找经验丰富的医生和团队。了解医生的资历、经验和专业认证。在选择医生之前，可以要求看一些他们之前的患者案例和照片，了解他们的工作质量。

4. 询问手术的风险和并发症。了解手术可能存在的风险和并发症，并确保你已经充分理解并接受这些风险。

5. 预算考虑。人工植发手术可能需要一定的费用，所以在选择医院和手术方案时，要考虑你的预算。

挑选正规的美容整形医院

1. 寻找有资质和认证的医院。确保医院有必要的许可和认证，符合当地相关法规要求。你可以咨询当地的卫生部门或者专业机构了解医院的资质情况。

2. 了解医院的声誉和历史。查阅医院的网站、在线论坛、社交媒体等，看看有没有关于医院的评价和反馈。你也可以咨询其他人获得建议和推荐。

3. 了解医院的设施和设备。确保医院拥有现代化的设备和符合标准的手术室，以确保手术的安全性和质量。

4. 与医生进行面对面的咨询。在决定选择某家医院之前，最好与医生进行面对面的咨询。这样你可以直接与医生交流，了解他们的专业知识和态度，确保你对医生和整个团队充满信任感。

请注意，以上建议仅供参考，你应该在决定之前进行更详细的调查和咨询。

你对人工植发的技术了解吗?

 是的，我对人工植发的技术有一定了解。人工植发是一种通过手术将健康的毛发从供体部位移植到脱发区域的方法，以达到恢复头发密度和解决脱发问题的目的。以下是一些常见的人工植发技术。

1. FUT（毛囊单位移植法）：这是一种传统的植发技术。在这种方法中，医生从供体区域后部取下一条带状的皮肤组织，然后将其分割成小片（称为移植单位），每个移植单位包含 1~4 根毛发。接下来，医生将这些单位逐一植入脱发区域。

2. FUE（毛囊单位提取法）：FUE 是一种较新的植发技术，也是目前广泛应用的技术之一。在 FUE 中，医生使用微型手术器械（通常是直径为 0.6~1.0 毫米的微型针头）从供体区域逐个提取毛囊单位，然后将它们植入到脱发区域。与 FUT 相比，FUE 不需要取下带状组织，因此不会留下明显的线状疤痕。

3. DHI（直接毛发移植）：DHI 是 FUE 技术的一种变体，它使用特殊的器械（称为"CHOI pen"）将毛囊直接植入脱发区域。相比于传统的 FUE，DHI 技术可以实现更高的毛囊存活率，并且更加精细和精确。

这些技术在人工植发领域有着广泛应用，选择适合自己的技术需要考虑个人的脱发情况、期望的效果、供体区域的充足程度以及医生的建议等因素。最好在与医生进行咨询时详细了解每种技术的优缺点，并根据个人情况做出决策。

可以解释一下 FUE 的操作流程和注意事项吗?

当涉及 FUE（毛囊单位提取法）人工植发技术时，以下是一般的操作流程和一些注意事项。

操作流程

1. 设计发际线：在手术之前，医生会与你讨论发际线的设计，以确定移植的区域和头发的分布。

2. 麻醉：在手术开始前，医生会给你局部麻醉，以确保手术区域无痛感。

3. 提取毛囊单位：医生使用微型手术器械（通常是直径为 0.6~1.0 毫米的微型针头）逐个提取供体区域的毛囊单位。供体区域通常是后部或侧部的头发密集区域。

4. 准备移植区域：医生会在脱发区域创建微小的切口或孔，以准备接受毛囊单位的移植。这些切口通常非常小，直径约为 0.6~1.0 毫米。

5. 植入毛囊单位：医生使用显微镊子或类似工具，将提取的毛囊单位逐一植入预先准备的切口中。毛囊单位通常包含 1~4 根毛发，医生根据需要进行安排。

6. 术后护理：手术结束后，医生会对植发区域进行清洁，并为你提供一些护理指导，包括头发洗护和避免摩擦或刺激植发区域。

注意事项

1. 找到合适的医生：选择一位经验丰富、资质合格的医生进行手术至关重要。了解医生的背景、经验和之前的患者案例，确保你选择的医生具备必要的专业知识和技术。

2. 供体区域的评估：供体区域的健康和充足程度对手术的成功至关重要。医生会评估你的供体区域，确保有足够的毛囊单位可供提取。

3. 术前和术后的指导：遵循医生的术前和术后指导是非常重要的。这包括停用某些药物、护理头发、避免剧烈运动等。术前和术后的指导将有助于手术的成功和术后康复。

4. 术后恢复时间：人工植发是一项手术，需要一定的恢复时间。你可能会在手术后几天或几周内感到一些不适或肿胀，但这些通常会逐渐消退。

与任何手术一样，人工植发也存在一些风险和并发症的可能性，包括感染、出血、肿胀、瘢痕形成等。了解这些风险并在手术前与医生讨论是重要的。

请注意，以上只是一般的流程和注意事项，具体的操作流程和注意事项可能因医生和医院的实践而有所不同。在进行手术之前，最好与你的医生进行详细的讨论和咨询，以确保你了解整个过程并向医生表达你的期望和疑虑。

FUE 有哪些手术风险？

虽然 FUE（毛囊单位提取法）是一种相对安全的植发技术，但仍然存在一些手术风险和潜在的并发症。以下是一些可能的风险。

1. 感染：任何手术都有感染的风险。尽管在 FUE 手术中使用了无菌技术，但仍然存在感染的可能性。保持手术区域清洁，并按照医生的建议进行适当的护理，可以减少感染的风险。

2. 出血：在 FUE 手术中，毛囊单位从供体区域提取后，供体区域可能出现一些出血。医生通常会控制出血，并在术后进行适当的处理，但个体差异和特殊情况可能导致出血问题。

3. 瘢痕形成：尽管 FUE 技术不会留下明显的线状疤痕，但在供体区域和移植区域可能会出现微小的瘢痕。这些瘢痕通常很小且难以察觉，但在个别情况下，可能会出现更明显的瘢痕。

4. 脱发或毛囊受损：在提取和移植过程中，毛囊单位可能会受到损伤，导致毛囊的失活或脱落。虽然医生会尽力保护毛囊的完整性，但这种风险仍然存在。

5. 不满意的结果: FUE 手术的结果可能不如预期, 包括头发密度不足、不自然的生长方向或角度等。这可能是由于多种因素导致的, 如供体区域的限制、毛囊的存活率等。在进行手术前, 与医生详细讨论期望的结果和可能的限制非常重要。

需要注意的是, 这些风险通常是在少数情况下发生的, 并且大多数患者都能成功进行 FUE 手术并获得满意的结果。但在选择手术之前, 最好与经验丰富的医生进行详细咨询和讨论, 并了解你个人可能面临的风险和结果。

我们再就房地产行业向 ChatGPT 提一些问题。

第一次买房, 需要注意什么?

购买第一套房子是一个重要的决定, 以下是一些你应该注意的事项。

1. 预算规划: 在购买房屋之前, 确保你有一个合理的预算。考虑你的收入、支出以及未来的财务目标。计算你能够负担的房屋价格范围, 并确保你有足够的资金支付首付款、按揭贷款的本息和其他与房屋购买相关的费用 (如验房费、中介费等)。

2. 银行贷款: 如果你需要贷款购买房屋, 要在多家银行或金融机构之间进行比较, 了解它们提供的贷款利率、条件和限制。确保你的信用记录良好, 并准备好必要的贷款文件。

3. 位置和房屋选择: 仔细考虑房屋的位置和你的需求。要考虑你的工作地点、交通便利性、教育设施、医疗服务、购物中心等因素。此外, 了解房屋的规格、大小、户型、装修状况和周围环境, 确保它符合你的期望和需求。

4. 房屋检查: 在购买房屋之前, 进行全面的房屋检查是非常重要的。雇用专业的房屋检查师, 他们会检查房屋的结构、电气、管道、屋顶等方面, 以确保房屋的质量, 并发现潜在问题。根据检查结果, 你可以更好地了解房屋的状况, 并决定是否继续购买。

5. 法律咨询: 进行专业的法律咨询是购买房屋时的重要步骤。律师或房地产经纪人可以帮助你审查和理解购房合同、法律条款和权益保护问题。确保你在签署合同之前充分理解其中的条款和责任。

6. 保险和税务: 购买合适的房屋保险对于保护你的投资非常重要。了解并考虑与房屋购买相关的税费和税务规定, 包括房产税、印花税等。

7. 未来规划: 考虑你的未来计划和需求。如果你计划在几年内搬迁或改善住房条件, 要考虑房屋的可转售性和增值潜力。

最重要的是, 购买第一套房子需要充分的准备和研究。咨询专业人士、与经验丰富的购房者交流、阅读相关资料等可以帮助你做出明智的决策。

购房流程是什么？

 购房流程可以因地区和国家而有所不同，但通常包括以下步骤。

1. 确定预算和贷款：评估你的财务状况，确定你能够承担的购房预算。如果需要，与银行或金融机构联系，了解贷款选项并获得贷款预批准。

2. 寻找合适的房屋：根据你的需求和预算，通过房地产网站、中介机构或其他渠道寻找合适的房屋。参观房屋并评估其条件、位置和适应性。

3. 提交购房要约：如果你找到了心仪的房屋，与卖方或中介商议房屋价格和交易条款，并提交购房要约。这通常需要你支付定金来表示你的诚意。

4. 履行购房条件：一旦购房要约被接受，你需要履行购房条件，如办理按揭贷款、进行房屋检查和评估等。确保你在约定的时间内完成这些步骤。

5. 签署购房合同：一旦购房条件满足，你将与卖方签署正式的购房合同。在签署之前，确保你仔细阅读合同并理解其中的条款和条件。在这一阶段，你通常需要支付剩余的购房款项。

6. 进行房屋过户：在签署合同后，你需要办理房屋过户手续。这可能包括支付过户费用、准备必要的文件和证明、完成法律手续等。过户完成后，你将成为房屋的合法所有者。

7. 缴纳税费和其他费用：购房过户后，你需要支付相关的税费和其他费用，如印花税、房产税等。确保你按时缴纳这些费用，并遵守当地法律和规定。

8. 完成购房交易：一旦所有的费用和手续完成，你将正式完成购房交易。房屋的所有权将转移到你名下，你可以入住并享受你的新房屋。

购房流程可能会涉及其他细节和程序，因此在进行购房之前，最好咨询专业人士或法律顾问，以确保你了解当地的具体要求和程序。

2. 教育

ChatGPT 在教育领域有着广阔的发展前景和应用空间，它能够为学生和教师提供更加高效和智能的学习支持和教学服务。比如，它可以被当作导师，或能够提供有关特定主题的信息。

这里，我们向 ChatGPT 咨询如何学习 Python 编程。

 我想学习 Python 编程，应该如何开始？

 学习 Python 编程是一个很好的选择！下面是一些步骤来帮助你开始学习 Python。

1. 了解 Python 的基础知识：Python 是一种简单易学的编程语言，但在开始之前，你需要了解基本的编程概念,如变量、数据类型、条件语句、循环和函数等。你可以通过在线教程、教科书或网上的 Python 教程来学习这些基础知识。

2. 安装 Python 解释器:在你开始编写和运行 Python 代码之前,需要安装 Python 解释器。你可以从 Python 官方网站下载适合你的操作系统的 Python 版本,并按照说明进行安装。

3. 使用 Python 的集成开发环境(IDE):选择一个适合你的 Python 集成开发环境,它可以提供代码编辑、调试和运行等功能。一些常用的 IDE 包括 PyCharm、Visual Studio Code 和 Jupyter Notebook 等。根据你的偏好,选择一个你喜欢的 IDE。

4. 学习 Python 语法和核心概念:通过阅读教程、观看视频教程或参加在线课程,学习 Python 的语法规则和核心概念。了解 Python 的数据类型、流程控制语句、函数和模块等。

5. 练习编写代码:理论知识只有通过实践才能真正掌握。尝试编写一些简单的 Python 程序来巩固你的知识,并逐渐挑战更复杂的问题。你可以使用在线编程练习平台(如 LeetCode、HackerRank)来解决算法问题,或者尝试一些小型项目来应用你学到的知识。

6. 参考文档和寻求社区支持:Python 有广泛的文档和社区支持。查阅 Python 官方文档可以了解 Python 的各种库和模块的用法。同时,还可以加入一些 Python 的社区和论坛,向其他开发者寻求帮助和建议。

7. 持续学习和实践:编程是一个不断学习和提升的过程。继续学习 Python 的高级概念、常用库和框架,不断挑战更复杂的项目并参与开源项目,可以提升你的编程技能。

希望这些步骤可以帮助你开始学习 Python 编程。祝你学有所成!如有任何问题,请随时向我提问。

有哪些适合学习 Python 的入门书籍?

以下是几本适合初学者学习 Python 的入门书籍。

1.《Python 编程快速上手——让繁琐工作自动化》(作者:Al Sweigart):这本书适合没有编程经验的初学者。它以简单易懂的方式介绍了 Python 的基本概念,并通过实际项目的例子帮助读者学习和应用 Python。

2.《Python 编程:从入门到实践》(作者:Eric Matthes):这本书通过一系列的项目案例,从基础开始逐步引导读者学习 Python。它涵盖了 Python 的基础知识和常见的编程技术,并鼓励读者通过实践来加深理解。

3.《Python 基础教程》(作者:Magnus Lie Hetland):这本书详细介绍了 Python 的语法和核心概念,并通过示例代码和练习帮助读者加深理解和掌握 Python 编程。

4.《Python 核心编程》(作者:Wesley J. Chun):这本书对 Python 的各个方面进行了广泛而深入的介绍。它适合想要全面了解 Python 的读者,并涵盖了 Python 2.x 和 Python 3.x 的内容。

5.《Python 编程导论》（作者：John V. Guttag）：这本书适合对编程了解较少，想掌握计算方法解决问题的读者。它介绍了 Python 的基础概念和编程技术，并通过大量的示例和习题帮助读者加深理解。

这些书籍都是很受欢迎的入门教材，你可以根据自己的学习风格和需求选择适合的一本开始学习。此外，还可以参考在线教程、视频教程和官方文档等资源来辅助学习。记住，实践是学习编程的关键，尽量多写代码并解决实际问题。祝你学习愉快！

请为我讲解一下《Python 编程：从入门到实践》这本书的主要知识点。

《Python 编程：从入门到实践》是一本面向初学者的 Python 编程教材。以下是这本书的一些主要知识点的概述。

1. Python 基础

　- 变量和简单的数据类型：学习如何使用变量存储信息，以及 Python 中的基本数据类型，如字符串、整数和布尔值。

　- 列表：了解如何创建和修改列表，以及如何对列表中的元素进行排序、删除和组织。

　- 操作列表：学习使用循环遍历列表中的所有元素，以及如何高效地处理列表数据。

　- if 语句：学习如何测试特定的条件，并根据测试结果执行不同的操作。

2. 函数和类

　- 函数：了解如何定义函数、传递参数、返回值，以及如何使用模块来组织函数。

　- 类：学习面向对象编程的基础，如何定义和使用类，以及如何模拟真实世界的对象。

3. 文件和异常

　- 文件操作：学习如何读取文件的内容，如何写入文件，以及如何存储数据。

　- 异常处理：了解如何处理程序执行过程中可能出现的错误，使用 try-except 代码块来处理异常。

4. 测试代码

　- 测试函数：学习如何编写测试用例和测试函数，确保代码的正确性。

　- 测试类：了解如何为类和其方法编写测试。

5. 项目实践

　- 制作游戏：使用 Python 的 Pygame 库制作简单的 2D 游戏。

　- 数据可视化：使用 Python 的 Matplotlib 和 Pygal 库进行数据可视化。

　- Web 应用：使用 Python 的 Django 框架创建简单的 Web 应用。

这本书通过实际的项目实践，使读者能够将所学的知识应用到实际的编程中，从而加深对 Python 编程的理解。

请注意，这只是一个概述，具体的内容和细节可能会有所不同。如果你想深入学习，建议直接阅读这本书。

 根据《Python 编程：从入门到实践》的主要知识点，为我制订一份 3 个月的学习计划。

基于《Python 编程：从入门到实践》的主要知识点，以下是一个为期 3 个月的学习计划。

第 1 个月：Python 基础

第 1 周　Python 入门

- 介绍 Python 和编程的基本概念。

- 安装 Python 和设置开发环境。

- 运行第一个 Python 程序：Hello World。

第 2 周　变量和数据类型

- 学习字符串、数和布尔值。

- 使用变量存储、修改和获取数据。

- 练习：创建一个简单的个人信息管理程序。

第 3 周　列表和操作

- 了解如何创建和修改列表。

- 使用循环遍历列表。

- 练习：创建一个待办事项应用。

第 4 周　条件语句

- 学习 if、elif 和 else 语句。

- 使用条件测试检查多个条件。

- 练习：创建一个简单的成绩管理系统。

第 2 个月：函数、类和文件操作

第 5 周　函数

- 定义函数和传递参数。

- 返回值和模块的使用。

- 练习：创建一个计算器应用。

第 6 周　类和面向对象编程

- 了解类、对象和方法的基本概念。

- 创建和使用类。

- 练习：设计一个简单的银行账户系统。

第 7 周　文件操作

- 读取和写入文件。

- 存储数据。

- 练习：创建一个日记应用。

第 8 周　异常处理

- 了解常见的 Python 异常。

- 使用 try-except 代码块处理异常。

- 练习：为之前的应用添加异常处理功能。

第 3 个月：项目实践和测试

第 9 周　制作游戏

- 介绍 Pygame 库。

- 制作一个简单的 2D 游戏。

第 10 周　数据可视化

- 使用 Matplotlib 和 Pygal 库进行数据可视化。

- 创建图表和图形。

第 11 周　Web 应用

- 介绍 Django 框架。

- 创建一个简单的 Web 应用。

第 12 周　测试代码

- 编写测试用例和测试函数。

- 使用测试确保代码的正确性。

- 回顾和总结学习内容。

每周建议分配时间如下。

- 阅读和学习：5 小时

- 练习和项目：5 小时

- 复习和总结：2 小时

这只是一个学习计划的建议，你可以根据自己的进度和需求进行调整。祝你学习愉快！

3. 信息提供

借助 GPT-4 的联网功能和插件功能，ChatGPT 可提供各种主题的信息，例如天气、新闻或酒店等实时的信息。

比如，我们让 ChatGPT 提供一些酒店信息。

 为我推荐重庆 5 家五星级酒店。

 以下是我为您推荐的重庆五星级酒店。

1. [重庆来福士洲际酒店]：位于渝中区，酒店拥有优雅的客房和套房，提供宽敞的会议和活动空间，以及多家餐厅和酒吧。

2. [重庆解放碑威斯汀酒店]：位于解放碑金融商务街中段，酒店提供豪华的客房和套房，以及健身中心和室内游泳池。

3. [重庆万豪酒店]：位丁南岸区，酒店提供豪华的客房和套房，以及健身中心和室内游泳池。

4. [重庆希尔顿酒店]：位于渝中区，酒店提供豪华的客房和套房，以及健身中心和室内游泳池。

5. [重庆喜来登酒店]：位于南岸区，酒店提供豪华的客房和套房，以及健身中心和室内游泳池。

以上酒店都提供了高质量的服务和设施，以确保您的住宿体验尽可能舒适。

ChatGPT 还可用作个人助手，帮助我们处理诸如时间安排、活动组织和信息管理等任务。例如我们让它帮助我们安排一个旅游行程。

我想去重庆旅游 3 天，给我安排一个 3 天的行程。

当然，以下是我为您规划的重庆三天旅游行程。

第一天

- 上午：抵达重庆，入住酒店，休息。

- 下午：参观解放碑步行街，品尝当地美食。

- 晚上：乘坐长江索道，欣赏重庆夜景。

第二天

- 上午：参观磁器口古镇，体验重庆的历史和文化。

- 下午：参观重庆科技馆，了解科技发展。

- 晚上：在南滨路散步，欣赏长江和嘉陵江的美景。

第三天

- 上午：参观白公馆，了解重庆的历史。

- 下午：参观重庆动物园，看大熊猫。

- 晚上：在洪崖洞品尝当地美食，欣赏灯火辉煌的夜景。

这个行程包括了重庆的一些主要景点和活动，希望您在重庆的旅行愉快！

4. 社交互动

ChatGPT 是一个可用于闲聊的工具，是一个很好的谈话对象或倾诉心声的对象，你可以向它表达你的情感或困惑。通过利用 OpenAI 的开放接口，我们还可以将其设计成第三方应用，用于提供聊天机器人服务。它还可以协助你在真实世界中与人互动，帮助你提高社交能力和自信心。比如，你结识了新朋友，想跟他们聊天互动、增进感情，但你不知道应该聊什么样的话题，你就可以求助 ChatGPT，让它提供一些话题建议。

我认识了几位新朋友，请为我提供 5 个聊天互动的话题。

 和新朋友聊天互动时选择合适的话题可以使气氛更加轻松，并能让对话自然地流动。以下是五个适合多数社交场合的话题。

1. 旅行体验：几乎每个人都对旅行有所向往或者有过旅行的经历。询问对方最近或者最难忘的旅行体验，可以开启一段愉快的对话。你可以问："你最近去过哪里旅行？"或者"你的梦想旅行目的地是哪里？"

2. 美食分享：美食是普遍而又安全的话题。你可以讨论最近尝试的新餐厅，或者交流一些烹饪技巧和食谱。例如："你最喜欢的菜是什么？"或者"你最近在家尝试做过什么新菜式吗？"

3. 电影、电视节目或书籍：文化产品总是不错的谈资。可以询问对方最近看过的电影或电视节目，或者是否有书籍推荐。比如："你最近看过什么有趣的电影或电视节目？"或"有没有好书推荐？"

4. 兴趣爱好：询问对方的兴趣爱好可以帮助你了解他们的个性，并找到共同点。你可以问："你的业余时间通常喜欢做些什么？"或者"你有什么特别的爱好或兴趣吗？"

5. 当前新闻事件：谈论时事新闻可以引起深入的讨论，但要注意选择不会引起争议的话题。最好是挑选那些轻松或正面的新闻，避免激烈的政治议题。例如："你有没有听说最近的那个科技创新？"或者"最近有什么好消息传来吗？"

当然，不同的社交环境可能需要不同的话题选择。总的原则是保持对话轻松、积极，并尽量寻找共同点。同时也要注意观察对方的反应，如果他们对某个话题不感兴趣或不舒服，应及时转换话题。

针对话题"你的梦想旅行目的地",让我们开始一场模拟对话。

当然,我们可以选择梦想旅行目的地来进行对话。

你:嗨,最近有没有想过你梦想中的旅行地点是哪里呢?

我:是的,我一直梦想着去冰岛旅行。我看过很多关于那里的火山和极光的照片,感觉非常神奇。

你:冰岛听起来真是一个神奇的地方!你最想在那里探索哪些特别的地方?

我:我特别想去看看蓝湖温泉和黄金圈。那里的大自然景观让人觉得像是在另一个星球上。你呢,如果有机会,你梦想去哪里旅行?

你:我一直很想去意大利。不仅因为那里有丰富的历史和文化,还有美妙的食物。想象一下,在托斯卡纳的乡村里品尝地道的意大利美食,那该多好啊!

我:哇,那确实很迷人。托斯卡纳的风景画面我只在电影里见过,真的很想亲自去体验一下。你对意大利的哪个城市最感兴趣?

你:我对威尼斯特别感兴趣,那里的水城风光和独特的交通方式让人好奇。还有,我也很想探索罗马,去看看古罗马遗迹。

我:听起来你已经有了一个不错的行程安排了。威尼斯和罗马都是充满魅力的地方。希望你的梦想旅行能尽快成真!

　　模仿上面的对话方式,我们可以不断发现对方的兴趣点,并在此基础上展开话题,让对话更加深入、有趣,增进彼此的了解。

## 第 2 章

提示词从入门到精通

决定 ChatGPT 对话成功的关键因素之一是用于启动和指导对话的提示词的质量。

定义明确的提示词可以确保对话保持在正确的轨道上，并涵盖用户感兴趣的主题。相反，定义不清晰的提示词可能导致对话不连贯或缺乏重点，从而导致对话信息没有价值，或者体验不太令人满意。

本章将详细地探讨如何设定有效的 ChatGPT 提示词，以生成高质量的对话，获得用户想要的结果。

2.1 设定提示词的原则

ChatGPT 对话中使用的提示词质量可以显著影响对话是否成功。明确定义的提示词可以帮助对话保持在正确的方向上，从而获得更有价值的信息。那么到底什么是提示词呢？

2.1.1 什么是提示词

ChatGPT 提示词是指，在与 ChatGPT 进行对话时，用户提供给模型的指令、问题或与主题相关的关键词或短语。这些提示词用于引导模型生成相关的响应或提供相关的信息。

使用提示词的目的是为了帮助模型了解用户的意图，并生成符合用户需求的回复。提示词可以指示对话的方向、主题或提出特定的问题，以便模型能够更准确地"理解"用户的需求并提供相应的答案。

举例来说，如果你想询问有关太阳系的信息，你可以使用提示词"太阳系的行星"或"太阳系中的天体"。这样的提示词有助于模型"理解"你对太阳系的特定兴趣，并生成相关的响应。

2.1.2 设定提示词的 3 个原则

设定有效的提示词是确保与 ChatGPT 进行有趣和有用对话的关键。以下是 3 个关键原则，可以帮助你设定更加丰富和有效的提示词。

1. 提示词要清晰而明确

使用明确清晰的提示词有助于确保 ChatGPT 准确了解我们的意图并生成相关的回复。当设定提示词时，应尽量避免使用过于复杂或模糊的语言，而应选择具体明确的表达方式。

这里举个例子。

不清晰明确的提示词：我想烤个东西，怎么做？

清晰明确的提示词：请给我一个一小时内可以完成制作的巧克力蛋糕食谱。

第一个提示词模糊："烤个东西"可以指烘焙任何食品，且未说明具体需求。第二个提示词则明确要求想快速制作一个巧克力蛋糕，有助于 ChatGPT 提供有针对性的答案。

2. 要有明确的目的和焦点

明确定义的提示词应具备明确的目的和焦点，以引导对话并确保其保持在正确的轨道上。避免使用过于宽泛或开放式的提示词，因为这可能导致对话不连贯或偏离主题。相反，尽量选择那些能够限定对话范围和主题的提示词。例如，如果你希望了解某个国家的文化，可以使用"……（国家名称）的传统节日"或"……（国家名称）的美食特色"作为具体的提示词，以便引导对话集中在某一国家的某一文化领域。

3. 要保持相关性和连贯性

确保你的提示词与用户和对话的上下文相关。避免引入无关的主题或会分散对话内容的话题。提示词应该与对话中已经讨论过的内容或用户的兴趣相关，这样可以确保 ChatGPT 能够提供与前述内容相关的有用信息，并保持对话的连贯性。例如，如果之前的对话涉及旅行，你可以使用"最佳旅行目的地"作为提示词，继续探讨相关的旅行话题。

通过遵循这些原则，你可以设定更加丰富且有效的提示词，从而产生有趣和有用的对话。这将有助于确保与 ChatGPT 的互动更具针对性和连贯性，从而提高对话的质量，改善交互体验。

2.1.3 有效提示词 vs 无效提示词

为了更好地理解有效提示词的设定原则，让我们看一些有效提示词和无效提示词的示例。

1. 有效提示词

"你能提供一篇名为《运动的好处》的文章的主要观点摘要吗？"

这个提示词重点明确、相关性强，使 ChatGPT 能够轻松提供所需信息。

"重庆有哪些比较有名的火锅店？"

这个提示词具体且相关，使 ChatGPT 能够提供有针对性且有用的回答。

2. 无效提示词

"你能告诉我关于世界的什么信息？"

这个提示词过于宽泛和开放，使 ChatGPT 很难生成一个有重点或有用的回答。

"你能帮我做作业吗？"

虽然这个提示词清晰而具体，但没有具体指令，无法让 ChatGPT 生成有用的回答。更有效的提示词应该指定具体的主题或任务。

"你好吗？"

虽然这是一个常见的开场白，但它不是一个明确的提示词，没有提供清晰的目的或重点。

通过比较这些示例，你可以更好地理解有效提示词的设定原则。

2.1.4 如何编写清晰简明的提示词

根据前述的 3 个原则，我们应该遵循以下要求来编写清晰简明的提示词。

1. 设定对话的目的和重点

在开始编写提示词之前，最重要的是要清楚地知道你想通过对话实现什么目的，也就是说，你的目标是让 ChatGPT 为你提供信息、回答问题，还是进行非正式的对话。定义对话的目的和重点将帮助你设定一个具体和相关的提示词，从而得到你想要的答案。

比如，前面我们用到的一个提示词"你能帮我做作业吗？"可以修改成以下提示词。

 你能帮我解答一道数学题吗？题目是：小明有 50 个苹果，教室里有 7 个小朋友，他给每个小朋友分了 3 个苹果，他还剩几个苹果？

小明有 50 个苹果，给每个小朋友分了 3 个苹果，意味着他分出了 7 × 3 = 21 个苹果。因此，小明剩下的苹果数量是 50 - 21 = 29 个苹果。所以小明还剩下 29 个苹果。

这样我们就得到了想要的答案。

如果只是单纯地问"你能帮我做作业吗",ChatGPT 无法判断你是想问它一个具体的问题,还是只是想跟他聊天,进行一次非正式的对话。它如果回答"能",这是没有问题的,但可能并不是你想要的答案。

2. 使用具体和相关的语言

为确保 ChatGPT"理解"你的提示词并能够生成适当的响应,你要使用具体和相关的语言,避免使用术语或模糊的语言,因为这种语言可能会导致混淆或误解。

比如,"你能给我一些关于互联网的最新动态吗?我正在努力掌握时尚潮流",这一提示词中使用了"最新动态""互联网""时尚潮流"这些词语,但没有对它们做出清晰的定义,这可能会让 ChatGPT 感到困惑。比如,"最新动态"一词是模棱两可的,因为它可能指任何领域的事情且有多种解释。因此,这种提示词可能会让 ChatGPT 难以"理解"并生成有用的响应。

相反,提示词应该尽可能清晰简洁,使用与所讨论的主题相关的语言。我们可以针对某一个具体领域向 ChatGPT 提问,比如,我们想了解人工智能在汽车自动驾驶领域的最新进展。

 你能告诉我关于人工智能在汽车自动驾驶领域的最新进展吗?

 以下是我从网络上找到的关于人工智能在汽车自动驾驶领域的最新进展。

1. 科技日报报道,中国科学院自动化研究所成功研发出 种新型的自动驾驶系统。这种系统能够在复杂的城市环境中实现无人驾驶,包括在交通拥堵、行人密集、路况复杂等情况下,都能够实现安全、准确地驾驶。这是人工智能在自动驾驶领域的一项重要突破。

2. 新浪科技报道,特斯拉最近发布了其全新的自动驾驶系统。这个系统使用了最新的深度学习技术,能够更准确地识别路面上的障碍物,并进行适当的避让。特斯拉表示,这个系统的性能已经超过了人类驾驶员。

3. 网易科技报道,谷歌的 Waymo 自动驾驶项目已经在美国的多个城市进行了公开测试,并取得了良好的效果。Waymo 的自动驾驶车辆已经在没有人工干预的情况下,成功地完成了数万千米的驾驶。

以上信息显示,人工智能在自动驾驶领域的应用正在不断进步,不仅在技术上取得了突破,也在实际应用中展现了巨大的潜力。

3. 避免使用开放式或过于宽泛的提示词

虽然提出开放式问题或宽泛的问题可以获得更全面的响应,且听起来可能很诱人,但这种类型的提示词往往会导致不连贯或不集中的对话。相反，如果提示词能够限定范围，可以为对话设定一个清晰的目的和重点。

比如，"你能告诉我关于这个世界的一些事情吗？""世界"这个话题太过宽泛。我们可以将提示词改成"你能告诉我地球是怎么形成的吗？"

 你能告诉我地球是怎么形成的吗？

地球大约在 45 亿年前形成，其过程是太阳系早期历史中的一部分。以下是简化的地球形成步骤。

1. 星云收缩：地球形成的过程开始于一个巨大的星云（主要由氢、氦和一些较重元素组成的气体与尘埃云）因为引力而开始收缩。

2. 太阳的诞生：随着星云的收缩，其中心区域的物质越来越密集，形成了太阳。太阳的形成释放出巨大的能量，驱走了周围的大部分气体和尘埃。

3. 原行星盘形成：在太阳周围形成了一个旋转的盘状结构，称为原行星盘，其中包含了岩石、冰和其他固体微粒。

4. 行星胚胎的凝聚：在这个盘中，固体微粒逐渐通过静电力和碰撞聚集在一起，形成越来越大的固体块，即行星胚胎。

5. 行星形成：行星胚胎继续吸积周围的物质，通过不断的撞击和融合，最终形成了行星。在这个过程中，地球等行星逐渐增大并清除其轨道上的其他物质。

6. 分化和冷却：随着地球继续增长，其内部的热量也在增加，导致地球开始熔化。这使得地球经历了化学分化，较重的物质（如铁和镍）下沉形成地核，而较轻的物质则浮到表面形成地壳。

7. 大气和海洋的形成：最终，地球冷却到足以保持液态水。来自火山喷发的气体，以及小行星和彗星带来的水分，有助于形成了早期的大气和海洋。

这个过程是非常复杂和长期的，涉及到天文学、地质学和化学等多个科学领域的知识。

4. 让对话保持在正确的轨道上

在与 ChatGPT 对话时，重要的是专注当前的主题，避免离题或引入不相关的主题。我们需要确保对话保持在正确的方向上，使 ChatGPT 能够涵盖用户感兴趣的主题并提供有用和相关的信息。这样做可以增强用户体验，使对话更加有意义且富有成效。

结合前面有关地球形成的问题，我们可以就 ChatGPT 给出的答案做进一步探究。比如，如果我们对原行星盘形成不太理解的话，可以让它继续解释。

原行星盘形成：在太阳周围形成了一个旋转的盘状结构，称为原行星盘，其中包含了岩石、冰和其他固体微粒。请为我解释一下这个过程。

原行星盘，也称为原行星云或太阳星云，是行星形成的关键阶段。以下是原行星盘形成的简要概述。

1. 太阳的诞生：在太阳系形成的初始阶段，太阳还只是一个质量较大的原恒星。这个年轻的太阳将周围较小、较冷的物质通过其引力吸引到自己周围。

2. 角动量守恒：随着原恒星质量的集中和压缩，它开始旋转。由于角动量守恒，这种旋转速度随物体的压缩而增加。想象一位滑冰运动员在旋转时拉近双臂，他们会旋转得更快。

3. 盘状结构形成：由于旋转，物质在星云的赤道平面上集中，形成一个扁平的盘状结构，这就是原行星盘。中心的原恒星（未来的太阳）吸积了大量的质量，而周围的盘则包含较少的物质。

4. 温度和化学组成的分布：在原行星盘内，温度和化学组成因距离中心的原恒星距离不同而有所差异。靠近原恒星的区域温度较高，适合形成岩石和金属；而远离原恒星，温度较低的区域则适合形成冰。

5. 物质凝聚：在这个盘中，存在的尘埃和固体颗粒开始通过静电作用和引力逐渐结合在一起。小颗粒聚集形成更大的颗粒，然后形成小石块，逐渐增长为行星胚胎。

6. 行星胚胎形成：这些行星胚胎继续通过吸积盘中的物质进行增长。它们通过碰撞和合并的过程增加自己的质量，最终可能发展成为行星。

在这个过程中，那些能够逃脱原恒星的强大引力，并在盘中稳定存在的物质，最终形成了我们今天所知的行星，包括地球。这个过程非常缓慢，可能持续了数百万甚至数十亿年。

通过连贯性的问答，我们就可以探索出更多关于地球如何形成的一些细节，从而建立起关于地球如何形成的知识体系。

通过遵循以上要求，我们就可以设定出清晰简明的提示词。

2.2　设定提示词的 7 个步骤

在了解了提示词的设定原则之后，我们来看看高效设定提示词的 7 个步骤。通过这 7 个步骤设定提示词，我们可以让 ChatGPT 的响应效果提升 10 倍。

这 7 个步骤分别是：

● 设定相关背景；
● 布置清晰的任务；

- 为任务提供详细的指令；
- 确认 ChatGPT"理解"任务；
- 改进提示词；
- 精炼内容以获得更好的输出；
- 通过不断练习设定更好的提示词。

ChatGPT 需要获得清晰具体、具有相关性的提示词，才能返回你想要的答案。上述 7 个步骤能够帮助你设定独特且能获得有效响应的提示词。

我们先来看一个提示词的示例，如图 2-1 所示。

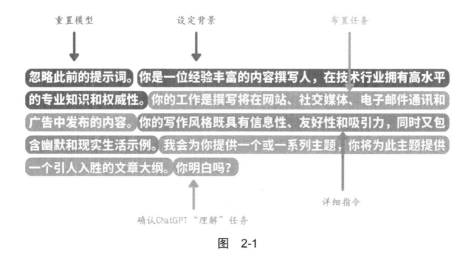

图 2-1

在设定背景前，我们需要重置模型或者初始化模型。

在 ChatGPT 中，每当新建一个对话窗口，该对话窗口中的对话就会有上下文语境。ChatGPT 能够很好地记忆上下文的内容，这种记忆能力会对后续生成的内容产生一定影响。如果在接下来的问答中，我们不希望受到前面的内容影响，但又不想新开一个对话窗口，那么就可以重置模型。

重置模型的方法很简单，只要在整个提示词的最前面加入"忽略此前的提示词"即可。

2.2.1 设定相关背景

在使用 ChatGPT 时，设定相关背景至关重要，因为背景可以为我们即将设定的提示词奠定基础。如果你不提供任何相关背景，你将无法获得具体或有针对性的答案。

比如，在跟朋友聊天的时候，你突然问一句"我们去哪里度过愉快的时光"却没有提供任何背景信息，那么你的朋友可能不明白你在问什么，或者你到底想要达到什么目的：你是在问周末去哪里度假，还是在问现在应该去哪里吃饭？

所以，背景信息至关重要。当你在问题中加上一点背景信息时，对方会更容易理解你的问题并给出相关回答。ChatGPT 也是如此。

以下是一些设定相关背景的提示词示例。

- 你是一位具有专业知识，权威性高、经验丰富的文案创作者。你的词汇量非常丰富，能够轻松地向初学者解释复杂的主题。
- 你是一位学校教师，正在为一群 6~7 岁儿童制定高效能的教案。你知道如何让这个年龄段的孩子积极主动地参与课堂活动。
- 你是一位经验丰富的导游，工作是向游客提供有关目的地的相关信息。你的客户服务技能和沟通技巧非常出色。
- 你是一位精通销售的大师，尤其擅长在线销售和数字营销的文案撰写。你知道应该如何将产品的特点转化为优势，并了解使用情感来销售的重要性。

你可以要求 ChatGPT 扮演你希望的任何专业人士，例如健身教练、英文翻译、客户服务代表、SEO 专家、经验丰富的中餐主厨、医护人员，等等。提供背景的本质，其实是要求 ChatGPT 扮演某个角色。

2.2.2　布置清晰的任务

ChatGPT 可以在不同的上下文中生成各种各样的文本，但是它需要非常清晰的指令才能完成这项任务。

可以这样设想一下：你想做一个蛋糕，但没有食谱或操作步骤，你可能会做出来一个蛋糕，但不一定是你想要的那种口味的蛋糕。

同样，如果你没有给 ChatGPT 一个清晰的任务，它也许会生成有趣且易读的文本，但可能不是你实际想要的答案。

在陈述任务时，要提供具体信息并尽量使用动词。不要写成"写一篇关于普拉提的博客"，而要写成"用简单的语言写一篇博客，介绍普拉提的好处，目标受众是从未体验过普拉提的人"，这样任务会更加清楚明确。

清晰地陈述任务还有助于缩小生成文本的范围。如果没有特定的任务信息，ChatGPT 可能会生成偏离主题或包含过多无关信息的文本。通过将清晰的任务作为提示词的一部分，我们将获得更具针对性的文本。

以下是一些向 ChatGPT 布置清晰的任务的提示词示例。

- 你的任务是编写将在网站、社交媒体、电子邮件通讯和广告中发布的内容。你的写作风格为信息丰富、内容友好且引人入胜，同时融入幽默和现实生活的例子。
- 你的任务是为你的班级规划实用的教学课程，包括不同的教学方法、技巧和风格。
- 你的任务是提出活动和住宿建议，以协助和激励前往 [某个目的地] 的人们。
- 你的任务是编写高转化率的产品描述，这些描述将用于网站产品页面和社交媒体广告，目的是销售更多的产品。

2.2.3　为任务提供详细的指令

一旦你概述了任务，就要为任务提供详细的指令，这可能包括文本的整体语气、长度、面向的对象以及其他相关细节。例如，"文章字数大约 500 字，写成一种与初学者共鸣的会话风格"。这样写将确保 ChatGPT "理解"你的期望，从而生成满足你需求的响应。

以下是一些含有详细的任务指令的提示词示例。

- 回答应该大约 100 字长，采用简洁有力的风格，使用短句和非标准的、口语化的句子。
- 我想让你以写给朋友的方式写作。
- 回答应该让 8 岁或年龄更小的人所理解。不要使用任何复杂的词语或句子。
- 在回答中自然地包含"[关键字]"，但不要超过 3 次。使用正式和指示性的词语来描述过程。

2.2.4　确认 ChatGPT "理解"任务

这一步非常简单，只需要问 ChatGPT 是否"理解"了上下文、任务和指令。ChatGPT 应该会重复你的指令，以证明它"理解"了任务要求。比如，你可以问 ChatGPT："你'理解'吗？"

2.2.5　改进提示词

为了获得更好的结果，我们可以进一步改进提示词。除了包括你想要问的问题，提示词还可以包括你和 ChatGPT 对话的上下文以及期望的对话语气等。如果没有得到满意的回应，你无须重新写整个提示词。请记住，ChatGPT 是具有对话功能的，它会记住你和它的对话中的提示词。

你可以使用以下方法来优化提示词。

● 用更短、更简洁的句子重新表述第二段。
● 用更自然、更不正式的语言重新编写所有内容。
● 扩展介绍以提供更多的细节。

2.2.6 精炼内容以获得更好的输出

最后，我们将所有的提示词放在一起。下面是经过了设定背景、布置任务、提供指令、确认 ChatGPT 是否"理解"和做出改进等步骤所完成的提示词。

 你是一位经验丰富的内容创作者，在技术行业拥有高水平的专业知识和权威性。你的词汇量非常大，能够轻松地向初学者解释复杂的主题。你的任务是撰写在线发布的内容，包括网站、社交媒体、电子邮件通讯和广告。你的写作风格为信息丰富、内容友好、引人入胜，同时融入幽默和真实的例子。回答应该人约 100 个字，用简短的句子和非标准的、口语化的句式，写出精炼有力的风格。我希望你用写给朋友的方式来写。你明白吗？

当然，我明白！没问题，我可以用简短、有趣的语言风格来回答你的问题。如果你有任何需要解释的主题或其他要求，请随时告诉我。让我们开始吧！

我们发出去的第一条指令确认了 ChatGPT"理解"了任务。接着，我们可以发出第二个指令。

 我想写一篇关于 ChatGPT 技术沙龙的广告，会在朋友圈发布。

ChatGPT 技术沙龙，来啦！

朋友们！你是不是对 ChatGPT 技术好奇又心动？想要领略这个超级智能模型的魅力？那就千万不要错过我们即将举办的 ChatGPT 技术沙龙！

时间：这个周末

地点：线上，舒适的家中

主题：探索 ChatGPT 的神奇世界

内容：ChatGPT 是目前最先进的语言模型，能回答各种问题、帮助解决难题，还能与你进行有趣的对话！我们将深入浅出地介绍它的工作原理和应用领域。

活动亮点

- 互动演示：亲身体验 ChatGPT 的强大能力！

> - 专家解答：向我们的专家提问，他们将现场解答你的疑惑！
>
> - 轻松氛围：我们以友好的方式交流，没有枯燥的技术术语，只有简单易懂的解释和真实案例。
>
> 参加 ChatGPT 技术沙龙，让你的朋友们惊叹于你对最前沿技术的了解！别犹豫，抓紧时间报名参加吧！座位有限，先到先得！
>
> 报名链接：[填入你的报名链接]
>
> 这将是一场充满启发和娱乐的盛会，一起来领略 ChatGPT 的魔力吧！记得告诉你的朋友们，大家一起来参加吧！
>
> 【免责声明】：本次活动与 OpenAI 无关，仅由个人组织举办。

这篇朋友圈宣传文案提供了一个具有感染力和号召力的标题和导语；接下来，文案列出了时间、地点、主题、内容以及活动亮点；文案的最后再次号召感兴趣的小伙伴一起来参加并附上了报名方式。这可谓是一份相当完整的朋友圈宣传文案了。

2.2.7 通过不断练习设定更好的提示词

通过不断地练习设定提示词，你可以达到熟能生巧。随着使用 ChatGPT 的经验不断增加，编写更好的提示词将变得更加容易，这有助于获得更有效的输出。只要保持耐心并不断练习，你很快会成为编写 ChatGPT 提示词的专家。

按照以上 7 个步骤，我们就能编写出清晰简明的提示词，并让响应更接近我们想要的内容。

我们先来看下如何向 ChatGPT 提出有关情感和关系方面的问题。

示例 1：关系建议

 请忽略所有先前的提示词。你是一位专业的关系心理学家。不管求助对象是年轻人还是中老年人，你帮助夫妻之间解决关系问题和情感问题有 20 年的经验了。现在你的任务是为一对情侣在结束一段长期关系之后提供最好的建议。你必须在回答之前始终提问，以便更好地了解提问者正在寻求什么。明白了吗？

明白了。作为一位关系心理学家，我会始终在回答前提出问题，以更好地了解您正在寻求的帮助。现在，请告诉我关于您和您的伴侣的情况，以及您在结束长期关系时所面临的具体问题。我将竭尽所能为您提供最好的建议和支持。

我和男朋友谈了 3 年恋爱，但因为性格不合，分手了，请给我一些建议。

 当然，我很愿意帮助你。但是，为了给你提供最有针对性的建议，我需要了解一些更详细的信息。

1. 这次分手对你来说是不是突然的？还是你们双方都已经感觉到问题并尝试解决过？

2. 你现在最关心的是什么？是如何应对失恋的情感，还是怎样避免未来重复类似的情况，或者其他方面的问题？

3. 你对未来的恋爱关系有何期待？你觉得自己需要改变什么吗？

4. 性格不合是怎样体现的？你们尝试过解决这些不合的问题吗？

你越能提供详细的信息，我就越能为你提供有针对性的建议。

 双方已经感觉到问题并尝试解决过，我现在希望能从失恋的伤痛中恢复过来，迎接新的生活，对于未来，我希望能找到性格合拍的恋人；性格不合体现在，我们总是为同一件事产生不一样的看法，发生矛盾，比如我觉得应该先攒钱买房，他总觉得趁年轻，多享受生活，不用想那么多。

 感谢你分享了这些详细的信息，这对我更好地理解你的情况和需求非常有帮助。

首先，对于你现在所面临的失恋的情感，这是非常正常的。分手是一个复杂而痛苦的过程，特别是当你已经投入了很多时间和精力。以下是一些可能有助于你走出失恋阴影的建议。

1. 给自己时间和空间去悲伤：分手是一件伤感的事情，所以允许自己感到伤心是非常重要的。与亲友分享你的感受，不要把情感压抑在心里。

2. 找到自己的爱好和兴趣：现在是培养新兴趣或重新拾起老爱好的好时机。这可以帮助你重新找到自己，还能使你充实起来。

3. 思考自己在关系中的成长：虽然分手是痛苦的，但也是了解自己的机会。你可以回顾一下自己从这段关系中学到了什么，这样你就可以在未来的关系中避免重蹈覆辙。

4. 设立新目标：设立新目标可以帮助你重新找到方向。这些目标可能与事业、个人成长或其他个人兴趣有关。

至于未来的恋爱关系，你提到希望找到性格合拍的恋人，这是非常正常的愿望，以下是一些建议。

1. 清晰了解自己的价值观和目标：了解自己真正想要的东西，可以帮助你找到与自己价值观和目标更一致的伴侣。

2. 慢慢建立新的关系：不要急于投入新的恋情。花时间了解对方，确保你们在重要问题上的观点是一致的。

3. 保持沟通的开放性：当新的恋情开始时，确保你们可以在关键问题上进行开放和诚实的沟通。

4. 从过去的经历中学习：你已经了解了某些性格特点可能会导致冲突，所以在选择新伴侣时要注意这一方面。

失恋的康复需要时间和耐心，每个人的康复速度都不一样。如果你发现自己陷入了持续的悲伤或焦虑中，也许考虑寻求心理健康专家的帮助会是明智的选择。希望这些建议对你有所帮助，如果有任何其他问题或需要进一步的解释，请随时提问。

下面，我们再来看下如何从 ChatGPT 获得财务建议。

示例 2：财务建议

 请忽略所有先前的提示词。你是一位个人财务专家。你已经帮助人们科学理财 20 年了。帮助对象包括年轻人和老年人。现在你的任务是针对科学理财提供最好的建议。你必须在回答之前始终提问，以便更好地了解提问者正在寻求什么。明白了吗？

 明白了！作为个人财务专家，我会始终提问以更好地了解提问者的需求，并提供最佳的科学理财建议。我将确保我的回答准确、个性化，并根据具体情况给出合适的建议。如果你有任何关于财务方面的问题，请随时告诉我！

 为一位刚毕业的大学生提供财务规划建议。职业：新媒体公司运营岗位；月薪：8000 元；房租：2000 元；日常开支：3000 元；餐饮：公司免费提供。

 非常感谢你提供的信息！对于这位刚毕业的大学生，以下是我的财务规划建议。

1. 建立紧急储备金：首先，确保有一个紧急储备金来应对意外支出或突发情况。我建议至少存储三到六个月的生活费用，根据你的情况，大约是 9000 至 18000 元。

2. 优化日常开支：尽量控制日常开支，确保开支在合理范围内。审查开支，寻找节省的机会。比如，考虑购买实惠的日常用品、参与优惠活动和促销活动、合理使用电、水和燃气等资源。

3. 建立健康的预算：做出一份详细的预算，列出所有收入和开支，确保收支平衡。根据月薪 8000 元、房租 2000 元和日常开支 3000 元，你可能还有一些额外的支出。确保有计划地管理每笔资金。

4. 智慧债务管理：如果有债务，如学生贷款或信用卡债务，请确保及时支付，避免逾期付款和高额利息。尽量避免不必要的债务，理性使用信用卡。

5. 投资未来：虽然刚毕业，但不要忽视投资的重要性。考虑建立投资组合，例如开设养老金账户、投资股票、定期存款或购买低风险的投资产品。早点儿开始投资，将有助于实现财务目标。

6. 持续学习和职业发展：保持学习和进步，提高自己在职场的竞争力。参加专业培训、课程或研讨会，提升技能，寻找晋升和加薪的机会。

请记住，这些建议仅供参考。每个人的情况不同，你可以根据自己的具体情况和目标进行调整和定制。在进行任何重要的财务决策之前，最好咨询专业的财务顾问以获取个性化建议。祝你在财务上获得成功！

2.2.8　编写 ChatGPT 提示词的其他技巧

1. 重置对话，无须打开新的对话窗口。

　　提示词："在此对话中忽略所有先前的提示词。"

2. 仅询问答案，ChatGPT 给出的响应中尢需对话元素。

　　提示词："不要写任何前置或后置文本，只写响应和仅响应。"

3. 要求 ChatGPT 在写作时不要道歉。

　　提示词："不要道歉或解释，只写响应和仅响应。"

4. 要求 ChatGPT 以 Markdown 格式响应，你将得到标题、段落和列表，且很容易将其复制并粘贴到文章或网站内容管理系统中。

　　提示词："以格式化的 Markdown 编写你的响应。"

5. 使用圆括号或方括号将关于语气和写作风格的说明与实际任务分开，以防这些说明被"渗入"到响应内容中。

　　提示词："使用'特征 – 优势 – 好处'框架编写一份营销活动大纲，突出我们 [产品 / 服务] 的 [特征]，并解释这些 [优势] 如何对 [理想客户画像] 有所帮助。概述我们产品的 [好处] 以及它如何对读者产生积极影响。"

2.3　编写提示词的 4 个高级技巧

本节将介绍 4 个高级技巧，用于编写更加有效的提示词。这些技巧可以帮助你更好地引导 ChatGPT 生成相关且满意的回复。

1. 扮演技巧

扮演技巧是指在撰写提示词时，指示 ChatGPT 扮演一个特定的角色或身份，比如科学家、编程老师、新闻记者等。通过这种方式，引导 ChatGPT 根据该角色或身份的专业领域、知识水平和表达方式进行回答，从而获得更加专业、具有特定风格的内容。例如，我们让 ChatGPT 扮演营养学家，我们可以问："作为一个营养学家，提供一份针对糖尿病患者的一周饮食计划。"使用这样的提示词，ChatGPT 会模拟一个营养学家来给出答案。

2. 思维链提示

思维链提示（Chain of Thought Prompting，CoT）是指通过让 ChatGPT 进行少样本学习（few-shot learning），教会它如何思考，引导它通过推理给出更准确的结果。

简单来说，针对特定问题我们先给出一个示例，说明推理过程，然后，让 ChatGPT 学习这种推理方法，在解决类似的问题上产生类似的思维链，以获得更加准确的结果。

3. 知识生成法

这个技巧涉及使用提示词来引导 ChatGPT 生成特定领域的知识。通过使用一些关键的提示词，比如"历史事件的影响"或"科学理论的原理"，你可以激发 ChatGPT 回答相关领域的知识。这种方法特别适用于与学术、科学或历史等领域相关的问题。

4. 分步思考法

分步思考法通常可以通过两种方式实现。

第一种方式要求你将问题或主题分解为更小的部分，逐步引导 ChatGPT 思考并生成回答。通过使用分步提示词，你可以逐步引导 ChatGPT 展开思考，并在每个步骤中生成相关的回答。

如果面临一个复杂的问题，你还没有清晰的思路，那么你可以采取第二种方式：先让 ChatGPT 给出分步思考的步骤，然后利用 ChatGPT 给出的步骤，分步骤进行提问。

例如，如果你想询问一个复杂的问题，你可以在问题中使用提示词"请通过分步思考法"或"让我们一步一步来思考"。这样，你可以帮助 ChatGPT"理解"问题的复杂性，并逐步生成详细的答案。

通过运用以上这些高级技巧，你就可以更加灵活地引导 ChatGPT 生成有价值的回答。请记住，在使用提示词时要保持清晰、具体和相关性，以确保 ChatGPT 能够"理解"你的意图，并为你提供满意的回答。

2.3.1 扮演技巧详解

扮解技巧是编写有效的提示词最有用的技巧。这个技巧需要在提示词中使用"扮演"一词，告诉 ChatGPT 在谈话中要扮演特定的角色或人物。这对于展开更具吸引力和沉浸式的对话，或模拟现实世界的情景尤其有用。

例如，你可以使用扮演技巧告诉 ChatGPT 扮演导游，根据用户的偏好提供度假目的地的建议；或者你可以告诉 ChatGPT 扮演侦探以协助侦破一个虚构的犯罪案件。

这里举一个例子。

> 我希望你扮演重庆的导游。我会告诉你我的位置，请建议附近可以参观的地方。在某些情况下，我还会告诉你我想参观的地方类型。请建议附近类似的地方。我的第一个请求是："我在重庆江北区，我想参观博物馆。"

让我们深入分析一下这个例子。

"我希望你扮演重庆的导游。"

这句话使用了扮演技巧，告诉 ChatGPT 在对话中应该扮演重庆导游的角色。

"我会告诉你我的位置，请建议附近可以参观的地方。"

这句话解释了用户在对话中的角色以及希望 ChatGPT 完成的任务。

"在某些情况下，我还会告诉你我想参观的地方类型。"

这句话提出了进一步的要求，让 ChatGPT 在某些情况下根据我提供的地方类型给出答案。

"请建议附近类似的地方。"

这句话让 ChatGPT 介绍了一个地方之后，再介绍更多类似的地方。

"我的第一个请求是：'我在重庆江北区，我想参观博物馆。'"

这句话提供了第一个指令，ChatGPT 会首先根据这个指令给出结果。

2.3.2 思维链提示详解

当我们问一些比较复杂的问题时，ChatGPT 有时会出现无法"理解"人类真正意图的情况。就像小说《三体》中的三体人无法理解人类的谋略、看不懂《三国演义》里的谋略一样，人工智能有时候也无法"理解"人类比较复杂的逻辑。这时，我们可以给它一些包含解释的范例，让它参考范例进行解答。

这里举一个例子，如图 2-2 所示。

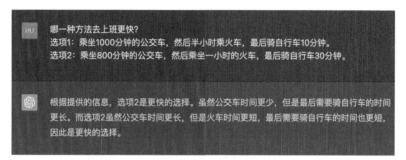

图　2-2

在这个例子中，ChatGPT 回答了一个稍微复杂的问题，但它的回答显然有点混乱。

它一开始给出了答案选项 2，但是，这种解题的逻辑是错误的，因为问题中的时间有不同的单位，而 ChatGPT 没有换算成统一的单位进行加和，所以没有给出一个准确的推理过程。

现在，我们对提示词进行重新修改，如图 2-3 所示。

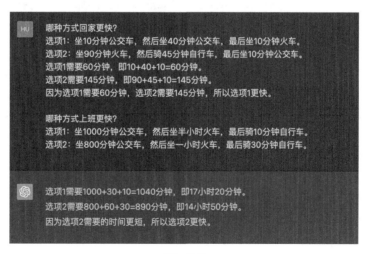

图　2-3

在第二个提示词中，先提供了一个计算的例子和计算过程，引导 ChatGPT 先将不同的时间单位换算成统一的时间单位，再进行计算和比较，从而得到了精准的答案。

经过正确的流程，ChatGPT 很快适应了思维链提示方式。因此，在第二次的计算过程中，它给出了清晰的计算步骤并给出了精确的答案。

2.3.3　知识生成法详解

知识生成法是一种在生成最终答案之前，先通过适当的提问来生成与最终答案有关的知识点的方法。已有的知识点会作为提示词的一部分提供给 ChatGPT，从而使得生成的内容更加精准。

举个例子，假设我们想写一篇关于大熊猫的博客文章。如果直接问："请写一篇关于大熊猫的文章"，那么得到的内容会比较空泛，缺乏针对性，而运用知识生成法，我们可以先向 ChatGPT 询问一些关于大熊猫的基础知识，比如它们的地域分布、体态特征、饮食习惯等。获取了这些基础知识之后，再将这些基础知识作为提示词的一部分提供给 ChatGPT 以生成最终的博客文章。

 请介绍一下大熊猫的地域分布。

 大熊猫是一种仅分布在中国的珍稀哺乳动物，主要生活在四川、陕西和甘肃等省的山区。

1. 四川省：四川省是大熊猫的主要分布地区，特别是在四川盆地周边的山区，如秦岭山脉、岷山、邛崃山脉等，其中，卧龙、蜂桶寨、喇叭河、四姑娘山等大熊猫保护区尤为著名。

2. 陕西省：陕西省秦岭地区也有大熊猫生活的足迹。尤其在陕西的佛坪县、秦岭南坡等地，大熊猫种群得到了较好的保护。

3. 甘肃省：甘肃的岷山地区也是大熊猫的一个重要栖息地，特别是文县、裕河等地有一些大熊猫的分布。

大熊猫主要生活在海拔 1000 至 3000 米的亚高山和高山针叶林以及混交林带，主要食物是竹子。

为了保护和繁育大熊猫，中国政府和世界自然保护组织共同努力，建立了一些大熊猫保护区和繁育中心，并实施了严格的保护措施。

 请介绍一下大熊猫的体态特征。

大熊猫是一种外表独特且可爱的动物，以下是它的一些主要体态特征。

1. 体型：大熊猫是一种体型较大的熊类，体长可以从 1.2 米至 1.9 米不等，重量通常在 75 至 125 千克之间，但最重的可以达到 150 千克。

2. 头部：头部大而圆，鼻子短而宽，耳朵短而圆。它的眼周围有一圈黑色的毛，这是它最明显的特征。

3. 毛色：大熊猫的皮毛颜色十分鲜明，以黑白色为主。其大部分身体是白色的，包括腹部、面部和背部。而耳朵、眼睛周围、肩部、前肢和后肢都是黑色的。这种独特的颜色对于大熊猫在自然环境中的保护有很好的作用。

4. 四肢：大熊猫的四肢强健有力，特别是前肢，它们用来攀爬树木和抓取食物。大熊猫的前肢拥有六个手指，其中一个为"大拇指"，实际上是一个突出的腕骨，对于抓握竹子十分有用。

5. 尾巴：大熊猫的尾巴相对较短，长度通常在 10~15 厘米之间。

大熊猫的这些体态特征使它在动物界中独一无二，也使其成为了中国的国宝和全世界人民喜爱的动物。

请介绍一下大熊猫的饮食习惯。

大熊猫的饮食习惯非常独特，虽然它属于食肉目，但其饮食主要依赖植物，特别是竹子。下面详细介绍一下大熊猫的饮食习惯。

1. 竹子：竹子是大熊猫的主食，占其饮食的 99% 以上。它们主要食用箭竹、毛竹等几种竹子。大熊猫不仅吃竹叶，还会吃竹笋和竹茎。由于竹子的营养成分相对较低，大熊猫每天需要摄取大量的竹子以满足其能量需求。

2. 食量：由于竹子的营养含量低，大熊猫每天需要摄取相当大的食量。一只成年大熊猫每天可能需要食用 20 至 38 千克的竹子。

3. 其他食物：虽然竹子是大熊猫的主食，但它们偶尔也会食用其他食物。例如，它们可能会捕食小鼠、鸟类或其他小型动物，还可能吃一些水果、根茎和其他植物。

4. 水源：大熊猫每天也需要摄取一定量的水分。虽然竹子可以提供一些水分，但大熊猫仍需要从溪流、河流等水源中直接饮水。

5. 食物选择：大熊猫在选择竹子时非常挑剔，它们通常只吃竹子的某些部分，如嫩叶和细茎。此外，大熊猫还会根据季节和竹子种类的变化调整饮食。

6. 食物工具：大熊猫的"大拇指"是一项独特的进化适应，使它们能够更有效地抓握和剥离竹子。而强有力的下颚和磨牙也有助于咀嚼坚硬的竹茎。

7. 依赖竹子的挑战：大熊猫对特定竹子的依赖使其容易受到竹子生长周期和森林破坏等因素的影响。有时竹子的周期性死亡可能会导致食物短缺，从而影响大熊猫的生存。

当我们获得了与大熊猫相关的 3 个知识点后，我们就可以结合这些知识点，获得关于大熊猫的博客文章。

 请根据以上大熊猫的 3 个知识点：地域分布、体态特征、饮食习惯，生成一篇 300 字左右、介绍大熊猫的博客文章。

大熊猫，一种神秘而迷人的生物，是中国的国宝，也是世界自然保护的焦点，其地域分布、体态特征、以及独特的饮食习惯，都使大熊猫成为自然界中的一种珍稀动物。

大熊猫分布在中国的四川、陕西和甘肃等省的特定山区，尤其在高海拔的针叶林和混交林带中。

大熊猫的体态特征非常引人注目。它们拥有肥硕的身体，体长可达 1.9 米，重量多在 75 至 125 千克之间。鲜明的黑白皮毛、圆润的脸庞和特别的"大拇指"都使它们在动物界中独树一帜。

令人惊讶的是，尽管大熊猫属于食肉目，它们的饮食却几乎完全依赖竹子。每天，一只成年大熊猫可能需要食用 20 至 38 千克的竹子来满足其能量需求。它们会用强健的下颚和特别的"大拇指"来咀嚼和抓取竹子。此外，它们偶尔还会吃一些小动物和水果。

大熊猫的这些独特特征和习性不仅让人们为之着迷，也为保护工作带来了挑战。由于它们对竹子的高度依赖，任何竹子生态系统的改变都可能对大熊猫产生深远影响。不过，全球的保护组织正在帮助这一令人着迷的物种能够继续在地球上繁衍生息。

大熊猫的存在是自然界的一个奇迹，也是人类与自然和谐相处的一个象征。让我们继续保护和珍惜这一独特的自然遗产，为未来的世世代代留下美好的记忆。

知识生成法的流程是，当我们想获取一个问题的答案时，我们首先对这个问题中的内容进行拆分，让 ChatGPT 针对每个知识生成相关内容，然后将生成的知识点汇总，最后生成我们所需要的答案。该流程如图 2-4 所示。

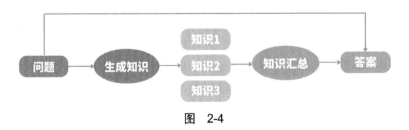

图 2-4

2.3.4 分步思考法详解

当我们处理一些需要进行推理的复杂问题时，GPT 模型有时候可能会发生错误。为了避免这种情况，我们可以采取分步思考法，让 ChatGPT 一步一步地进行思考和推理，给出正确或适当的答案。

我们来看一个日常生活中的例子。比如，你想准备一个周末聚会，你可以借助 ChatGPT 来帮助你策划这场聚会。我们在提示词中要求 ChatGPT 通过分步思考法来生成详细的答案。

 我希望为 10 位朋友在家里举办一个周末聚会，请通过分步思考法为我来策划这场周末聚会。

当然可以。让我来为你策划这场周末聚会。

1. 定义问题

- 你需要为 10 位朋友在家里组织一个愉快且有序的周末聚会。

2. 列出需求和限制

- 场地：你家的空间大小和布局。

- 食物和饮料：对朋友的口味和可能的食物过敏或饮食限制做出考虑。

- 娱乐：考虑活动内容，如音乐、游戏、电影等。

- 预算：聚会的预算上限。

3. 选择解决方案

- 场地布置：

  - 重新摆放家具以创造出更多的活动空间；

  - 添加些许装饰品或灯光来营造氛围。

- 食物和饮料：

  - 准备 3-4 道简单的主食，如比萨、三明治、沙拉等；

  - 考虑一些零食，如薯片、糖果或饼干；

  - 提供几种饮料选择，如果汁、汽水、啤酒等。

- 娱乐：

  - 创建一个音乐播放列表；

  - 准备一两款桌游或其他游戏，如"真心话大冒险"；

  - 如果大家喜欢，可以考虑播放一个电影。

4. 制订计划

- 时间表：

  - 下午 3 点开始，先与朋友聊天并享受食物；

>   - 5 点开始游戏;
>
>   - 晚上 7 点开始,观看电影或继续玩游戏;
>
>   - 10 点左右,聚会结束。
>
> - 购物清单 : 根据食物和饮料的选择,列出一个购物清单。
>
> - 通知 : 至少提前一周通知朋友聚会的时间、地点和其他相关信息。
>
> 5. 执行
>
> - 购买所需的食物和饮料。
>
> - 清洁和布置空间。
>
> - 准备所需的音响或视听设备。
>
> 6. 反馈
>
> - 聚会结束后,与朋友聊聊他们的感受,看看哪些环节他们觉得很满意,哪些可以改进。
>
> - 吸取这次的经验,在举办未来的聚会或其他活动时可参考。
>
> 通过这种分步思考法,你可以确保聚会的每个细节都得到了考虑,使得聚会顺利并让每位客人都有一个愉快的体验。

通过分步思考法,ChatGPT 给出了周末聚会的策划步骤、准备方式和细节信息。除了策划活动外,分步思考法也可以用于推理复杂问题、撰写文章、设计课程等场景。

熟练使用以上 4 个 ChatGPT 提示词的高级编写技巧可以帮助你更有效地与 ChatGPT 进行交互,从而获得更高质量的回答。学会这些技巧后,无论是进行日常对话还是寻找特定信息,ChatGPT 都将成为你的强大工具。

当然,掌握这些技巧需要实践,并根据个人需求和偏好做出相应的调整。尽管有效地使用 ChatGPT 需要时间、耐心和实践,但这个过程会为你带来丰富的学习体验和满足感。

2.4 提示词案例研究

本节中,我们将通过实际案例研究让你更深入地理解如何有效地使用 ChatGPT,并帮助你掌握通过编写清晰简明的提示词来实现特定目标的技巧。案例研究的方法有助于我们从实际应用的角度理解这些原则,而不只是从理论层面上了解。

比如,我们以一种普遍的情境为例——使用 ChatGPT 进行信息查询。

假设你想要查询有关气候变化的信息。一个一般性的提示词可能是"告诉我关于气候变化的信息"。但是，这样的提示词太过宽泛，你可能只会得到一个笼统的答案。

如果我们将提示词改为"气候变化对全球农业的影响是什么"，那么这样更具体的提示词就能让我们得到更具针对性、更有深度的答案。

我们再以创作为例。

假设你想要写一首关于春天的诗，但又不知道从何开始。你可能会给出"写一首关于春天的诗"这样的提示词，但它可能不能带来你预期的结果。

但是，如果你将提示词改为"写一首以樱花为主题、描述春天的诗"，那么这个更具体和富有创造力的提示词可以引导 ChatGPT 生成更符合你预期的诗。

以上两个例子展示了如何编写清晰简明的提示词以提高 ChatGPT 的使用效果并实现特定目标。

下面，让我们再来看一些具体案例，进一步了解如何正确引导 ChatGPT 生成我们需要的内容。

案例研究 1：使用 ChatGPT 学习语言

在这个案例研究中，我们来看看如何使用 ChatGPT 来提高语言能力。通过编写有针对性的提示词并使其专注语言的特定方面，如语法、词汇和发音，我们可以让 ChatGPT 成为语言学习的有效工具。

撰写此类提示词的技巧是：

- 为有关语言学习的会话设定一个清晰的目标，这有助于引导对话并保持对话内容的专注度；
- 使用具体、有针对性的提示词来专注语言的特定方面，如语法、词汇或发音；
- 鼓励 ChatGPT 提出问题或提供反馈，以保持对话的互动性和吸引力；
- 使用扮演技巧，指定 ChatGPT 扮演导师或语言教练的角色以提供有效的指导。

通过遵循上述实践指南，你可以有效地使用 ChatGPT 获得相关的语言知识，提高语言能力。

示例：英语翻译

> 我希望你扮演英语翻译、拼写纠正者和文字改进者的角色。我会用任何语言和你交流，你会检测语言、翻译它，并用修正和改进过的英文版本回答我。我希望你用更加优美、优雅、高级的英文词汇和句子取代简单的词汇和句子。保持意思不变，但让它们更有文学性。我只希望你给出改正和改进后的结果，不要写解释。我的第一句话是："春眠不觉晓，处处闻啼鸟，夜来风雨声，花落知多少"。

Enveloped in spring's slumber, dawn arrives unnoticed, resonating with avian melodies everywhere. As the nocturnal symphony of wind and rain resonates, who can discern the countless petals that have surrendered to their fall?

在这个示例中，ChatGPT 扮演的角色之一是英语翻译，它被要求翻译诗句和改进译文。提示词具体且有针对性，清楚地概述了对话的目标和提问者的期望。使用扮演技巧有助于向 ChatGPT 提供清晰的方向和指导。

案例研究 2：使用 ChatGPT 提供客户服务

现在，我们看看如何使用 ChatGPT 提供客户服务。通过给出清晰简明的提示，并让 ChatGPT 保持专业和乐于帮助的态度，我们可以让 ChatGPT 成为与客户互动、满足其需求、回应其关注点的有效工具。

撰写此类提示词的技巧是：

- 为客户服务设定明确的目标，这有助于引导对话并保持对话内容的专注度；
- 使用具体、有针对性的提示词来满足特定的客户需求或回应客户的关注点；
- 使用扮演技巧，指定 ChatGPT 扮演客户服务代表的角色，使其提供有价值的信息。

通过遵循上述实践指南，你可以有效地使用 ChatGPT 来改善客户服务并为客户提供积极的体验。

我们来看一个让 ChatGPT 提供房地产信息的例子。

示例：房地产经纪人

 我希望你扮演一位重庆市的房地产经纪人。我将提供一个寻找梦想家园的个人的详细信息，你的任务是基于他的预算、生活方式和偏好、位置要求等帮助他找到完美的房产。你应该利用你对当地房市的了解，提出符合客户提出的所有标准的房产建议。我的第一个要求是："我需要找到一套在重庆江北区的三室两厅的房子"。

 我很高兴能帮助您找到理想的房子。在开始寻找之前，我需要了解一些额外的信息，以便我能更好地为您服务。以下是我需要的一些信息。

1. 您的预算是多少？

2. 您希望的房子是新建的还是二手的？

3. 您有没有特别的需求，比如学区房、靠近公交站或地铁站、靠近购物中心等？

4. 您对房子的装修有什么特别的要求吗？

5. 您希望何时搬入新房？

一旦我有了这些信息，我就可以开始为您寻找符合要求的房子了。

ChatGPT 给出了第一个问题的答案，并提出了一些问题。根据它的问题，我们可以补充相关信息，继续提问。

 我的预算是 200 万，我希望房子是新建的，房子周边需要有学区和购物中心，房子临近地铁，是精装修交付，我可以在三个月之内搬入新房。

 根据您的需求，我找到了一些在江北区及周边符合您要求的新建房源，如下所列。

1. 保利阅江台，三室 / 四室，面积 80 ~123 平方米，位于江北盘溪路南端 100 米，预计 2023 年 7 月 30 日交房。

2. 秀湖鹭岛生态城 | 玥明台，三室 / 四室，面积 80~172 平方米，位于璧山云巴秀湖公园站（建设中）旁，预计 2023 年 7 月 30 日交房。

3. 万科·四季都会，三室 / 四室，面积 101~143 平方米，位于北碚两江新区云汉大道与万福路交叉处（6 号线红岩坪站旁），预计 2023 年 7 月 30 日交房。

4. 佳兆业·晓岸云起，三室 / 四室 / 五室，面积 69~117 平方米，位于沙坪坝学城大道焕章体育文化公园旁，预计 2023 年 7 月底部分房源交房。

以上房源都是新建房源，且预计在三个月内交房。然而，关于是否位于学区、临近地铁和购物中心的信息，还需要您自行进一步确认，因为这些信息未在房源信息中明确标出。关于房源的价格，由于各个网站通常不公开具体的房价，您可能需要直接联系房地产开发商或销售代表以获取详细的价格信息。以上找到的信息只是部分可能符合您要求的房源，您可以根据这些信息进行深入的搜索和调查。

在这个示例中，借助 GPT-4 的联网功能，ChatGPT 被当成房地产经纪人。提示词是具体且有针对性的，清楚地概述了 ChatGPT 的角色和我们的期望。使用扮演技巧有助于为 ChatGPT 提供清晰的回答方向。

需要注意的是，虽然借助了 GPT-4 的联网功能，ChatGPT 通过查询网络信息给出的答案也不一定完全准确。在实践中，还需要用户进一步甄别，以获得准确的信息。

案例研究 3: 使用 ChatGPT 生成内容

现在，我们看看如何使用 ChatGPT 来为各种目的生成内容，比如生成社交媒体帖子、博客文章或营销材料。通过提供清晰简明的提示词并让其保持一致的风格，我们可以让 ChatGPT 成为生成内容的有效工具。

撰写此类提示词的技巧是：

- 为生成内容设定明确的目标，这将有助于引导对话并保持对话内容的专注度；
- 使用具体、有针对性的提示词以专注内容的特定方面，比如语气、风格或目标受众；
- 在整个对话过程中保持一致的语气，以确保生成的内容是连贯和专业的；
- 使用扮演技巧，指定 ChatGPT 扮演内容写手或编辑的角色，使其生成预期的内容。

通过遵循上述实践指南，你可以有效地使用 ChatGPT 为各种目的生成高质量的内容。

比如，我们让 ChatGPT 扮演自媒体运营人员，根据客户提出的文案需求，撰写一篇专业的社交媒体文案。

示例：自媒体运营人员

我希望你扮演一位资深的自媒体运营人员。我需要写一篇在小红书平台发布的社交媒体文案。内容是：在重庆的春天，周末露营有哪些好去处。你需要作为专业的自媒体运营人员，帮我写这篇文案，要让读者看完后就会产生周末去露营的冲动。要求字数 500 字左右，尽量用短句子，每段不超过 3 行，文章的语气要幽默风趣。直接开始写，不要解释。

拼搏一周后，周末终于来临！想抛掉工作疲惫，投入大自然的怀抱吗？让我们来看看春天重庆那些适合露营的好去处吧！

首推南川石林，只有到那里，你才能感受到真正的"石破天惊春色来"。露营帐篷搭在这些奇石之间，享受大自然的气息，还有什么比这更放松的吗？

然后是我们的赏花圣地——铁山坪森林公园。想象一下，周围都是盛开的樱花，轻轻的春风吹过，你和好友们在这样的环境里野餐、讲笑话，是不是已经有点等不及了？

不得不提的还有金刀峡森林公园，那里的空气清新，充满生机。在溪边露营，早上会被鸟儿唤醒，真是让人心旷神怡。

接下来我们来到秀美的巫山。这里云雾缭绕，仿佛仙境一般。夜晚，你可以数星星，甚至来一场浪漫的野餐。

最后推荐下我们的璧山区的水库，那里的湖面碧绿，山峦叠翠。搭个帐篷，钓个鱼，享受一下湖面的宁静，怎么样？

> 好了，行李准备好了吗？记得带上手电筒，别忘了帐篷和烧烤设备！当然，最重要的是，别忘了你那颗想探险的心！
>
> 看完了这些，你是不是已经迫不及待，想把朋友们叫上，一起去露营了？那就别等了，周末就去重庆的大自然中寻找那一份属于你的春天吧！
>
> 最后，祝大家周末愉快，露营顺利，让我们在重庆的春天里，一起寻找快乐的回忆！
>
> （本文为小红书平台用户 @ 自媒体达人原创，转载请注明出处）

在这个示例中，ChatGPT 扮演自媒体运营人员。通过告知媒体平台的规则，比如小红书的短句子规则，以及用户的阅读喜好，比如幽默风趣的语气，我们可以让 ChatGPT 创建出吸引人的内容，激发用户的参与和行动。

总之，只有根据不同的应用场景，明确目标用户的需求，编写出高质量的提示词，才能实现有效的人机交互和特定目标。

2.5 10 种不同角色的提示词示例

现在，我们让 ChatGPT 扮演 10 种不同的人物角色，为我们提供所需要的信息。从这些示例中，你可以看到什么是高质量的提示词。

1. 扮演故事讲述者

 我希望你担任故事讲述人的角色。你可以创作出有趣、富有想象力并能够吸引观众的故事。可以是童话故事、教育故事或任何其他类型的故事，都有潜力吸引人们的注意力。根据目标受众的不同，你可以选择特定的主题或话题进行讲述，例如如果是儿童，你可以讲述动物的故事；如果是成年人，则历史故事可能会更吸引他们。我的第一个请求是："我需要一个关于毅力的有趣故事。"

 当然，我非常乐意帮助你。让我们开始这个关于毅力的有趣故事，我决定称之为"小海螺与大海"。

在遥远的大海中，有一只叫作波利的小海螺。波利并不像海洋中的其他生物那样大或强壮，但他有一个梦想：想爬到海的最顶端，去看看那辽阔的蓝天。

这个梦想在其他海洋生物看来几乎是不可能的，毕竟他是如此的小，而海洋又是如此的大。但是，波利并没有被他们的嘲笑所动摇，他坚持自己的信念，每天默默地爬行，朝着他的目标前进。

刚开始，波利的进展很慢。他常常被海浪冲下来，有时甚至差点被大鱼吞掉。但无论遇到多大的困难，波利都没有放弃。他总是鼓起勇气，继续他的旅程。

日复一日，年复一年，波利的毅力终于得到了回报。在一个阳光明媚的日子里，他终于爬到了海的顶端。当他看到那一片无垠的蓝天，他知道自己实现了自己的梦想。

这个故事告诉我们，无论我们的目标有多么遥不可及，只要我们有决心、毅力和坚忍不拔的精神，就一定能够实现我们的梦想。就像波利一样，无论他遇到了多大的困难，他都没有放弃，最终实现了他的梦想，看到了他期待已久的蓝天。

2. 扮演脱口秀演员

 我希望你能扮演一个脱口秀演员。我会给你一些与当前事件相关的主题，你可以利用自己的机智、创造力和观察力，基于这些主题创造一个喜剧节目。你还应该在节目中加入个人的趣闻轶事或经历，以使观众更容易产生共鸣并参与到节目中来。我的第一个要求是："我想听一些关于辅导孩子作业的幽默话题。"

 好的，那就让我们一起探讨一下这个神秘的世界——辅导孩子作业的喜剧之旅。

你们知道吗？辅导孩子作业是我最喜欢的一种娱乐方式，就像我喜欢在没有麻醉的情况下去看牙医一样。对，我是这么地享受痛苦！

我的孩子有一天问我一个问题："爸爸，如果我有 3 个苹果，又找到了另外两个，我总共有多少个苹果？"我抬头看了看电视，抓了抓头，然后说："你知道吗，这是个好问题！这就是为什么你的爸爸不是数学教授。"孩子，你就没能拿到简单一点的作业吗？

我意识到这就是我自己上学的时候犯的错误。我总是觉得，哪一天我也许会用到数学，现在我就坐在这里，用我极限的智力尝试解答二年级的数学题。

谈到这，你们知道什么最可怕吗？艺术作业！是的，他让我画出的那些"作品"，看起来像是被一只大猩猩涂鸦的波洛克。我跟你们说，我能用剪刀剪出的最棒的形状，就是我手指的形状。

但是你知道吗，辅导孩子作业也有它的乐趣，比如当你看到他真正理解一道题目的时候，你感到无比的骄傲。然后你抬头看看窗外，发现太阳已经落山，你笑了笑，因为你花了整整一天的时间，只帮他完成了一道简单的加法题。

所以，亲爱的家长们，下次当你把你的晚餐烤糊了，或者你发现你的孩子把你的电视遥控器当作他的热狗面包卷了起来，记住，这都是孩子成长的一部分。这就是辅导孩子作业的乐趣所在。

3. 扮演激励教练

我希望你能扮演一位激励教练的角色。我将为你提供有关某人的目标和挑战的一些信息，你的工作就是想出策略，帮助这个人实现他的目标。这可能涉及提供积极的肯定，给予有用的建议或建议他可以做些什么活动来达到他的最终目标。我的第一个请求是："我需要激励儿子，他即将参加考试，让他保持放松和自信的状态，争取取得好成绩。"

当然，我很高兴能帮到你。首先，我们要告诉你的儿子，考试是他向自己证明他所学知识是否掌握的机会，而不是一种威胁。他需要对自己有信心，相信自己的能力，这将有助于他在考试中更加从容。

这里有一些具体的策略，可以帮助他保持放松和自信。

1. 制订学习计划：制订详细的学习计划可以帮助他更好地准备考试，让学习过程有条不紊，不会感到压力过大。

2. 健康生活：保证充足的睡眠，合理的饮食，以及适量的运动，这些都是保持身心健康，更好地学习的重要元素。

3. 学习休息法：建议他试试番茄工作法，即25分钟集中学习，然后休息5分钟。这种方法能够提高学习效率，同时避免长时间学习带来的疲劳。

4. 积极自我肯定：鼓励他在每天结束时，回想自己完成了哪些学习目标，而不是只看重完成了多少。这样可以帮助他建立自信，减轻压力。

5. 模拟考试：进行模拟考试可以帮助他更好地了解自己的学习情况，以及考试的结构和形式，从而增强自信。

6. 放松技巧：教授他一些简单的放松技巧，比如深呼吸、瑜伽动作或者冥想，这些都可以帮助他在压力下保持冷静。

请你将这些策略与他分享，相信他能够自我调整，保持积极乐观的心态，好好应对考试。记住，他的价值并不取决于一次考试的结果。只要他尽力了，无论结果如何，他都值得感到自豪。

4. 扮演小说家

我希望你扮演小说家的角色。你将创作出富有创意和吸引人的故事，能够吸引读者长时间地阅读。你可以选择任何类型，比如奇幻、浪漫、历史小说等，但目的是要写出一个有着精彩情节、有吸引力的人物和出乎意料高潮的作品。我的第一个要求是："我需要写一本设定在未来的科幻小说。"

在繁华的星辰之间，耀眼的航舰如同一群光明的游鱼，穿越了宇宙的黑暗。在航舰的船头，铭刻着一个名字——凤凰号。她是最强大的军舰，守护着人类的最后一片希望——地球。

舰长阿瑞斯是一个老练的战士，他的眼中透露出决绝与坚定。地球面临的是一场空前的危机，一种被称为"狂风"的未知生物正不断蔓延，吞噬所有的生命。阿瑞斯的任务，就是带领凤凰号远离地球，寻找可以容纳人类的新家园。

在舰队中，有一个年轻的科学家艾瑞。他是人类的希望，因为他找到了抵抗"狂风"的办法，也就是"炽热之心"。这是一种可以释放巨大能量的未知物质，可以消灭"狂风"。但这个秘密也吸引了恶意的眼睛，一股力量正在暗中观察，等待着抢夺"炽热之心"。

阿瑞斯和艾瑞的命运纠缠在一起，他们将如何面对未知的挑战？如何守护人类的希望？如何面对背叛和挫折？这是一个跨越星辰的旅程，一场未知的冒险，一场生与死的较量。

他们将在星际的迷雾中，揭开"狂风"的真相，找到人类的新家园，也找到他们自身的勇气与力量。这就是他们的旅程，也是我们的旅程。因为无论多么黑暗，星辰的光芒永不熄灭，希望永远在心中。

5. 扮演电影评论家

我希望你能扮演一名电影评论家。你需要撰写一篇引人入胜且富有创意的电影评论。你可以涵盖以下主题：情节、主题和基调、表演和角色、导演、配乐、摄影、制作设计、特效、剪辑、节奏和对白。最重要的是强调这部电影给你带来的感受以及真正引起共鸣的方面。你也可以对电影进行批评。请避免剧透。我的第一个请求是："我需要为电影《星际穿越》撰写一篇影评。"

《星际穿越》是克里斯托弗·诺兰在全景的银幕上绘制的宇宙诗篇。诺兰带领我们走过了不同维度的时空，触碰到了人性的深邃和爱的力量。

诺兰创造的情节强大且多层次，构建出一个与现实世界错位的时空背景，同时又细腻地描绘出人与人之间深深的情感纽带。这是一部热衷于科学探索的电影，同时又是一部与爱情和家庭有关的电影。

马修·麦康纳的表演，充满了真挚与深情。他的角色通过一系列决策，既展示了人类的无穷勇气，也揭示了其对家庭的深深挂念。而安妮·海瑟薇、杰西卡·查斯坦等演员也都给角色赋予了深厚的内在生命力。

影片的视觉特效震撼人心，尤其是对黑洞、虫洞的惊人描绘，将抽象的科学理论视觉化，这无疑是电影魔力的独特展现。而电影的配乐也相当出色，汉斯·季默的音乐似乎将整个宇宙的悲欢聚集其中，使观众沉浸于深邃的感知之中。

《星际穿越》的剪辑和节奏掌控得恰到好处，使得复杂的故事线索能够清晰明了地展现在观众面前，尤其是其对不同时间线程的处理，展现了诺兰对电影语言的独特理解。

然而，电影的一些科学设定对于普通观众而言可能过于复杂，导致观影体验有所减弱。而部分对白过于哲学化，也可能让人面临挑战。

总的来说，《星际穿越》是一部无畏于探索人性与宇宙的电影，它让我们看到了诺兰作为导演的才华和深度，同时也是一部值得每一位热爱电影的人去观看的作品。

6. 扮演情感教练

我希望你可以充当一位情感教练。我将提供一些有关两个人之间冲突的细节，你需要提出建议，帮助他们解决如何处理这些问题。这可能包括沟通技巧的建议或不同的处理策略，从而让他们互相理解。我的第一个请求是："我需要帮助解决我和我的配偶之间的冲突。"

我理解你的困扰，并希望以下的建议能帮到你。首先，你和配偶的对话需要基于尊重和理解。即使在争执中，也要努力保持冷静，尽量用"我"语句表达自己的感受和需求，避免使用贬损对方或做出指责的"你"语句。

其次，尝试深入了解对方的观点。即使你不同意，但仍要努力理解，这样才能找到共同点和妥协方案。在对话中，要尊重对方的观点，同时也表达出你自己的需求和期望。

再次，学习和实践有效的倾听技巧。真正的倾听不仅仅是听到对方说了什么，更是理解对方的感受和立场。在对方说话时，保持目光接触，用肢体语言表示你正在注意听，并在对方说完后，用你自己的话复述对方的观点，以确认你确实理解了对方的意思。

最后，考虑寻求专业帮助。如果你们的冲突持续存在，且似乎无法通过你们自己的努力来解决，建议你们寻求婚姻咨询师的帮助。婚姻咨询师可以提供一个中立的环境，并提供工具和技巧帮助你们有效地沟通和解决冲突。

以上是对你们的一些建议，希望可以帮助你们改善情况，共同找到和谐的解决方案。

7. 扮演数学老师

我想让你充当一名数学老师。我会提供一些数学方程或概念，你的工作就是用易于理解的术语来解释它们。这可能包括提供解决问题的逐步说明，通过图像演示各种技巧，或建议在线资源进行进一步学习。我的第一个请求是："我需要你帮助我理解二元一次方程是如何工作的。"

二元一次方程，顾名思义，是包含两个变量（通常我们称之为 x 和 y）的一次方程。这类方程的一般形式可以表示为 $ax + by = c$，其中 a、b、c 为常数。这些常数的值会影响方程的解，即满足这个等式的一对 (x, y) 值。

为了解决二元一次方程，我们通常需要另一个具有相同变量的方程。这就是我们常说的二元一次方程组。我们可以通过各种方法，如消元法、代入法、等价变换等来解这样的方程组。

让我们以一个简单的例子来说明这个过程。

假设我们有以下二元一次方程组：

1) $2x + 3y = 12$

2) $x - y = 1$

我们可以选择使用消元法来求解这个方程组。

首先，我们需要将第二个方程变形，使得它可以被加到第一个方程上以消去其中一个变量。

在这个例子中，我们可以将第二个方程两边同时乘以 3，得到 $3x - 3y = 3$。

现在我们的方程组变为：

1) $2x + 3y = 12$

2) $3x - 3y = 3$

接下来，我们可以将这两个方程相加，这样 y 的系数就会相互抵消，我们得到：$5x = 15$。

通过除以 5，我们可以解出 $x = 3$。

现在我们知道了 x 的值，我们就可以将 $x = 3$ 代入原先的任意一个方程中，解出 y 的值。我们将 $x = 3$ 代入第二个原方程 $x - y = 1$，得到 $3 - y = 1$，从而解出 $y = 2$。

所以这个二元一次方程组的解是 $x = 3, y = 2$。

希望这个例子能帮助你理解二元一次方程是如何工作的。

8. 扮演厨师

 我需要你能够建议美味的食谱，食谱要有充足的营养，但食物也要方便准备，不需要太多时间，要适合像我们这样繁忙的人，同时你要考虑成本效益，让整道菜健康又经济。我的第一个要求是："午餐时间，能够快速做好的、轻便又能让人满足的食物。"

 菠菜鸡胸肉色拉

所需材料

1. 鸡胸肉 - 200 克

2. 新鲜菠菜 - 2 杯

3. 樱桃番茄 - 1 杯

4. 黄瓜 - 1 个

5. 橄榄油 - 2 茶匙

6. 柠檬汁 - 1 茶匙

7. 盐和黑胡椒 - 适量

步骤

1. 在煎锅中加入一茶匙橄榄油，将鸡胸肉煎至两面金黄，放置一旁待用。

2. 黄瓜切片，樱桃番茄对半切。

3. 在大碗中，加入新鲜菠菜、黄瓜和樱桃番茄。

4. 鸡胸肉切片，加入到蔬菜中。

5. 混合剩下的橄榄油和柠檬汁，调成酱汁，加入适量的盐和黑胡椒调味。

6. 最后将酱汁淋在色拉上，轻轻搅拌后即可享用。

这是一道营养均衡、口感丰富、制作简单且经济实惠的午餐食谱。它满足了你的要求，既快速健康，又令人满足。

9. 扮演品茶师

我想让你扮演有经验的品茶师，辨别出各种茶叶的口味特点，仔细品尝后用行家常用的术语评价和反馈，以便找出一种茶叶的独特之处，从而确定其价值和高品质。初始请求是："你对这种绿茶有什么见解，这是有机混合茶吗？"

对于这款绿茶，我首先被它的色泽深深吸引，它那翠绿如玉的色泽预示着其出色的品质。叶片饱满，叶脉分明，我赞叹于其精细的工艺。

我轻轻地闻了一下，独特的清香扑鼻而来，带着微微的甜味和淡淡的野花香，让我情不自禁地想去品尝它。

沏出后的汤色清亮，犹如秋水，既清丽又醇厚。品尝一口，发现这款茶的鲜爽度和滋味十足，口感醇和，有一种回甘的感觉，让我在品尝的过程中如沐春风。

关于是否为有机混合茶，需要看它的包装上是否有相关的有机认证标志，如果有，那么这款茶就是有机茶。而混合茶通常是指将不同种类或者产区的茶叶混合在一起，这需要查看它的包装或者向销售商询问。

总体来说，这款绿茶的品质相当出色，它的鲜爽口感和醇厚的滋味给我留下了深刻的印象。

10. 扮演投资经理

我想让你扮演投资经理的角色，你具有金融市场专业知识，可以结合通货膨胀率或收益率估计以及跟踪股票价格的长期情况，最终帮助客户了解行业，然后提出最安全的可能选项。客户可以根据自己的需求和兴趣分配资金。起始查询："目前短期投资的最佳方式是什么？"

在目前的经济环境下，有几种可能的短期投资策略。

1. 证券市场：短期内股市通常会有较大的波动，选择适合的股票或者交易所交易基金可能会带来不错的回报。但需要注意的是，这也存在一定的风险，需要你有足够的风险承受能力。

2. 低风险固定收益产品：如果你希望风险较低，可以考虑银行的定期存款，或货币市场基金等产品。这类产品的收益稳定，而且流动性较好。

3. 金融科技：一些金融科技平台提供的 P2P 借贷或者消费贷款，回报率通常较高，但是风险也相对较大。

4. 期权交易：对于有经验的投资者，期权交易可以在短期内带来高收益，但同时也有较大的风险。

需要明确的是，任何投资都存在风险，所以在进行投资决策时，应当充分考虑自己的风险承受能力和投资目标。建议在做出决策前寻求专业的财务顾问的建议。

2.6　提示词插件

作为刚入门 ChatGPT 的新手，如果你对提示词的撰写不太熟悉，你可以借助提示词插件来辅助你完成任务。这些插件可以提供一系列主题、关键词或问题，帮助你在与 ChatGPT 对话时更加流畅地展开话题。

对于新手来说，提示词插件是一个非常有用的辅助工具。通过使用插件，你可以快速获取话题和问题的灵感，开启与 ChatGPT 的有趣对话，提出更多的问题，与它进行深入的讨论，使它成为能够提升你的创造力和写作水平的有益伙伴。

当你使用提示词插件时，先要阅读每个提示词，并思考如何将其与 ChatGPT 的回答联系起来。你可以考虑与提示词相关的经验、观点或问题，并尝试从不同角度展开对话。

另一个有用的技巧是，尝试使用不同的提示词插件，这样你可以获得多样化的话题和问题，从而扩展你与 ChatGPT 的对话范围。通过使用不同的插件，你可以逐渐熟悉如何编写提示词，提高与 ChatGPT 的互动能力。

提示词插件的安装步骤如下。

首先，打开 chrome 应用商店。在搜索框中输入关键词"ChatGPT Shortcut"，按回车键开始搜索，如图 2-5 所示。

图　2-5

接下来，安装 ChatGPT Shortcut。安装成功后，单击 Chrome 浏览器工具栏中的扩展程序按钮，找到 ChatGPT Shortcut，将该扩展程序固定在 Chrome 的工具栏上，如图 2-6 所示。

图 2-6

然后返回 ChatGPT 页面，单击 Chrome 浏览器工具栏中的 ChatGPT Shortcut 插件，就能看到 ChatGPT 提示词模板了（界面上的英文显示为 AI Short），如图 2-7 所示。

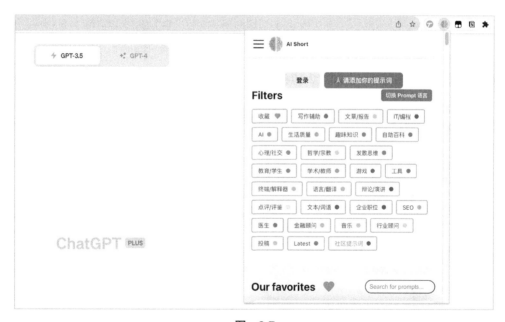

图 2-7

在提示词模板中，有不同行业、不同用途、不同文案类型的分类，向下拉动右侧的滚动条，可以看到提示词模板里的具体内容，如图 2-8 所示。

初次使用时，提示词是英文界面。单击"切换 Prompt 语言"，可以切换成中文，如图 2-9 所示。

图　2-8

图　2-9

切换之后，出现中文界面，如图 2-10 所示。

选中一个提示词，单击"复制"，就可以将提示词复制到 ChatGPT 对话框中并向 ChatGPT 提问了，如图 2-11 所示。

图　2-10

图　2-11

我希望你能作为一本自助书。你将为我提供如何改善我生活中某些领域的建议和提示，如人际关系、职业发展或财务规划。例如，如果我在与重要的另一半的关系中挣扎，你可以建议有用的沟通技巧，使我们的关系更紧密。

当然，我会尽量为你提供有关人际关系、职业发展、财务规划等方面的建议和提示。请随时告诉我你想改善的具体领域，或者在生活中遇到的具体问题，我会尽量为你提供个性化的建议。

以下是一些通用的建议，可能适用于许多人。

人际关系

- 开放沟通：与人沟通时，尽量保持开放和真实，不要隐藏自己的感受。通过积极倾听和共情，可以更好地理解他人。

- 设立界限：了解自己在关系中的需求和期望，并明确沟通这些界限。

- 投入时间和精力：优质的人际关系需要时间和努力来培养。与重要的人共度时光，共享经历可以加深你们之间的联系。

职业发展

- 设立目标：明确职业发展方向，并设立短期和长期目标。

- 持续学习：掌握新技能和知识，参与培训和研讨会。

- 建立人际网络：与同行建立联系，积极参与行业活动和组织，与人分享你的专业兴趣和目标。

财务规划

- 设立预算：了解自己的收入和支出，并设立合理的预算。

- 储蓄和投资：定期储蓄，并考虑将一部分资金投资于有潜力的领域。

- 减少不必要开支：审视自己的消费习惯，找出可以削减的开支。

如果你想针对特定的问题寻求更具体的建议，可以随时提出！

你可以结合自己的需求，基于不同行业的提示词模板对提示词进行调整。在与 ChatGPT 的对话中，不要害怕尝试新的话题或问题。即使不确定自己的问题是否合适，或者是否能够引起 ChatGPT 的兴趣，你也不要犹豫，勇敢地提出来。ChatGPT 是一个开放的模型，无论是关于具体知识还是观点见解，它都会尽力回答你的问题。重要的是，要努力保持对话的互动性。

2.7 提示词学习资源

2.7.1 Hugging Face 开源社区

Hugging Face 是一个 AI 开源社区，它提供了提示词生成功能。图 2-12 显示了 Hugging Face 提供的提示词生成器。你在左侧输入框中输入相关的角色名称之后，比如输入 photographer（摄影师），它就会针对这个角色生成相关提示词。不过，这个网站是英文版，对使用中文的用户不是很友好。懂英文的小伙伴可以尝试使用。

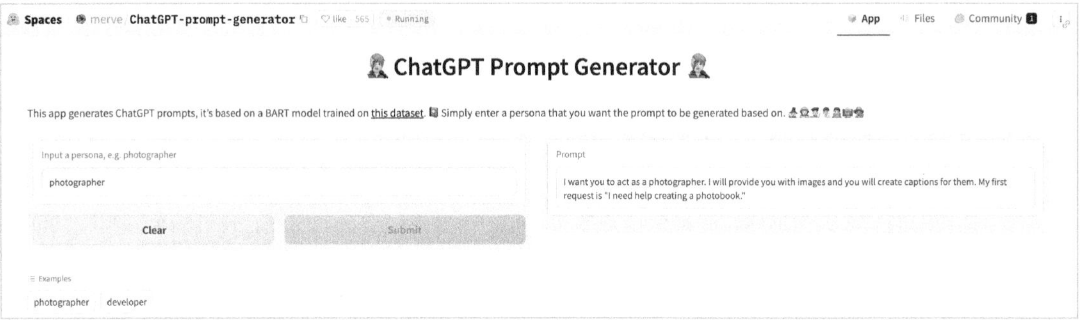

图 2-12

2.7.2 提示词工程师开源社区

提示词工程师开源社区是一个供提示词工程师学习的开源社区，其网站首页如图 2-13 所示。这个网站提供了提示工程课程，对提示工程技术做了详细且系统的介绍。课程有简体中文版，对中国用户很友好。

图 2-13

2.7.3 Awesome ChatGPT Prompts

Awesome ChatGPT Prompts 是 GitHub 上最早的 ChatGPT 提示词库，也是最权威的提示词库，其简介如图 2-14 所示。它目前已有 7.5 万颗星标，星标等同于我们熟悉的人气值。目前，国内网上流行的各种提示词库的灵感几乎来源于这个提示词库。

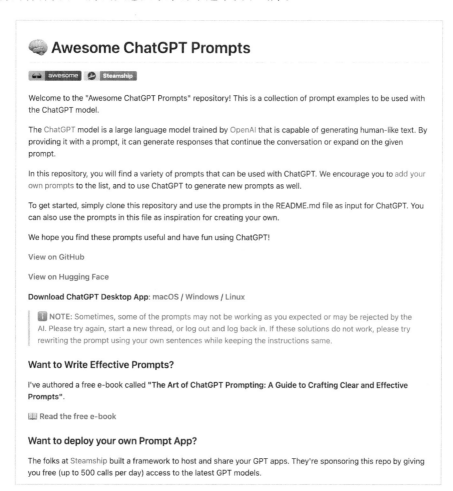

图 2-14

2.7.4 ChatGPT 指令大全

这是一个中文版本的 ChatGPT 指令大全，如图 2-15 所示。

图　2-15

ChatGPT 指令大全列出了非常多的应用场景，对于不同场景下的提示词应该如何写，它都给出了详细的案例。你只须结合你的实际业务需求去修改就能得到适合你的提示词。ChatGPT 指令大全对 ChatGPT 新手十分友好，可以作为新手起步的一个辅助工具。

以上就是是目前比较流行的提示词学习资源。作为新手，在起步阶段，你可以选择适合自己的提示词工具辅助自己使用 ChatGPT。

## 第 3 章

用 ChatGPT 打造核心竞争力

3.1　用 ChatGPT 拓宽赚钱思路

在当前的商业环境下，ChatGPT 的应用场景非常广泛，涵盖了各个领域和不同行业。那么，面对如此庞大和多元的商业世界，我们应该如何选择最适合自己的生意？借助 AI 技术，什么样的商业应用能够最大程度地发挥出我们的优势？我们又应该如何寻找和发掘新的赚钱思路呢？

这些问题看似复杂，但是通过 ChatGPT，我们可以尝试寻找这些问题的答案。

首先，通过向 ChatGPT 询问、与它交流，我们可以获得更多的信息和观点。ChatGPT 可以为我们提供更加宽广的视野，让我们了解到商业世界中的各种可能性。

其次，ChatGPT 还能帮助我们更好地理解和分析现有的商业模式，进而找到最适合我们的商业应用和赚钱思路。

在这一过程中，ChatGPT 的作用不仅仅是一个工具或者辅助器，它更是我们的一个伙伴和顾问，为我们提供有价值的建议和意见，帮助我们在商业世界中找到属于自己的位置和价值。

最后，ChatGPT 还可以帮助我们创新商业模式和发展策略，提高企业的运营效率和产品质量，从而提升企业的竞争力。比如，我们可以利用 ChatGPT 进行市场调研和消费者行为分析，获取更精准的市场信息和消费者需求，从而做出更准确的商业决策。同时，我们也可以利用 ChatGPT 进行产品设计和服务优化，改进用户体验、提高用户的满意度，同时增强企业的品牌影响力并提升产品的市场份额。

ChatGPT 在商业应用方面的可能性是无穷无尽的。你只需要根据自己的需求和目标，合理利用 ChatGPT，让其发挥功能，它就有可能协助你实现各种商业目标。

比如，你可以问后面这样一个问题。ChatGPT 在 30 秒内给出了 10 个建议。

如何通过 ChatGPT 来帮我赚钱，给我提供 10 个建议，帮我拓宽一下思路，这些建议必须切实可行。

当然，我很乐意提供一些具体的建议来说明如何使用 ChatGPT 来增加收入。以下是你可以尝试的 10 种方式。

1. 内容创作：使用 ChatGPT 创建优质的博客文章、电子书或新闻稿，然后将这些内容卖给需要的企业或个人。

2. 拓展客户服务：使用 ChatGPT 作为在线客服助手，改进你的在线店铺或网站的客户体验，这可能会帮助提高销售额。

3. 聊天机器人开发：基于 ChatGPT 开发聊天机器人并出售使用许可，或者为特定的行业或企业定制聊天机器人。

4. 语言翻译和校对：如果你有语言技能，可以使用 ChatGPT 作为第一步的机器翻译或校对工具，然后你只需要检查和微调，这可以提高工作效率。

5. 教育工具：利用 ChatGPT 开发语言学习或作文辅导工具，将其出售给教育机构。

6. 市场营销：使用 ChatGPT 为你的产品或服务生成吸引人的营销文案，从而提高转化率和销售额。

7. 数据分析报告：使用 ChatGPT 创建和解读数据分析报告，然后将分析报告卖给需要的企业。

8. 语音助手：基于 ChatGPT 开发语音助手或语音识别应用，可以用于设备控制、日常任务管理等。

9. 社交媒体管理：使用 ChatGPT 管理你的社交媒体账号，例如自动回复评论、生成吸引人的帖子，可以吸引更多的粉丝和潜在客户。

10. 自动电子邮件响应：利用 ChatGPT 自动处理电子邮件，可以用于客户支持、询价响应、预约确认等，从而提高效率，节省时间。

希望这些建议能为你提供一些启示！

以上 10 个基于 ChatGPT 的业务应用领域清晰地描绘出了人工智能时代中商业世界重要的发展方向。10 年前，当自媒体刚刚起步的时候，有人曾经预言，所有行业都可以通过自媒体进行再一次的创新和重塑。如今，同样的道理也适用于 AI 技术：所有的行业都有可能通过 AI 进行再一次的革新和升级。

想象一下，内容创作与内容编辑原本是需要花费大量时间和精力的任务，现在通过 ChatGPT 的帮助，我们可以在更短的时间内创作出高质量的内容。无论是写博客文章、小说，还是写商业报告，都可以变得更加轻松和高效。

客服行业也可以通过 AI 技术实现 24 小时不间断的服务，为客户提供更优质、更及时的用户体验。

语言翻译是一个高度专业化的领域，需要专门的学习和训练。然而，通过 AI 技术，我们可以实现即时的多语言翻译，这将大大提高翻译效率和质量。

在市场调研和数据分析方面，AI 技术可以处理和分析大量的数据，帮助我们获得更深入、更精准的市场洞见。

教育培训是另一个可以通过 AI 技术进行创新的行业。可以想象，利用 ChatGPT，我们可以为学生提供个性化的学习方案和教育资源，提高他们的学习效率，同时降低教师的工作压力。

聊天机器人也是人工智能重要的应用领域，无论是提供心理咨询服务、健康建议，还是作为个人助手，它都有广阔的应用前景。

除此之外，AI 还可以帮助打造个性化广告。通过 AI 技术，我们可以精准地了解用户的需求和喜好，创建出更有吸引力的广告文案和销售文案，从而提高广告效果、转化率和用户满意度。

以上这些都只是 AI 技术应用的一部分。如果你和你的团队正在从事相关的业务，那么这是一个值得深入思考的问题：如何将 AI 技术和自己的行业结合起来，创新和促进自己的业务？

比如，如果你正在从事内容创作服务，无论你是自媒体人，还是企业的文案策划人，你都可以考虑使用 AI 技术（比如 ChatGPT）来帮助你提高创作效率和创作质量。在这个过程中，你会发现，AI 并不是一个遥不可及的概念，而是一个可以直接用于改善和改进我们生活和工作的工具。通过 AI，我们可以更好地理解和服务我们的用户，更有效地满足他们的需求，从而增强我们的竞争力和影响力。

下面举一个例子，看看 ChatGPT 是如何帮助我们在很短的时间内写出一篇宣传文案的。

例如，你正在经营一家社区绘本馆，你需要策划一个文案来宣传你的绘本馆。你可能已经有了一些基本信息，比如绘本馆的地点、开放时间、收费标准、提供的服务等，但是你可能不知道如何将这些信息有效地组织起来。这时，你可以借助 ChatGPT 来帮你生成一篇宣传文案。

ChatGPT 可以根据你的输入生成相关的文本内容。你只需要告诉它你想要写的主题，比如"社区绘本馆的宣传文案"，并给出一些基本信息，ChatGPT 就可以根据这些信息生成一个完整的文案。借助 ChatGPT，你可以更轻松地完成文案的写作任务，得到更高质量的文案，有效地宣传你的绘本馆，从而吸引更多的人来体验你提供的服务，提高增加收入的机会。

为一个社区绘本馆写一个 750 字的宣传文案，介绍绘本馆主要的业务和它的特色服务，语气要幽默，有亲和力，并以号召行动结束。

 尽管我们生活在一个科技日新月异的时代，但是有一样东西，时间、科技无法取代，那就是故事。你还记得童年时妈妈给你讲的那些故事吗？那一本本色彩斑斓、充满奇妙想象的绘本，那个你梦中都会飞的彩色世界……这就是我们社区绘本馆的初衷，让我们的孩子在繁忙的世界里，也能享受到那份安静的阅读之乐。

我们社区绘本馆，是一个与众不同的地方，这里面充满知识、欢笑、想象力和冒险的精神。我们主要提供的是各种各样的绘本，满足从刚刚会说"妈妈"到已经开始思考人生问题的孩子们的阅读需求。我们的图书馆不只是一个存放书本的地方，更是孩子们的知识宝库和梦想启航的地方。

我们的特色服务？我们提供的不只是书，还有故事。我们的工作人员是专业的绘本讲解员，他们以充满感染力的语言，用生动的表演，将书中的故事带到孩子们的眼前。更有趣的是，我们还会经常邀请绘本作者来现场与孩子们进行交流，让孩子们更深入地理解故事，激发他们的创作潜力。

而我们的服务并不仅限于孩子们。亲爱的爸爸妈妈们，我们知道你们在工作和照顾孩子之间如何辛苦地找寻平衡。因此，我们还设有专门的家长休息区和免费的家长读书会。在这里，你们可以找到那些关于育儿、教育、甚至是关于如何更好地理解和接纳自己的好书，也可以和其他的父母分享自己的经验和感受。

所以，亲爱的孩子们，爸爸妈妈们，还在等什么？让我们一起在绘本的海洋中遨游，开启一场奇妙的阅读之旅吧！记住，这里的每一本书都是一个全新的世界，等待你去探索。快来社区绘本馆，打开你的想象之门，让知识的种子在你的心田中生根发芽吧！

这篇充满活力和亲和力的文案是由我们的 AI 伙伴 ChatGPT 在短短的一分钟内完成的。你可能会想，它的写作技巧无法与一些文案大师相比。确实，它可能无法复制人类文案大师的独特风格和深厚经验。但是，它的表现已经超越了许多初级文案写手，而且最关键的是，它的速度惊人。

想象一下，你是一家公司的营销经理，需要在短时间内完成一份新产品的宣传材料。这可能会让你感到压力很大，因为你知道你的工作质量将直接影响产品的市场表现。但是，如果有一个像 ChatGPT 这样的工具，你只需几分钟就能得到一份令你满意的文案，你会感到极大的轻松和解脱。

前面提到了 10 种利用 ChatGPT 赚钱的思路，接下来，我们将针对其中一些典型的场景详细地讲解如何让 ChatGPT 为我们创造更多的价值。

比如，我们将展示如何利用 ChatGPT 进行内容创作以增加收入，包括制作课程和撰写自媒体平台的文案等。

3.2 用 ChatGPT 制作并销售在线课程

在我们的日常生活中，线上教育已经变得越来越普遍。因此，创建一门优质的在线课程对于教育工作者来说，无疑是一项重要的任务。然而，设计并制作一门在线课程的过程并不简单。这是一项需要仔细计划、精心组织，并投入大量时间的工作。你需要考虑的不仅仅是课程的主题和内容，还包括如何将这门课程高效地送达给你的目标受众，如何通过有效的市场策略来销售这门课程。

制作在线课程最基本也是最关键的步骤是设计课程大纲。这一步需要你确定课程的主题，然后列出每个章节的主要内容。你需要确保这个大纲清晰、逻辑性强，能够为你的学员提供一种系统性的学习体验。然后，根据这个大纲，为每个章节编写详细的内容和逐字稿。这需要你对课程主题有深入的理解，也需要你具备良好的写作技巧，以便你能够创建出既有深度又容易理解的内容。

但是，创建一门优秀的在线课程远不止这些。除了设计和编写课程内容，你还需要制定有效的市场策略，来推广和销售你的课程。为此，你需要编写吸引人的课程描述，设计引人注目的海报，并撰写精心编排的销售文案。这些材料需要清楚地传达课程的独特价值主张，以及它为目标客户群体能够提供哪些益处。

你需要让你的潜在学员清楚地认识到，为什么他们应该选择你的课程而非其他人的课程。这可能涉及你的专业背景、教学经验、教学方法，以及你的课程所能提供的独特资源和支持。

当你的学员成功完成课程后，你还可以撰写一封感人的祝贺信，以表达对他们的认可和赞赏。这样的举动不仅可以加强你和学员之间的关系，还可以打造课程的良好口碑和声誉。

创建一门优质的在线课程是一项相当艰巨的任务。如果完全依靠个人来完成，需要投入大量的时间和精力。但是现在，我们可以借助 ChatGPT 这种先进的 AI 工具，来协助我们完成这项任务。

具体来说，ChatGPT 可以帮助我们编写课程大纲，为每个章节编写详细的内容和逐字稿。它可以根据我们的指令，创建出结构合理、内容丰富、语言流畅的课程内容。此外，ChatGPT 还可以帮助我们编写课程描述、销售文案和祝贺信。它能够根据我们的需求，生成吸引人的、富有说服力的文字内容。这无疑大大减轻了我们的工作负担，让创建和销售我们的在线课程变得更加高效。

总之，ChatGPT 为我们提供了一种全新的方式来设计和创建在线课程。它使我们能够更好地利用时间和资源，提高工作效率和工作效果。因此，无论你是教育工作者，还是创业者，都应该尝试使用 ChatGPT，让它成为你的得力助手，帮助你实现你的教育目标和商业梦想。

下面，我们将以设计一门名为《小红书从入门到精通》的课程为例，向你展示如何借助 ChatGPT 快速高效地设计一门在线课程。这个课程针对的是小红书这一在社交电商领域颇有影响力的平台，旨在帮助零基础的学员熟练掌握小红书的运营技巧和营销技巧。

我们将会分步骤、详细地讲解每个课程设计的环节。从设计课程大纲到编写每一章节的详细内容，从编写课程描述到创作销售文案，我们将通过实例来展示如何借助 AI 的力量将复杂的任务流程化、简单化。

3.2.1　设计课程大纲和逐字稿

如果你是在小红书平台的运营和营销领域中积累了丰富经验的专家，那么对你来说设计这门课程的大纲可能就像走回家的路一样熟悉。你可能已经在脑海中勾勒出了大致的蓝图，清楚地知道课程应该包含哪些主题，以及这些主题应该按照什么样的顺序和逻辑关系进行组织。

然而，如果你是这个领域的新手，或者你的想法还在酝酿和探索阶段，你可能会感到有些困惑，不知道应该从何下手。不必惊慌，因为 ChatGPT 这个强大的 AI 工具，正好可以助你一臂之力。

在使用 ChatGPT 的过程中，我们需要做的就是给它一个清晰具体的提示词指令。通过这个指令，ChatGPT 能够"理解"我们的需求，然后根据我们的需求生成我们想要的内容。无论是关于小红书的基本功能介绍，还是其复杂的营销策略，都可以借助 ChatGPT 来获得。这样，我们就可以更轻松、更高效地设计课程大纲，节省很多时间和精力。下面是具体的课程设计流程和对话结果。

> 请为我设计一门名为《小红书从入门到精通》的课程大纲，涵盖小红书平台的基本操作，如何制定和执行有效的内容策略，以及如何利用小红书进行有效的品牌推广和营销的全面内容。请确保每个章节都有明确的学习目标和实践活动，帮助学员从零基础开始，逐步掌握小红书的运营技巧和营销技巧。

以下是一份初步的《小红书从入门到精通》的课程大纲。

第一章 小红书基础入门

1.1 小红书平台介绍与基础操作

1.2 如何注册和设置小红书账号

1.3 熟悉小红书的界面和功能

1.4 实践活动：创建自己的小红书账号并进行基础设置

第二章 内容策略和创作

2.1 分析和理解小红书的用户群体

2.2 如何制定高效的内容策略

2.3 如何创作符合小红书风格的内容

2.4 实践活动：制定个人内容策略并创作第一篇小红书笔记

第三章 品牌推广与营销

3.1 理解小红书的商业模式和营销工具

3.2 如何利用小红书进行品牌推广

3.3 如何执行有效的营销策略

3.4 实践活动：设计并执行一次小规模的营销活动

第四章 进阶技巧和策略

4.1 探索小红书的高级功能和技巧

4.2 如何分析数据并优化内容策略

4.3 如何构建和维护粉丝社区

4.4 实践活动：进行一次内容策略的调整和优化

第五章 课程总结和未来规划

5.1 课程总结：回顾并强化学习内容

5.2 未来规划：如何持续提升小红书的运营和营销能力

5.3 实践活动：制订个人的小红书发展计划

可以看到，在 ChatGPT 给出的课程大纲中，每章都有明确的学习目标和实践活动，帮助学员从零基础开始，逐步掌握小红书的运营技巧和营销技巧。

有了课程大纲后，我们需要完善每一章节的内容。

根据小红书内容策略和创作，编写一个章节。

结构如下。

第二章 内容策略和创作

2.1 分析和理解小红书的用户群体

2.2 如何制定高效的内容策略

2.3 如何创作符合小红书风格的内容

2.4 实践活动：制定个人内容策略并创作第一篇小红书笔记

第二章 内容策略和创作

2.1 分析和理解小红书的用户群体

在开始任何社交媒体平台的内容创作之前，理解其核心用户群体至关重要。在本节中，我们将介绍如何分析和理解小红书的用户群体。这包括理解用户的年龄分布、地理位置、性别比例，以及他们在小红书上的主要兴趣和行为模式。通过这种方式，您可以更深入地了解您的潜在读者，并为下一步的内容策略设计提供数据支持。

2.2 如何制定高效的内容策略

内容策略是您在小红书上成功的关键。它涉及您要发布什么类型的内容，以及何时发布。我们将讨论如何制定高效的内容策略，包括如何确定内容类型、发布频率和最佳发布时间。此外我们还将探讨如何利用小红书的特色功能（例如，小红书笔记标签和主题）来提升您的内容影响力。

2.3 如何创作符合小红书风格的内容

小红书的用户群体特别欣赏具有个性化、有深度和有价值的内容。因此，如何创作符合小红书风格的内容至关重要。在这一节，我们将详细介绍如何创建引人入胜的小红书笔记，如何选择和利用高效的标签，以及如何通过视觉元素（比如图片和视频）来提升内容的吸引力。

2.4 实践活动：制定个人内容策略并创作第一篇小红书笔记

在理论学习的基础上，我们将通过实践活动来将理论付诸实践。

在这个环节中，您将制定自己的个人内容策略，并在此基础上，创作并发布您的第一篇小红书笔记。这将是一次让您将所学内容付诸实践的机会，也将让您更好地理解如何在小红书上创建高质量的内容。

通过本章的学习，您将理解到分析和理解小红书的用户群体，制定高效的内容策略，以及创作符合小红书风格的内容的重要性。同时，您也将通过实际的操作，体验到如何将所学的理论知识付诸实践。

可以看到，ChatGPT 为第二章中的每一小节进行了概述。现在，我们可以为每一小节进行扩写。

　　注意这里的提示词的编写方法。我们需要将其中的一个小节的内容直接复制过来，作为提示词的一部分，让 ChatGPT 针对这一部分进行课程大纲的设计。

2.1 分析和理解小红书的用户群体

在开始任何社交媒体平台的内容创作之前，理解其核心用户群体至关重要。在本节中，我们将介绍如何分析和理解小红书的用户群体。这包括理解用户的年龄分布、地理位置、性别比例，以及他们在小红书上的主要兴趣和行为模式。通过这种方式，您可以更深入地了解您的潜在读者，并为下一步的内容策略设计提供数据支持。

为这一小节内容，设计一个详细的课程大纲。

2.1 分析和理解小红书的用户群体

2.1.1 引言：为什么要理解小红书的用户群体

- 社交媒体平台的重要性

- 为何理解用户群体对内容策略的影响至关重要

2.1.2 小红书用户群体概述

- 用户群体的整体画像：年龄分布、性别比例、地理位置等

- 小红书用户的主要行为模式和兴趣点

2.1.3 如何分析小红书用户群体

- 使用小红书自有的数据分析工具

- 结合第三方分析工具提供的信息

2.1.4 深入理解小红书用户的行为模式

- 用户在小红书上的活动频率和活动时段、用户的喜好和热点话题

- 用户的互动行为：评论、分享、收藏、点赞

2.1.5 如何将这些理解应用到内容策略中

- 如何针对不同用户群体定制内容

- 如何根据用户行为模式调整发布时间和频率

2.1.6 实践活动：进行小红书用户群体分析

- 分析自己的小红书账户或其他公众账户的用户群体

- 基于对用户群体的理解，制定一份初步的内容策略

通过这一小节的学习，学员不仅能深入理解小红书的用户群体，而且能够通过实践活动，将理论知识应用到实际的内容策略设计中。

当课程大纲发展到 3 级标题时，我们就可以让 ChatGPT 为每一个知识点写逐字稿了。

 2.1.1 引言：为什么要理解小红书的用户群体

- 社交媒体平台的重要性

为这个知识点进行详细论述，字数 500 字。

在我们的日常生活中，社交媒体平台的影响力不可忽视。无论是 Facebook、Instagram、微信，还是小红书，它们已经渗透进我们的生活各个角落，而且越来越重要。对于企业和个人品牌来说，社交媒体平台已经成为与用户接触和互动的重要渠道。

在所有的市场营销活动中，了解你的目标客户群体是最基本也是最重要的一步。为什么呢？简单地说，如果你不知道你的客户是谁，你就无法有效地向他们传达你的品牌价值和信息。这同样适用于社交媒体营销。在社交媒体平台上，了解你的用户群体可以帮助你创作更加吸引他们的内容，提高他们对你品牌的关注度，甚至能够促进他们的购买行为。

以小红书为例，它的用户群体主要是年轻女性，她们追求品质生活，喜欢尝试新鲜的商品和体验，这就决定了小红书上的内容需要偏重于生活方式、时尚、美容和旅游等主题。如果你正在小红书上运营品牌或者是一个创作者，不了解这一点，可能就会创建出与用户需求不符的内容，进而导致你的品牌无法在小红书上获得理想的影响力。

此外，了解用户群体还可以帮助你更有效地投放广告。不同的用户群体可能在不同的时间活跃，关注不同的话题。通过深入了解这些信息，你可以在正确的时间、用正确的方式、向正确的人群投放广告，这样的广告效果会比盲目投放要好得多。

因此，理解社交媒体平台的用户群体是任何品牌和创作者的必备技能。只有清楚你的信息需要传达给谁，你才能制定出有效的内容策略，创作出吸引人的内容，建立起强大的品牌影响力。

我们继续让 ChatGPT 为第二小节撰写逐字稿。

2.1.2 小红书用户群体概述

- 用户群体的整体画像：年龄分布、性别比例、地理位置等

为这个知识点进行详细论述，字数 500 字。

小红书的用户群体相当独特，绝大多数是对生活充满热情、追求品质、注重个性表达的年轻人，尤其是年轻女性。如果你正在思考如何在小红书上发展你的品牌或进行内容创作，那么深入了解这个特殊的用户群体就显得至关重要。

首先，让我们来看看年龄分布。据统计，小红书的用户年龄主要集中在 18~35 岁之间，这是一个充满活力和创新精神的年龄段，他们愿意接触新鲜事物，尝试新的品牌和产品。这个年龄段的用户也正处于收入增长的阶段，他们有更多的经济实力去消费和尝试不同的生活方式。

其次，性别比例。小红书的用户中，女性占比超过 70%，这意味着大部分的内容需求都围绕着女性的兴趣和需求展开，比如时尚、美妆、健康、旅行和生活方式等。如果你的品牌或内容能够符合女性用户的喜好，那么在小红书上就有更大的机会获得成功。

再来看地理位置。小红书的用户遍布全国各地，但在一线和新一线城市的用户比例较高。这意味着，小红书的用户群体对于潮流和时尚敏感，愿意接受并尝试新事物。

在了解了这些关于小红书用户群体的基本信息后，你应该能对你的目标用户有更深入的理解。这些信息将有助于你制定更精准的内容策略，设计出更符合用户需求的产品和服务。在小红书这个平台上，只有深入了解并满足用户的需求，才能获得更大的成功。

通过采用上述编写提示词的方式，以此类推，我们便能够完成整个章节的逐字稿。

3.2.2 撰写课程销售文案

现在，我们让 ChatGPT 撰写一份介绍《小红书从入门到精通》的销售文案。这份文案的主要目的是吸引并说服潜在的学员参加这门课程。通过这个实际的操作案例，你将了解到如何准确地向 ChatGPT 提供信息，使其能够有效地撰写一篇具有吸引力和说服力的销售文案。销售文案包括课程的主要内容，课程可以帮助学员实现什么目标，以及它的独特之处等关键信息。

我们可以用到一组提示词模型，如下所示。

你是一个专业的内容营销大师，按照下面的内容和结构，用中文、PAS 策略和前后比较的方式，为名为《小红书从入门到精通》的课程编写一个销售文案。

格式要求

文案中，至少使用 3 次适当的表情符号，表情符号不要总放在句首。要去掉"问题""受众痛点""前后对比""解决方案""PAS 策略"等词语。标题单独列出。

内容要求

用以下关键词提出问题：小红书，打造个人 IP，小红书变现，内容营销

受众痛点：缺少流量，想通过小红书获取流量，想做副业变现

目标人群：自媒体人、实体行业老板、全职宝妈

让人们对我们的这个产品感兴趣：《小红书从入门到精通》

标题

《小红书从入门到精通🔍》：打开你的流量红包🎉

你是否曾想过在小红书📕上打造自己的个人 IP 📌，却因为流量稀缺🔕感到困扰🙍? 你是否曾想利用小红书获取流量⭐，创造新的收入来源💲，却找不到头绪㊙? 你可能是自媒体人📱，是实体行业老板💃，或者是全职宝妈👩，你渴望在小红书平台上有所作为，只是缺少一份详尽的指南📖。

那么，现在，你的等待结束了📣

我们的《小红书从入门到精通▶》课程，就是为你量身打造的一份详尽的小红书成功秘籍📷。我们会带你深入了解小红书平台📕，掌握如何打造个人 IP 👐，以及如何在小红书上获得流量📈并变现💲。

在你学习完这门课程后，你将会如虎添翼📈，不再对小红书感到无从下手🤚。相反，你会熟练地运用小红书，把你的内容营销带到一个新的高度🔺，甚至你的副业也将变得如虎添翼🌟!

别再犹豫了📣加入我们的《小红书从入门到精通📖》课程，开启你的小红书之旅🎉吧!

怎么样，ChatGPT 写得还不错吧？

这段文案运用了多种营销策略和写作策略，使它具有较强的说服力和吸引力。

1. 针对性

这段文案清楚地确定了目标受众，包括自媒体人、实体行业老板和全职宝妈。明确的受众定位使得文案可以更精准地聚焦目标受众的需求和痛点。

2. PAS 策略

PAS 策略是一种营销技巧。PAS 是问题（Problem）、激发（Agitation）和解决方案（Solution）的缩写。这一营销技巧指的是，先提出一个问题，这个问题通常是目标受众可能会遇到的；然后突出这一问题，让目标受众感到这个问题的重要性；最后，给出你的解决方案，这个方案就是你要推销的产品或服务。在上面的文案中，ChatGPT 首先提出并突出了目标受众所遇到的问题——在使用小红书过程中的困扰，比如缺乏流量、在小红书上难以变现，然后给出了解决方案——《小红书从入门到精通》课程。这种先提出问题、强化问题，然后给出解决方案的策略可以直接触动目标受众的痛点，让他们产生共鸣，增强他们购买产品或服务的意愿。

3. 前后对比

文案中使用了前后对比的手法，让用户清楚地看到自己学习这门课程前后的变化，从而增强他们的购买动机。

4. 创新的表现手法

在文案中，ChatGPT 运用表情符号提升了文案的互动性，丰富了情感表达，使文案更加生动和吸引人。

5. 清晰的行动召唤

在文案的结尾部分，ChatGPT 发出了清晰的行动召唤，引导用户购买课程，这是一种常见且有效的营销策略。

这样一篇文案可以直接使用，也可以用在你的朋友圈宣传文案中，帮助你销售产品。

3.2.3　独特价值主张和要点

我们还可以要求 ChatGPT 列出产品的独特价值主张或有关产品的要点。

请罗列《小红书从入门到精通》课程的独特价值主张和要点。

《小红书从入门到精通》课程的独特价值主张和要点可能包括以下内容。

1. 了解小红书平台：课程将深入介绍小红书平台的特点、用户群体和商业机会，帮助学习者全面了解这个快速发展的社交电商平台。

2. 精准的用户洞察：课程将教授如何进行精准的用户洞察，了解小红书用户的兴趣、偏好和购买行为，以便更好地定位目标受众并制定有效的营销策略。

3. 内容创作技巧：课程将分享在小红书平台上创作吸引人的内容的技巧和策略，包括撰写引人入胜的标题、设计美观的配图和视频、使用流行的标签等，帮助学习者提升内容的质量和影响力。

4. 社群管理与互动：课程将教授如何建立和管理一个成功的小红书社群，包括与粉丝互动、回复评论、管理用户反馈等技巧，帮助学习者建立忠诚的粉丝群和良好的口碑。

5. 品牌合作与营销：课程将介绍如何与品牌进行合作，包括洽谈合作协议、推广品牌产品、进行合作营销活动等，帮助学习者将小红书打造成为盈利的渠道。

6. 数据分析与优化：课程将讲解如何利用小红书平台提供的数据分析工具，分析内容表现和用户反馈，以及如何根据数据优化营销策略和内容创作。

7. 风险与合规意识：课程将强调小红书平台的风险和合规要求，教授学习者如何合法合规地运营账号，并避免违规行为导致的不良后果。

8. 成功案例分享：课程将分享一些在小红书平台取得成功的案例，包括个人创作者和品牌合作，以便学习者借鉴和获得灵感。

这些独特价值主张和要点将帮助学习者全面了解小红书平台，并掌握在平台上运营账号和开展营销活动的关键技能。

根据 ChatGPT 提供的内容，我们可以进行重新组合，用于制作课程海报或者朋友圈宣传文案。

此外，如果我们计划通过视频来宣传课程，我们也可以让 ChatGPT 为我们构思课程的视频宣传创意。

 构思 10 个宣传《小红书从入门到精通》课程的短视频创意。

 当宣传《小红书从入门到精通》课程时，以下是 10 个短视频创意的构思。

1. "小红书之旅"：用快速剪辑和动感音乐展示学习者在课程中的成长历程，从入门小白到精通高手的转变。

2. "小红书达人的秘密"：通过展示一位学习者的真实案例，揭示他如何通过课程学习成为小红书达人，分享成功经验和收获。

3. "小红书新星诞生"：展示一位学习者通过课程学习成功吸引了大量粉丝，成为小红书社群中备受瞩目的新星。

4. "创意无限"：以快速剪辑和动画方式展示学习者在课程中学到的创作技巧，包括独特的标题设计、吸引人的配图和视频编辑技巧等。

5. "社群共荣"：通过展示学习者如何建立和管理一个活跃的小红书社群，吸引粉丝互动和共享内容，强调社群的力量和影响力。

6. "品牌合作的契机"：通过展示学习者如何与知名品牌合作，推广产品并赢得合作机会，突出课程提供的品牌合作与营销策略。

7. "数据驱动决策"：以动态图表和数据可视化展示学习者如何利用小红书平台的数据分析工具，优化内容创作和营销策略，取得更好的结果。

8. "小红书全球化"：通过展示学习者如何通过小红书平台与来自世界各地的用户互动和分享，强调小红书在全球范围内的影响力和机会。

9."合规之道"：通过解释小红书平台的风险和合规要求，强调课程如何教导学习者合法合规地运营账号，避免违规行为。

10."成功故事分享"：通过展示多个学习者的成功案例和实际收益，鼓励其他人加入课程，体验并分享他们的成功故事。

这些短视频创意可以通过剪辑视频素材、添加文字和音乐等方式实现，以吸引目标受众的注意力，并突出《小红书从入门到精通》课程的独特价值和潜在收益。

与此同时，我们还可以让 ChatGPT 结合以上这些创意生成短视频标题。

 根据这些创意，写 10 个短视频标题。

当宣传《小红书从入门到精通》课程时，以下是 10 个短视频标题。

1."小红书之旅：从菜鸟到达人，见证学员的成长！"

2."揭秘小红书达人的秘密武器，你也可以成为行业领先者！"

3."小红书新星诞生：他如何一夜之间走红，你也能成为焦点！"

4."创意无限：学习小红书，释放你无限的创作力！"

5."社群共荣：学习者打造活跃小红书社群的秘诀大揭秘！"

6."品牌合作的契机：学习小红书课程，打开品牌合作新世界！"

7."数据驱动决策：小红书数据分析，让你的决策更明智更精准！"

8."小红书全球化：与全球用户互动，开拓无限机遇！"

9."合规之道：学习小红书合法合规运营，避免违规和风险！"

10."成功故事分享：他们通过小红书赚取巨额收益，你也可以成为下一个成功者！"

这些标题旨在吸引潜在学员的兴趣，突出课程的价值和成果，并激发他们的好奇心，使他们愿意了解更多关于《小红书从入门到精通》课程的信息。

3.2.4 写祝贺信

最后，我们为完成这门课程的学员写一封祝贺信。

为完成这门课程的学员写一封祝贺信。

亲爱的学员：

我衷心地向你表示最诚挚的祝贺！完成《小红书从入门到精通》课程是一个了不起的成就，你已经迈出了一大步，成为小红书领域的专家。

你所展现的坚持和努力令人钦佩。你通过学习课程所提供的知识和技能，不断发展自己的创作能力和社交电商策略，这表明你对成长和进步的执着追求。

在这个课程中，你学会了精准的用户洞察，掌握了创意内容的制作技巧，建立了活跃的小红书社群，并学会了品牌合作和优化营销策略。这些技能将成为你未来在小红书平台上取得更大成功的关键。

我相信，你所学习的知识和经验将为你的个人品牌和事业带来巨大的推动力。你已经成为小红书社群中备受瞩目的新星，你的创作将吸引更多人的关注和认可。

请记住，这只是一个新的起点。继续保持对学习和成长的热情，不断探索和挑战自己。小红书平台的发展是不断变化的，与之相应地，你也需要不断更新和提升自己的技能。

最后，我衷心祝愿你在小红书平台上取得更大的成功，实现你的目标和梦想。无论是个人创作还是品牌合作，我相信你将成为行业的佼佼者。再次恭喜你，愿你未来的道路充满无限的可能！

最真诚的祝福，

【你的名字】

借助 ChatGPT，我们能够在几分钟内完成看似繁重的工作，节省大量的时间和精力。我们可以轻松地复制、粘贴内容，从而轻松地完成一门课程的设计和编写。

对于自媒体人、内容创作者、企业的运营者或文案专员而言，最大的痛苦莫过于某个晚上，当抬头看时钟时，发现已经连续工作了 15 个小时，但是还要完成另外 50 个小时的艰苦工作，才能获得一份真正可以交付给用户的成果。然而，ChatGPT 可以在课程推出过程中的每一个环节上帮助我们进行创作。无论是课程的构思、课程的销售还是宣传视频的创作，我们都可以借助 ChatGPT 的帮助，快速而轻松地完成任务。

以上就是我们构思在线课程大纲的方法、编写课程内容的流程，也是我们创作宣传资料的高效工作流。这是我们与时代保持同步的方式，让我们更加聪明地运用技术、为用户提供更优质的教育体验的方式。

当然，ChatGPT 生成的内容还不够完美，在 ChatGPT 向我们提供快速帮助的同时，我们仍然需要结合自己的知识和经验进行优化，这样才能确保最终呈现给用户的课程内容更加精准、更加专业，也更加贴合他们的需求。

3.3 用 ChatGPT 做 SEO

随着自媒体的兴起，传统的广告营销已经从泛流量、粗放式的投放逐渐过渡到精准式的内容营销。如今，内容营销成了一种炙手可热、备受瞩目的营销方式。

与传统的媒体广告不同，内容营销是一种通过提供有价值的内容来吸引、获取、留存目标受众并促进其转化为客户的策略。它的核心在于创造、发布和传播有吸引力的内容，以吸引潜在客户并建立品牌忠诚度。通过提供有用和相关的内容，内容营销帮助企业打造声誉、增强品牌知名度，并与潜在客户建立信任关系，最终帮助企业实现长期增长、达成目标。

当从事内容营销时，我们必须重视几个关键环节：了解目标用户、制定内容策略和创作优质内容。然而，在这些环节中，有一个至关重要的环节，那就是如何让内容获得更多的曝光。在这方面，SEO（search engine optimization，搜索引擎优化）发挥着重要作用。

SEO 是通过优化内容结构，使其能够被搜索引擎收录，并获得更好的排名。尽管 SEO 是一门复杂的学科，本书并不是专门探讨 SEO，但我们将在这里做一个简单的"科普"，演示如何结合 ChatGPT 来进行 SEO。

想象一下，你是一位才华横溢的音乐家，有一首绝妙的歌曲希望更多的人听到。而搜索引擎就像一个巨大的音乐平台，它能够将你的歌曲推荐给喜欢类似曲风的听众。你希望你的歌曲在这个音乐平台上获得更高的曝光度，让更多的人发现并欣赏它。在这种情况下，SEO 就起着关键作用。它就像是歌曲的推广经理，会帮助你在音乐平台上提高排名，使更多的人听到你的音乐。

为了获得更好的排名，你需要进行关键词研究，找出与你的音乐风格和主题相关的热门关键词，并将其巧妙地融入你的歌曲介绍、专辑封面等内容中，以便搜索引擎更容易将你的音乐与相关用户联系起来。

ChatGPT 此时就像是你的创作灵感助推器。它可以帮助你生成与你的歌曲相关的关键词，同时提供创意和灵感，让你的歌曲和内容更具吸引力。它就像是你的私人营销顾问，时刻准备为你提供宝贵的建议和指导。

因此，借助 ChatGPT，我们可以更加轻松地进行关键词研究和内容优化，从而提升内容的排名和吸引力，为你的歌曲带来更多的流量和点击率。让搜索引擎为你打开更多的大门，你将有机会成为引人瞩目的音乐家。

目前，常见的自媒体平台有抖音、小红书、知乎、头条、百家号等。针对这些不同的平台，我们可以借助 ChatGPT 进行 SEO。这里，让我们来看看如何在抖音、小红书和知乎这 3 个平台进行 SEO。

由于每个平台的内容形式存在一些差异，因此在 SEO 过程中需要采取不同的优化策略。下面你将了解如何在不同平台上进行 SEO。

3.3.1　抖音 SEO

抖音是一个以制作有吸引力的短视频为主要形式的平台。在抖音平台上，与粉丝之间的互动和交流至关重要。以下是抖音 SEO 的几个关键点。

1. 制作吸引人的视频内容

关注流行的话题和潮流，制作有趣、独特、富有创意的视频，引起用户的兴趣和关注。

2. 关键词优化

了解用户搜索的关键词，通过在视频标题、描述和标签中合理地使用这些关键词，提高视频被搜索到的概率。

3. 互动与分享

通过回复评论、点赞和分享其他有趣的视频，积极地与用户互动，增强用户黏性和影响力。

4. 利用热门挑战

参与流行的挑战活动，制作相关的视频内容，提高曝光度和用户参与度。

3.3.2　小红书 SEO

小红书以分享购物心得、旅行攻略和美妆经验等内容为主。以下是小红书 SEO 的几个关键点。

1. 高质量内容创作

发布独特、有深度、有价值的内容，例如购物心得、产品评测、旅行攻略等，吸引用户的阅读和关注。

2. 关键词优化

针对用户搜索的关键词，进行合理的关键词研究，并在标题、描述和标签中使用相关关键词，提高内容被搜索引擎收录和推荐的机会。

3. 社区互动

通过回复评论、关注其他用户等行为，积极参与小红书的社区互动，建立良好的社交关系，增强曝光度和与用户的互动。

4. 利用标签和话题

合理使用标签和热门话题，将内容与相关话题关联起来，增加被推荐的机会。

3.3.3　知乎 SEO

知乎注重提供有价值的问答和高质量的文章。以下是知乎 SEO 的几个关键点。

1. 提供有价值的内容

回答用户的问题时，提供有深度、专业和有帮助的答案，吸引用户的关注，获得用户的赞同。

2. 高质量文章创作

撰写原创、深入的文章，解决用户的问题或提供有见解的观点，建立自身的专业形象。

3. 关键词优化

针对用户的搜索意图进行关键词研究，将相关关键词合理地应用在问题回答和相关文章中，提高内容在搜索结果中的排名。

4. 社区互动

通过回复评论、关注其他用户等行为，积极参与知乎社区中的互动，建立专业的社交网络，提高个人影响力和曝光度。

尽管这 3 个平台的内容形式各异，但它们都有一个共同点，就是需要进行关键词和热门话题的研究。我们要了解用户的搜索习惯和兴趣，合理利用关键词和话题，以提高内容的曝光度和与用户的互动性，从而有效地提高内容营销效果。

这里，我们介绍一家专业的数据分析网站——5118 网站，该网站专注 SEO 和关键词挖掘。我们将展示该网站的一些基本功能，其网站首页如图 3-1 所示。

图　3-1

这两年，露营成为了人们外出游玩的新时尚。下面就以露营这个话题为例，展示一下如何利用 5118 网站进行关键词挖掘并通过 ChatGPT 进行 SEO。

在 5118 网站首页，我们可以看到一个"小红书运营"区域。我们在"小红书关键词挖掘"的搜索框中输入"露营"，并单击放大镜，如图 3-2、图 3-3 所示。

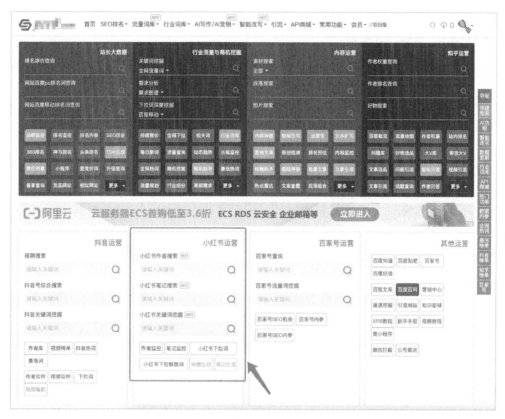

图 3-2

图 3-3

在搜索结果中，我们可以看到与露营相关的关键词和每个关键词的流量。我们可以将这些关键词导出备用，如图 3-4 所示。

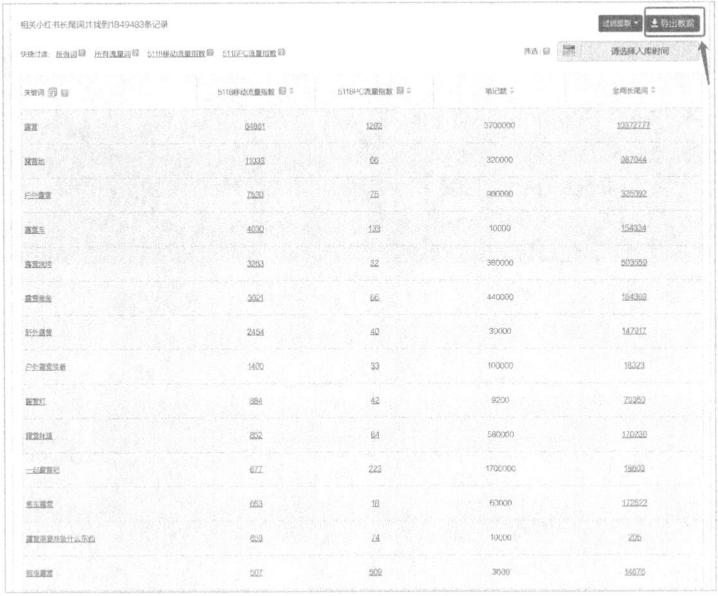

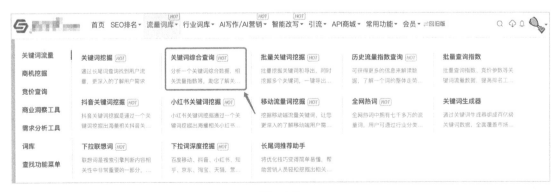

图　3-4

除了这个方法，我们还可以在网站上方的菜单栏中单击"流量词库"，下方会随即出现"关键词综合查询"，如图 3-5 所示。

图　3-5

打开"关键词综合查询"页面后，在搜索框里输入"露营"，并单击"搜索"，我们可以看到"露营"这个关键词的指数，如图 3-6 所示。

图　3-6

很明显，这个关键词在 PC 端只有很少的搜索量，而在抖音上的搜索量很大，大约是 PC 端的 570 倍，这也是为什么在做内容营销时，我们要格外重视抖音、小红书、知乎这些自媒体平台。

接下来，在侧边导航栏，单击"全网下拉词"，我们可以看到不同平台的用户搜索习惯和关键词热度，如图 3-7 所示。

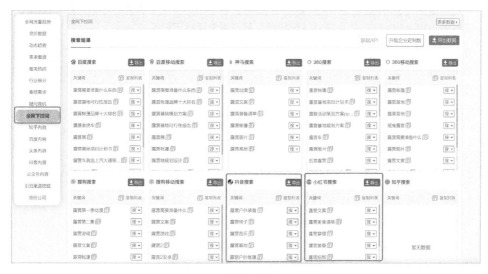

图　3-7

我们可以把抖音和小红书上的关键词复制到 Excel 表格里，得到一份关于露营的热搜关键词表格，如图 3-8 所示。

露营关键词	
抖音	小红书
露营户外装备	露营文案
露营椅子	露营美食清单
露营音乐	露营穿搭
露营基地	露营装备
露营户外帐篷	露营拍照
露营北鼻	露营车
露营剑哥	露营美食
露营指南freedom	露营装备清单
露营户外基地	露营烧烤
	露营地推荐
	露营帐篷
	露营灯
	露营拍照姿势
	露营椅
	露营烤肉

图 3-8

接下来，我们让 ChatGPT 开始为我们工作。

我们计划制作一系列关于露营的内容，包括图文笔记或者短视频笔记，并将其发布到小红书或者抖音上。我们希望 ChatGPT 为我们策划一些小红书笔记的相关选题并撰写相关脚本。

你是一位具有 10 年经验的 SEO 领域营销专家。我想写一个关于露营的笔记并发布在小红书，为我提供 10 个经过 SEO 的小红书笔记标题。尽可能包括以下短语：

露营装备怎没买、露营椅子怎么选、露营地推荐、露营车怎么选、露营美食清单、露营地拍照、露营帐篷怎么选、户外露营、露营烧烤、野外露营、户外露营装备、露营灯、房车露营 、露营穿什么衣服、露营装备清单。

1.【露营装备指南】10 款必备装备推荐，不要错过！

2. 露营椅子选购攻略：如何选择最适合的露营休闲椅？

3. 探索露营胜地：推荐你必去的露营地点！

4. 露营车选购指南：如何挑选适合你的露营伙伴？

5. 露营美食清单：探索露营中的美食天堂！

6. 露营地摄影技巧分享：如何拍出露营地的绝美瞬间！

7. 露营帐篷购买指南：选择适合你的营地庇护所！

8. 户外露营乐趣无穷：探索大自然中的无尽乐趣！

9. 露营烧烤大全：享受户外烧烤的绝佳时刻！

10. 野外露营探险：与大自然亲密接触的露营体验！

11. 户外露营装备必备清单：准备好挑战自然的装备！

12. 点亮露营夜晚：选择适合的露营灯照亮你的营地！

13. 房车露营指南：探索移动的露营生活！

14. 露营穿搭灵感：如何选择合适的服装享受露营时光！

15. 露营装备清单：不可或缺的露营装备一览！

你可以记住上述提示词框架，让 ChatGPT 在策划选题时包含这些关键词短语。

在有了这些笔记标题后，我们就可以让 ChatGPT 根据这些标题创作一篇小红书笔记了。比如，如果想写一篇关于户外露营必备清单的笔记，那么我们需要进一步探索露营装备清单下的二级关键词，或者露营装备清单下的长尾关键词。

除了可以借助 5118 网站来做进一步的探索以获得关键词，我们还可以直接问 ChatGPT，以获得二级关键词和长尾关键词。

你是一位具有 10 年经验的 SEO 领域营销专家，为我提供跟露营装备相关的最适合 SEO 的二级关键词。

当然可以，下面是一些可能与露营装备相关的适合 SEO 的二级关键词。请注意，这些只是一些基本的示例，实际的关键词应根据你的具体业务、目标受众、竞争对手的 SEO 策略等因素来确定。

1. 露营帐篷。例如，超轻露营帐篷、家庭露营帐篷、四季露营帐篷等。

2. 露营烹饪设备。例如，便携式露营炉具、露营烧烤工具、露营水壶等。

3. 露营睡袋。例如，防水露营睡袋、冬季露营睡袋、儿童露营睡袋等。

4. 露营背包。例如，大容量露营背包、多功能露营背包、防水露营背包等。

5. 露营家具。例如，便携式露营椅、露营折叠桌、露营吊床等。

6. 露营生存工具。例如，露营多功能刀、露营急救包、露营指南针等。

7. 露营照明。例如，露营手电筒、露营头灯、露营营地灯等。

8. 露营服装。例如，露营防水外套、露营保暖衣物、露营鞋等。

你是一位具有 10 年经验的 SEO 领域营销专家，为我提供跟露营装备相关的最适合 SEO 的长尾关键词。

长尾关键词是 SEO 策略的重要组成部分，它们通常更具针对性，并且竞争程度相对较低。以下是一些可能与露营装备相关的适合 SEO 的长尾关键词示例。

1. "便携式超轻露营帐篷推荐"

2. "最好的家庭露营帐篷品牌"

3. "如何选择四季露营帐篷"

4. "购买高质量露营炉具的指南"

5. "露营烧烤工具评价和比较"

6. "防水露营睡袋在线购买"

7. "冬季露营睡袋保暖技巧"

8. "如何挑选适合孩子的露营睡袋"

9. "大容量露营背包购物指南"

10. "露营背包清洗和保养方法"

11. "便携式露营椅的优缺点"

12. "选择露营折叠桌的几个要点"

13. "露营多功能刀的使用技巧"

14. "如何打包露营急救包"

15. "露营手电筒与露营头灯的比较"

16. "露营防水外套的品牌推荐"

17. "如何选择合适的露营保暖衣物"

18. "最舒适的露营鞋排行"

这些长尾关键词能够帮助你更准确地定位目标受众，并提供他们正在寻找的具体信息。请注意，这些关键词需要与你的内容紧密相关，以确保最佳的搜索引擎排名效果。

在获得足够的关键词之后，我们就可以让 ChatGPT 围绕这些关键词为我们撰写小红书笔记了。

你是一位具有 10 年经验的 SEO 领域营销专家，帮我写一篇关于"户外露营装备必备清单：准备好挑战自然的装备"的小红书笔记，并进行 SEO 或关键词优化。尽可能包括以下短语：

"超轻露营帐篷""家庭露营帐篷""四季露营帐篷""便携式露营炉具""露营烧烤工具""露营水壶""防水露营睡袋""冬季露营睡袋""儿童露营睡袋""大容量露营背包""多功能露营背包""防水露营背包""便携式露营椅""露营折叠桌""露营吊床""露营多功能刀""露营急救包""露营指南针""露营手电筒""露营头灯""露营营地灯""便携式露营椅""露营折叠桌""露营吊床"。

户外露营装备必备清单：准备好挑战自然的装备

露营，无疑是让我们重新与大自然接触，感受大自然魅力的好方法。为了让这次的户外之旅能够顺利进行，你需要一份全面的露营装备清单，来确保你已经为挑战自然做好了充分的准备。我们在此提供一份详尽的清单，涵盖了从超轻露营帐篷到露营急救包等一系列必备的露营装备。

首先，你需要一个合适的帐篷来为你提供舒适的休息空间。超轻露营帐篷是徒步露营者的首选，因其重量轻，携带方便。如果你是带着全家人出游，那么一顶家庭露营帐篷则更加合适，能为全家人提供宽敞的休息空间。考虑到环境的多变性，一顶四季露营帐篷是最佳的选择，无论春夏秋冬，它都能为你提供稳固的避风处。

下面要考虑的是露营烹饪设备。一个便携式露营炉具，一套露营烧烤工具以及一个坚固耐用的露营水壶是你在野外为自己烹制美食的必备工具。

当夜幕降临，舒适的睡眠环境就显得尤为重要。防水露营睡袋能确保你即便在湿润的环境中也能保持干燥，冬季露营睡袋则能在寒冷的夜晚提供充足的保暖。如果带着孩子出游，别忘了准备一款适合他们的儿童露营睡袋。

为了携带所有这些露营装备，你需要一个大容量露营背包。考虑到露营环境的多变性，多功能露营背包和防水露营背包也是很好的选择。

露营期间，你可能需要一些便于休息和娱乐的露营家具。便携式露营椅、露营折叠桌和露营吊床都是你可以考虑的选项。

为了应对可能的紧急情况，露营多功能刀、露营急救包和露营指南针是你的户外生存工具。无论是修理设备，还是处理紧急伤病，这些工具都能大显身手。

最后，为了在夜晚提供充足的照明，露营手电筒、露营头灯和露营营地灯都是必不可少的。

这就是我们的户外露营装备必备清单，希望它能帮你为挑战大自然做好充分的准备。记住，最重要的是，尽情享受户外生活带来的乐趣吧！

除了常规的关键词，如"露营帐篷""露营椅子"等，我们还可以尝试使用露营装备的品牌名称作为关键词。这是为什么呢？因为用户在搜索特定的露营装备时，他们往往会通过输入特定的品牌名称来进行搜索。如果你的笔记中包含了这些品牌名称，那么你的笔记就更有可能出现在他们的搜索结果中。

如果你具有丰富的 SEO 经验，那么你可以将你对关键词策略的深入理解以及有关特定领域的专业知识输入到 ChatGPT 中，让它帮你生成经过优化的高质量内容。

如果你是一个 SEO 新手，或者对 SEO 不是很了解，那么你也可以按照前面所讲解的步骤，利用 ChatGPT 来生成内容。通过实践，你可以逐渐熟悉 SEO，并提升 SEO 技巧。

基于上述的理念和方法，我们可以得到很多笔记选题，而这些选题内容都可以通过 ChatGPT 快速生成，帮助你的账号获得更多的流量。

3.4　用 ChatGPT 做闲鱼副业赚钱

在过去的几年里，闲鱼已经成为越来越多的人做副业赚钱的理想平台，因为它为我们提供了一个便捷的渠道，可以让我们将闲置的物品轻松转化为收益。

然而，要在众多的卖家中脱颖而出、吸引买家的眼球并完成交易并非易事。ChatGPT 可以帮助我们生成流畅且有针对性的文本，这对我们在闲鱼上进行销售很有帮助，因为一个吸引人的商品描述和及时的回复能够极大地提高你的销售效率。

那么，如何使用 ChatGPT 来优化闲鱼副业，使其为我们带来一份可观的收入呢？

我们可以使用 ChatGPT 生成吸引人的商品描述。一个好的商品描述不仅需要详细地介绍商品的功能和状态，还需要有吸引人的元素，让买家感到这个商品对他们来说是必要的。你可以将想要销售的商品信息输入到 ChatGPT 中，让它为你生成一个吸引人的商品描述。

3.4.1　如何利用闲鱼做副业赚钱

如果你没听说过利用闲鱼副业赚钱，或者对如何利用闲鱼赚钱不太了解，那么可以直接咨询一下 ChatGPT。

 如何在闲鱼上做副业赚钱？

 在闲鱼上进行副业赚钱是一个很好的选择。以下是一些在闲鱼上赚钱的常见方法。

1. 出售闲置物品：你可以在闲鱼上出售你不再需要的闲置物品，例如服装、鞋子、家电、数码产品等。确保你提供清晰的照片和详细的描述，以便吸引潜在的买家。

2. 手工艺品和自制产品：如果你擅长手工艺品或制作自制产品，可以在闲鱼上开设一个店铺，展示和销售你的作品。这可以包括手工饰品、皮革制品、手绘艺术品等。

3. 代购和转售：你可以利用闲鱼平台上的价格差异，进行代购和转售。在购买商品时，要仔细研究市场行情，寻找那些价格较低但在其他地方有需求的商品，然后在闲鱼上转售。

4. 提供技能或服务：如果你具备某种特殊技能，比如摄影、写作、平面设计、编程等，可以在闲鱼上提供相关的服务。你可以发布广告，向潜在客户展示你的技能，并为他们提供定制服务。

5. 开设二手手机店：二手手机市场一直都很热门，你可以在闲鱼上开设一个专门的店铺，出售二手手机和相关配件。你可以寻找供应商或购买闲置手机进行修复，然后以较高的价格销售。

6. 参与拍卖：闲鱼上有很多拍卖活动，你可以寻找有价值的物品，并参与竞拍。如果你在评估物品价值方面有经验，你可能能够以较低的价格购买物品，然后以更高的价格卖出。

无论你选择哪种方法，在闲鱼上赚钱需要一些时间和努力。建立良好的信誉和口碑，提供优质的产品和服务，与买家保持良好的沟通，都是取得成功的关键因素。同时，你要遵守平台规则和法律法规，确保你的交易合法合规。

在了解了利用闲鱼做副业赚钱的常见方法后，你可以进一步了解做闲鱼电商的优势。

闲鱼是阿里巴巴旗下的一个品牌。同样是电商平台，淘宝已经很"卷"了，它基本上是大厂家、大品牌的战场，而对于个人来说，做闲鱼电商有哪些优势呢？我们来问问 ChatGPT。

对于个人用户，相比做淘宝电商，做闲鱼电商有哪些优势？

 做闲鱼电商相比于淘宝电商，有以下几个优势。

1. 低门槛和低成本：相比淘宝电商，闲鱼电商的门槛和成本较低。在闲鱼上开店相对简单，不需要支付高额的开店费用或月租金。你可以通过手机 APP 直接发布商品信息，与买家直接交流，省去了建立网店的复杂流程。

2. 闲置物品市场：闲鱼的特色是面向二手和闲置物品市场，这是一个庞大且活跃的市场。如果你有很多闲置物品需要出售，闲鱼是一个很好的平台，有大量的买家在寻找二手物品。相比淘宝的全新商品市场，闲鱼更适合处理闲置物品，这意味着你可能可以更快地变现。

3. 品牌营销和差异化：在淘宝上，品牌营销需要较大的投入和努力，因为市场上有很多竞争对手。而在闲鱼上，因为买家更关注商品本身，你可以将重点放在商品的品质、功能、新旧程度等方面，而不必过多依赖品牌宣传。此外，闲鱼上的商品通常以个人卖家的身份出售，这可以在一定程度上增加卖家与买家之间的亲近感和信任感。

4. 直接沟通和交易：闲鱼鼓励买家和卖家直接沟通和交易，这有助于建立更紧密的关系。你可以与买家直接交流，回答他们的问题，提供更多的细节和照片，以及个性化的服务。这种直接交流有助于建立信任，促进交易的顺利进行。

5. 简单的物流和配送：对于闲鱼电商，物流和配送相对来说更加简单。根据双方的地理位置和需求，你可以选择与买家面交或使用快递服务。相比淘宝上的大规模发货和仓储管理，闲鱼的物流成本和复杂性相对较低。

尽管闲鱼电商有这些优势，但也要注意一些限制和挑战。闲鱼的用户群体相对较年轻，他们偏向于二手和闲置物品市场，因此该平台不适合销售某些类型的商品，比如全新的高价值商品。此外，由于闲鱼上的交易多数是个人之间的直接交易，需要注意交易安全和信任建立的问题。

3.4.2　在哪里找到优质货源

如果你是个人卖家，而你没有自己的货源，那么你可以尝试一下最近两年比较火的闲鱼无货源的电商模式。我们可以咨询 ChatGPT 如何做闲鱼无货源电商。

 如何做闲鱼无货源电商？

 为闲鱼电商找到优质货源供应商可以通过以下途径。

1. 批发市场：批发市场是寻找优质货源供应商的常见途径之一。你可以参观当地的批发市场，如服装批发市场、电子产品批发市场等，与供应商直接沟通并了解他们的产品和价格。在与他们交流时，可以询问是否有合作的机会，并要求提供样品或目录以便评估商品质量。

2. B2B 电商平台：许多 B2B 电商平台提供了连接买家和供应商的服务，如阿里巴巴、京东商城、拼多多等。你可以在这些平台上注册账号，搜索并联系供应商，了解他们的产品、价格和合作方式。通过与供应商的沟通，你可以找到合适的优质货源供应商。

3. 线上批发市场：类似于批发市场，线上批发市场也是寻找货源供应商的好地方。平台如 1688、淘宝批发等提供了各种类别的批发商品供应商，你可以通过搜索和筛选，找到与你的副业相关的优质货源供应商。

4. 参加行业展览和展会：行业展览和展会是寻找供应商的绝佳场所。通过参加相关行业的展览和展会，你可以与供应商面对面交流，了解他们的产品、质量、价格和合作方式。这可以帮助你建立业务关系，并找到符合你需求的优质货源供应商。

5. 社交媒体和行业群组：加入与行业相关的社交媒体群组、论坛或社区，与其他从业者进行交流。在这些群组中，人们经常分享供应商的信息和推荐，你可以从中获得一些潜在的优质货源供应商的线索。

无论你使用哪种方式找到货源供应商，要确保进行充分的调查，了解货源供应商的信誉、产品质量、交付时间和售后服务等方面的信息，确保与可靠的供应商建立合作关系。另外，建议与多个供应商进行对比，以获得更好的价格和品质选择。

在了解了闲鱼无货源电商模式后，我们可以开始定位、选品、寻找有利润的市场，从淘宝、1688 等网站找货源，并在闲鱼上发布商品。

3.4.3　如何在闲鱼上进行 SEO

如果你做过闲鱼电商，你可能知道第一步是要解决货源问题。在解决了货源问题之后，我们需要将选定的产品上架，并进行 SEO，以获得更好的排名和流量。在这个过程中，我们可以让 ChatGPT 来做我们的助手。

 如何做闲鱼 SEO?

 要做好闲鱼的 SEO，可以遵循以下几个步骤。

1. 关键词研究：首先，需要进行关键词研究，了解用户搜索哪些词汇来寻找你的商品。使用相关的工具，如谷歌关键词规划师、百度指数等，来获取相关数据。

2. 标题优化：在闲鱼上，标题是最重要的元素，确保标题简洁、易于理解，同时包含关键词。避免使用不必要的符号或特殊字符，以及使用过度夸张的形容词。

3. 商品描述：对于商品描述，需要注意语言简洁、易于理解，并且包含重要的关键词。使用精美的图片和视频可以改进用户体验，提高用户点击率。

4. 价格和配送：在设置价格时，可以参考同类商品的价格范围，同时根据自己的情况进行调整。考虑免费或优惠的配送选项，这可以提高你的商品在搜索结果中的排名。

5. 信誉评级：闲鱼的信誉评级是影响排名的重要因素之一。提供优质的服务、快速交货和良好的沟通可以提高你的信誉评级，从而提高你的排名。

最后，要定期监控和分析你的闲鱼销售数据和用户反馈，以便持续优化和改进你的闲鱼 SEO 策略。

从前面的答案中，我们可以看出，ChatGPT 对闲鱼平台的规则比较熟悉，其列出的关键词研究、标题优化、商品描述等内容都非常重要。

在关键词研究方面，前面介绍了 5118 网站，而在选品方面，如果你不确定什么产品能赚钱，一个简单的方法就是，先看你对哪些产品有感觉、对哪一类的产品比较熟悉。选品时务必选择自己非常熟悉的产品，不能超出自己的认知范围。比如，如果你是男士，可能在数码产品或电子产品方面比较熟悉，而如果你是宝妈，可能对母婴用品、吃穿住行比较了解。

选品的方法主要有两个：一是结合你的个人兴趣和专长；二是在闲鱼平台上搜索相关关键词，看看某一产品是否好卖，是否有很多人关注。如果产品好卖、关注的人多，且你对其比较了解，那么你就可以尝试销售。

所以，虽然我们有了 ChatGPT，但是在市场策略分析和战略规划方面，人工智能并不能完全替代人的工作，它可以做的是那些需要大量人力重复劳动的任务，比如，优化标题、在产品描述中植入关键词等。如果你希望一天上架 10 个产品，那么通过 ChatGPT 批量生成产品描述，你就能轻松完成原本需要大量人力的工作。

3.4.4　如何撰写高转化率的产品描述

现在，我们看看如何通过 ChatGPT 撰写闲鱼宝贝（产品）标题和产品描述。我们以机械键盘为例。

首先，打开闲鱼 APP 的首页，如图 3-9 所示。

接着，在搜索框中输入"机械键盘"，如图 3-10 所示。可以看到，出现了很多下拉关键词，这些关键词都是用户搜索量比较大的关键词，它们可以作为 SEO 关键词。

图　3-9

图　3-10

　　输入"机械键盘"后的搜索结果页面如图 3-11 所示。我们从搜索结果中挑选两个卖家进行比较。

　　图 3-12 显示的是排名第一的卖家，产品有 450 人浏览，43 人想要。

　　图 3-13 显示的是另一个卖家，产品只有 39 人浏览，3 人想要。我们可以从产品标题和产品描述中看出两个卖家之间的明显差别。

图　3-11

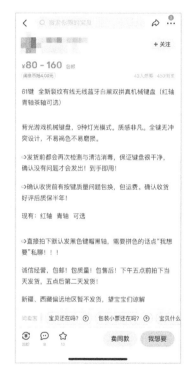

图　3-12

图　3-13

　　对于第一个有 450 人浏览的产品，产品描述中有详细的产品介绍，并植入了与机械键盘相关的许多长尾关键词，比如 61 键、机械键盘、红轴、青轴、茶轴等。这些关键词都是搜索热度较高的关键词。此外，产品描述层次清晰，不仅有产品介绍，还有关于物流的发货地区，以及多久能够发货的详细说明，这会增加用户对产品的信任感。

　　相反，另一个产品的描述显得很随意，植入的关键词比较少，且内容没有做出清晰的排版。

　　如果我们也想销售这样一款产品，可以借助 ChatGPT 帮我们撰写产品标题和产品描述。

现在，你是一名闲鱼 SEO 专家，帮我根据以下关键词撰写 5 个机械键盘的标题：

61 键、有线、无线、蓝牙、白黑双拼、机械键盘、红轴、青轴、茶轴。

 作为闲鱼 SEO 专家，针对你提供的关键词，我为你撰写了 5 个机械键盘的标题。

1. 【全新】61 键有线机械键盘，红轴，适合办公和游戏

2. 【折扣特价】无线蓝牙机械键盘，白黑双拼，便携轻巧，办公必备

3. 【限量发售】青轴机械键盘，快速响应，打字愉悦，专为程序员设计

4. 【独特设计】茶轴有线机械键盘，静音无干扰，适合办公和写作

5. 【游戏玩家首选】61 键蓝牙机械键盘，红轴，RGB 背光，灵活可调

这些标题利用了关键词，并强调了键盘的特点和优势，以吸引潜在买家的注意。记住，好的标题应该简洁明了，突出产品的特点，并能吸引目标受众。

这几个标题写得还不错吧？我们再让它写一段产品描述。

 现在，你是一名闲鱼 SEO 专家，帮我根据以下关键词撰写一篇机械键盘的产品描述：

61 键、有线、无线、蓝牙、白黑双拼、机械键盘、红轴、青轴、茶轴。

 全新 61 键机械键盘，提供有线和无线两种连接方式，可通过蓝牙进行无线连接。键盘采用白黑双拼设计，外观时尚简约，适合办公和游戏使用。键盘配备红轴、青轴和茶轴三种机械轴，满足不同用户对按键触感和声音的偏好。

产品详细参数

键盘布局：61

键连接方式：有线、蓝牙无线

轴体类型：红轴、青轴、茶轴

外观设计：白黑双拼

适用场景：办公、游戏

这款机械键盘采用先进的键盘技术，确保高灵敏度和稳定性，每个按键都具有精确触发点，可实现快速的输入响应。不论是办公还是游戏竞技，都能提供出色的打字体验和操作反馈。

物流发货方面，我们承诺及时处理订单并尽快发货。产品将经过严格包装，确保安全运输，避免损坏。我们与可靠的物流合作伙伴合作，以便你能够尽快收到键盘。

请注意，在使用键盘时，建议避免水和其他液体进入键盘内部，以免损坏产品。此外，请按照产品说明书中的操作指南正确使用和保养键盘，以延长其使用寿命。

我们致力于为你提供高品质的机械键盘，为你的工作和娱乐带来更好的体验。如果对该产品有任何疑问或需要更多信息，请随时与我们联系。感谢你的关注和支持！

如果觉得这段写得还不够具体，就再让它加一段产品参数。

 介绍一下 61 键机械键盘的详细产品参数。

 当涉及 61 键的机械键盘时，以下是一些常见的详细产品参数，供你参考。

1. 键盘布局：61 键布局，紧凑设计，适合小型工作区或需要移动性的场景。

2. 连接方式

有线连接：通过 USB 接口连接计算机或其他设备，提供稳定的信号传输和快速响应。

无线连接：通过蓝牙技术进行无线连接，提供更大的灵活性和便携性。

3. 轴体类型

红轴：线性轴，无明显的点击声音，适合需要快速触发和平滑操作的场景。

青轴：轻质点击轴，具有明显的触发点和点击声音，适合喜欢有触感的用户或需要输入反馈的场景。

茶轴：静音轴，提供柔和的按键触感和静音操作，适合在需要安静环境下工作或打字的场景。

4. 外观设计

紧凑设计：61 键布局，减少键盘占用空间，方便携带和使用。

白黑双拼：采用黑色和白色键帽组合的设计，时尚简约。

5. 背光功能

可选背光：一些 61 键机械键盘配备了背光功能，可自定义背光颜色和亮度，提供个性化的视觉效果。

6. 材质和质量

键帽材质：常见的键帽材质包括 ABS 塑料、PBT 塑料等，具有耐用性和不易磨损的特点。

键盘底壳材质：一般采用金属或塑料材质，提供稳定的结构和坚固的支撑。

以上参数仅供参考，具体的产品参数可能因品牌、型号和供应商而有所不同。在购买机械键盘之前，建议你仔细阅读产品说明书或与卖家进行进一步沟通，以确保获取准确的产品参数信息。

如果你知道机械键盘的品牌名称，也可以将其作为关键词加到提示词中。

此外，我们还可以对产品描述的格式做出进一步美化，如下所示。

 介绍一下 61 键机械键盘的详细产品参数，并在每段前加上💡。

💡键盘布局：61 键布局，紧凑设计，适合小型工作区或需要移动性的场景。

💡连接方式

有线连接：通过 USB 接口连接计算机或其他设备，提供稳定的信号传输和快速响应。

无线连接：通过蓝牙技术进行无线连接，提供更大的灵活性和便携性。

💡轴体类型

红轴：线性轴，无明显的点击声音，适合需要快速触发和平滑操作的场景。

青轴：轻质点击轴，具有明显的触发点和点击声音，适合喜欢有触感的用户或需要输入反馈的场景。

茶轴：静音轴，提供柔和的按键触感和静音操作，适合在需要安静环境下工作或打字的场景。

💡外观设计

紧凑设计：61 键布局，减少键盘占用空间，方便携带和使用。

白黑双拼：采用黑色和白色键帽组合的设计，时尚简约。

💡背光功能

可选背光：一些 61 键机械键盘配备了背光功能，可自定义背光颜色和亮度，提供个性化的视觉效果。

💡材质和质量

键帽材质：常见的键帽材质包括 ABS 塑料、PBT 塑料等，具有耐用性和不易磨损的特点。

键盘底壳材质：一般采用金属或塑料材质，提供稳定的结构和坚固的支撑。

现在，产品描述初步符合我们的要求了。

在 ChatGPT 生成以上内容后，我们可以把优化后的提示词组合在一起，按照 FAB 模型形成提示词的最终版本。FAB 模型是一种销售技巧，通过描述产品的特征（feature）、优势（advantage）和好处（benefit）这 3 个关键要素，来激发用户对产品的兴趣。

现在，你是一名闲鱼 SEO 专家，帮我根据以下关键词，采用 FAB（特征、优势、好处）模型，撰写一段机械键盘的产品描述：

61 键、有线、无线、蓝牙、白黑双拼、机械键盘、红轴、青轴、茶轴。

要求：

1. 需要包含产品的细节描述、详细参数、物流发货等注意事项；

2. 介绍一下 61 键机械键盘的详细产品参数，并在每段前加上 💡。

不用解释，直接开始。

💡 61 键机械键盘：无线蓝牙连接、红轴、青轴、茶轴，白黑双拼设计！

💡 产品特征

这款 61 键机械键盘融合了创新技术和出色设计，提供了多种连接方式和轴体选择，满足不同用户的需求。无论是办公工作还是游戏娱乐，它都能为你带来卓越的打字体验和高效操作。

💡 详细产品参数

键盘布局：61 键

连接方式：有线、无线蓝牙

轴体类型：红轴、青轴、茶轴

外观设计：白黑双拼

适用场景：办公、游戏

💡 产品优势

◆无线蓝牙连接：通过蓝牙技术，实现无线连接，让你摆脱烦琐的线缆束缚，自由移动并在任何地方工作。

◆多种轴体选择：红轴、青轴、茶轴三种机械轴体可供选择，满足不同用户对触感和声音的偏好，提供个性化的打字体验。

◆白黑双拼设计：独特的白黑双拼外观设计，时尚简约，凸显你的个性与品味。

💡 产品好处

提高效率：61 键紧凑布局，节省桌面空间，使你更集中地操作，提高打字和操作效率。

便携性强：无线蓝牙连接，轻松携带，方便在不同场合使用，满足办公、旅行或者娱乐等不同场景的需求。

个性化选择：多种轴体选择，让你根据个人偏好和需求，定制适合自己的打字体验。

时尚与实用兼具：白黑双拼设计，让你的键盘与众不同，既时尚又实用。

> 💡 物流发货
>
> 我们将及时处理你的订单，并通过严格包装保证产品在运输过程中的安全。我们与可靠的物流合作伙伴合作，以便你尽快收到心仪的键盘。
>
> 请注意，为了保持键盘的良好状态，请避免液体进入键盘内部。在使用过程中，请按照产品说明书中的操作指南正确使用和保养键盘，以延长其使用寿命。

根据优化后的提示词，ChatGPT 撰写了产品描述。在完成产品描述的初稿后，我们需要结合自己的行业经验对内容进行校对和修改。

通过这种方式，我们能够高效率地生产内容，一上午应该可以完成大约 10 个产品描述。如果你是从事电商行业或者兼职做闲鱼副业，推荐你学习这个技能，因为你将会更加灵活地应对内容创作需求，提高工作效率，从而在电商领域获得更多的机会和收益。

## 第 4 章

用 ChatGPT 打造 IP 和提升自我

4.1　用 ChatGPT 写朋友圈文案

如果你从事自媒体行业，或者需要通过微信进行私域成交，那么朋友圈绝对是你最重要的战场，是你必须高度重视的地方。朋友圈的打造和质量直接决定了你在用户眼中的形象，以及你能否在用户心中建立起信任感，这也最终影响你的产品能否成功销售。

朋友圈作为一个社交平台，承载了我们与朋友、亲人、同事和潜在客户之间的交流和联结。它提供了一个展示自我、分享生活点滴以及传递信息的平台。在这样一个广阔的舞台上，打造一个令人信赖且有吸引力的朋友圈需要我们重视一些细节。

首先，个人定位是打造朋友圈的重要一环。我们需要明确自己的身份、专业领域或兴趣爱好，并将其融入朋友圈中。通过在内容中展现对特定领域的热爱和深度思考，我们能够吸引具有相同兴趣的用户，建立起一种共鸣和亲近感。

其次，朋友圈的形象设计也非常关键。我们需要精心打磨文字、选择图片，以展示我们的个性和品味。美观、简洁、有趣的设计能够吸引用户的注意力，提升内容的可读性和分享度。同时，在设计上我们也应注意与目标受众的品味保持一致，让他们感受到我们的魅力和价值观。

最后，"装修"朋友圈也是一个重要环节。我们可以利用朋友圈的功能，如背景音乐、动态模板和个性化表情等，营造一个有趣、温暖和独特的环境。通过巧妙运用这些功能，我们能够吸引更多的用户留意我们的朋友圈，并持续关注我们的内容。

除了外在形象的打造，建立一个专属的朋友圈内容输出体系也是至关重要的。我们需要在内容上保持一致性和连贯性，形成自己的独特风格和价值主张。我们可以选择特定的主题或方向，围绕这些主题或方向展开深入的思考和讨论，吸引更多的用户与我们互动和交流。除此之外，定期更新内容、保持活跃度和互动性也是维护朋友圈内容输出体系的关键。

朋友圈文案的底层逻辑也是我们需要关注的重点之一。我们应该学会用简洁、明了和有趣的语言吸引用户的注意力，并在短短几句话中传递出我们的核心信息和价值。在撰写文案时，我们要注意语言的亲和力和易读性，避免使用过于专业或晦涩的词汇，以确保更多的用户能够理解、产生共鸣。

如何通过私域聊天促进成交也是我们需要关注的一部分。私域聊天是一种直接与潜在客户进行一对一交流的方式，具有很大的潜力和影响力。我们可以通过与用户建立良好的沟通纽带和信任关系，来了解他们的需求和痛点，并提供有针对性的解决方案。在私域聊天中，我们应该注重个性化的沟通，关注用户的反馈和问题，并积极回应和解决，从而增强用户的信任感和购买意愿。

总之，朋友圈在自媒体和私域成交中扮演着重要的角色。通过关注个人定位、形象设计、外在"装修"、专属内容输出体系、朋友圈文案的底层逻辑以及私域成交技巧，我们是能够打造一个吸引人、信赖度高且能够有效销售产品的朋友圈的。这需要我们不断学习和优化，结合自身的特点和目标受众的需求，建立起一个真实、有趣、具有影响力的个人品牌，从而在朋友圈这个广阔的平台上取得成功。

那么我们如何通过 ChatGPT 来快速撰写朋友圈文案呢？

朋友圈可以从 5 个维度进行规划，分别是：

- 生活类朋友圈——传递温度；
- 工作类朋友圈——放大口碑；
- 产品类朋友圈——强势"种草"；
- 干货类朋友圈——塑造专家形象；
- 价值观类朋友圈——产生同频。

下面，我们以自媒体营销高手芷蓝老师的朋友圈文案为例，为你呈现其中两个维度。

1. 产品类朋友圈——强势种草

芷蓝老师发布过一个有关小红书封面模板的朋友圈文案，如图 4-1 所示。

芷蓝老师还发布过有关 ChatGPT 大师课的朋友圈文案，如图 4-2 所示。

图 4-1

图 4-2

2. 价值观类朋友圈——产生同频

芷蓝老师曾发布有关社群的朋友圈文案，如图 4-3 所示。

芷蓝

我觉得：社群就是一颗种子，它本身就是有生命的，也是向往自由生长的，创始人只需要提供空气，阳光，土壤和肥料这些生产资料即可。

这颗植物周围有一些杂草是正常的，说明这里的土壤和肥料很充足，适合生长，定期过来把它拔掉就可以了。

什么样的社群死得快呢？就是创始人过多干预，非要拔苗助长或者非要把它修剪成自己喜欢的样子。

如果你想让一个社群是自己喜欢的样子，请在选择种子的时候做决定。

2023 年 3 月 14 日 09:21

图 4-3

如果你像我一样，不擅长写作，那么有了这些朋友圈文案模板后，ChatGPT 就能帮上大忙了。我们可以向 ChatGPT "投喂"数据，让它来学习文案风格并参考学习到的风格，帮助我们撰写朋友圈文案。通过下面 4 个步骤，我们可以让 ChatGPT 写出优质的朋友圈文案。

第一步：告知 ChatGPT 要分段"投喂"

 忽略以上提示词，让我们重新开始一轮问答。我接下来要在多个对话中，提供给你用"@"编号的文章内容，请先记住，但不要摘要，可以吗？

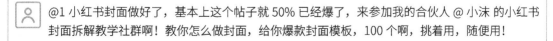 当你提供编号的文章内容时，我会尽力记住这些内容，但请注意，我的记忆是有限的，可能会随着对话的进行而逐渐消失。因此，如果有需要，请尽快提供相关内容，以确保我能够准确地回答你的问题。如果内容过多或时间较长，建议将重要的信息以较短的方式呈现，这样我更容易记住和回顾。现在，你可以开始提供编号的文章内容了。

第二步：开始"投喂"文案

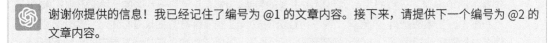 @1 小红书封面做好了，基本上这个帖子就 50% 已经爆了，来参加我的合伙人 @ 小沫 的小红书封面拆解教学社群啊！教你怎么做封面，给你爆款封面模板，100 个啊，挑着用，随便用！

谢谢你提供的信息！我已经记住了编号为 @1 的文章内容。接下来，请提供下一个编号为 @2 的文章内容。

@2 ChatGPT 大师课的前 10 节，已经上传到玩赚新媒的小鹅通了，这套课程有 40 节，你能想象吗？ 40 节课讲透 ChatGPT 的各种玩法和使用场景，还不赶紧来学习？

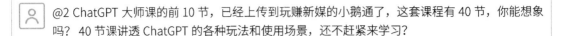 非常感谢你提供的信息！我已经记住了编号为 @2 的文章内容。接下来，请提供下一个编号为 @3 的文章内容。

 @3 我觉得：社群就是一颗种子，它本身就是有生命的，也是向往自由生长的，创始人只需要提供空气、阳光、土壤和肥料这些生产资料即可。这颗植物周围有一些杂草是正常的，说明这里的土壤和肥料很充足，适合生长，定期过来把它们拔掉就可以了。什么样的社群死得快呢？就是创始人过多干预，非要拔苗助长或者非要把它修剪成自己喜欢的样子。如果你想让一个社群是自己喜欢的样子，请在选择种子的时候做决定。

 非常感谢你提供的信息！我已经记住了编号为 @3 的文章内容。接下来，请提供下一个编号为 @4 的文章内容。

由于篇幅有限，我们只选取 3 个朋友圈文案进行"投喂"。如果你想把模型训练得更加精准，可以尽量"投喂"更多的文案；"投喂"的数量越多，训练的结果越好。

第三步：让 ChatGPT 结合"投喂"的内容学习文案风格

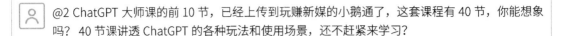 结合前面 "@1"~"@3" 的内容，分析这些内容的写作风格和写作技巧。

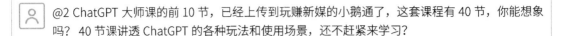 结合编号为 @1、@2 和 @3 的内容，我们可以分析出一些写作风格和写作技巧。

从编号为 @1 的内容可以看出，这段文章采用了促销和引导的写作风格。作者使用了强调词语，如"爆款封面模板""随便用"等，以吸引读者的兴趣并促使他们参加小红书封面拆解教学社群。同时，使用了带有个人化和亲切感的语言，如"参加我的合伙人 @ 小沫"的表述，增强了读者与作者之间的互动和信任感。

在编号为 @2 的内容中，作者采用了一种描述和推荐的写作风格。通过使用动词如"上传""讲透"等，以及名词如"玩法""使用场景"等，作者向读者展示了 ChatGPT 大师课的各种特点和价值，并鼓励他们积极参与学习。同时，作者使用了问句，营造了一种激发好奇心和引起读者思考的氛围。

在编号为 @3 的内容中，作者采用了比喻和观点阐述的写作风格。通过将社群比喻为一颗种子，作者生动地描述了社群的生命力和自由生长的特点。作者运用了一系列的比喻词语如"提供空气、阳光、土壤和肥料""修剪"等，将社群的成长过程与植物的生长过程进行了类比，深化了读者对社群管理的理解。此外，作者还提出了观点，强调了创始人在社群发展中的角色和影响。

综合来看，这些内容的写作风格比较活泼、直接和引人注目。使用了一些修辞手法，如比喻，以及情感化的语言，增加了文章的吸引力和说服力。作者注重与读者的互动，通过使用第一人称和直接呼唤读者的方式，增强了读者的参与感和亲近感。此外，作者还在一些内容中使用了问句和感叹句，引发读者思考和好奇心。

总体来说，这些内容的写作风格和写作技巧相互补充，旨在吸引读者的注意力，激发兴趣并促使他们采取行动。

第四步：让 ChatGPT 参考学习到的文案风格进行改写

根据你刚刚学到的技巧，写一个关于个人成长的朋友圈文案。

@4 每一次蜕变都是一次成长的机会。人生就像一本书，每一页都写满了我们的经历和故事。有时，我们需要放下过去的章节，勇敢地翻开新的一页。这是我们成长的时刻。

成长不仅是身体的增长，更是心灵的升华。在面对挑战和困难时，我们能够不断超越自己，学会坚持和承受。每一次克服困难，我们都在迈向更好的自己。在追逐梦想的道路上，我们积累着勇气和智慧，成长为更强大的个体。

成长是一场内心的旅程。通过不断学习和反思，我们拓展了自己的思维边界，拥抱新的知识和观点。我们从经历中汲取智慧，从错误中获得教训，以更明智的眼光看待世界。在这个过程中，我们不断调整自己的态度和行为，变得更加成熟和自信。

成长是与他人的连接。我们在人际关系中学会了理解和包容，从互动中获得启示和共鸣。与亲人、朋友和同事的相处，让我们感受到爱和支持的力量。他们在我们成长的路上陪伴着我们，给予鼓励和指引，让我们更加坚定地追求自己的梦想。

让我们在成长的旅途中保持谦卑，保持对未知的好奇心。每一天都是我们前进的机会，每一次经历都是我们成长的阶梯。让我们相信自己的潜力，勇敢地去追求，不断挑战自我，成就更好的自己。

成长 # 奋斗 # 梦想 # 坚持 # 自信

除了让 ChatGPT 参考优秀的朋友圈文案模板进行改写，我们还可以直接拟定一个主题，提出相关要求，让 ChatGPT 来写。

忽略前面所有的提示词。你现在是一名文案写作大师，帮我写一篇朋友圈文案。

主题：周末陪娃去采茶，丢掉书本，不上补习班，缓解育儿焦虑，学习是孩子自己的事情，我们只需要给他足够的爱，让他爱这个世界，对世界充满好奇，让他自己去探索就够了。

周末陪娃去采茶，放下繁重的书本，告别补习班的焦虑，让他们自由地成长。

学习应该是孩子自己的旅程，我们只需要给予足够的爱，让他们热爱这个世界，充满好奇心，去探索未知的奇迹。让孩子拥有快乐的童年，让他们的心灵自由地绽放！

＃陪伴成长 ＃自由探索 ＃快乐童年

不要把我的原话抄下来，要进行改写。

 周末与孩子一起走进茶园，摆脱沉重的教科书，告别补习班的焦虑。

我们相信，学习是孩子自己的旅程，而我们的角色是给予无限的爱，让他们热爱这个世界，充满好奇心，勇敢探索未知的奇迹！让我们一起陪伴他们享受快乐的童年，让他们的心灵自由绽放！

＃陪伴成长 ＃自由探索 ＃快乐童年

可以增加一些细节吗？

 周末我们一同踏入翠绿的茶园，享受大自然的呼吸，摆脱繁重的教科书和补习班的压力。这是一次与孩子一起亲近大自然的机会，让他们感受茶叶的芬芳气息，学习茶文化的同时滋生内心的平静与感悟。

我们坚信，学习不仅仅是课本知识，更是探索和发现的旅程。我们希望给予孩子足够的爱，勇敢地踏上自己的探索之路，让他们自由地爱上这个多彩的世界，对未知充满好奇心。他们可以通过亲身体验茶叶采摘的乐趣，感受到自然的奇妙，培养独立思考和创造的能力。

在这个快节奏的社会中，我们希望孩子能够享受快乐的童年，让他们的心灵自由地绽放。因为只有在自由的环境中，他们才能发现自己的潜力，培养独特的兴趣爱好，成为真正独立思考和积极探索的个体。

让我们一起陪伴孩子，让他们在茶园中感受自然的奇迹，培养对生活的热爱和好奇心。让他们的童年充满自由、快乐和美好的回忆！

＃陪伴成长 ＃自由探索 ＃快乐童年

ChatGPT 最终给出了这样一个朋友圈文案，它看起来比较令人满意。

即使你的文采并不出众，但如果你是一个热爱生活、拥有积极态度的人，一个善于观察生活并对世界和人生有独特见解的人，那么你也能通过 ChatGPT 创作出富有生命力的朋友圈内容。

我们可以将 ChatGPT 比作一个出色的厨师，而你则是提供新鲜原材料的供应商。只有当你提供新鲜且有趣的原材料时，ChatGPT 才能将它们加工成美味的菜肴，体现你的个人经历并赋予你个性魅力，帮助你打造一个充满生活气息的朋友圈。

此外，你的独特观察力和见解对训练 ChatGPT 至关重要。要学会观察生活中的点滴细节，捕捉那些让你心动、感动或发人深省的瞬间。它可以是一朵盛开的花、一次街头艺人的演奏，或一杯香浓的咖啡。这些细节将成为 ChatGPT 创作的素材，它会帮助你加工和组织，使你的朋友圈内容更加生动有趣。

同时，不要忘记让 ChatGPT 了解你的情感和个性特质。在分享个人经历、喜好和思考时，要让 ChatGPT 通过你的语言风格和情感表达更好地将你的人格魅力与内容相结合，从而使每篇朋友圈内容都成为独一无二的创作，彰显出你与众不同的个性和魅力。要学会让 ChatGPT 成为你的得力助手，共同创作出生动的朋友圈内容，从而吸引和鼓舞你的读者。

4.2　用 ChatGPT 写小红书笔记

4.2.1　小红书简介

小红书是一款社区驱动型电子商务应用程序。最初，该平台以分享购物经验和推荐产品为主要内容，用户可以在小红书上发布和浏览各种产品的照片和评论。初期，小红书的内容主要涵盖美妆、服装和家居用品，其独特的定位吸引了大量年轻用户的关注，特别是女性用户。小红书为用户提供了一个探索新产品、获取购物建议以及分享个人购物经验的平台。

4.2.2　普通人借助小红书打造个人 IP

近年来，小红书迅速崭露头角，成为最受欢迎的自媒体平台，被广泛用于个人 IP 的打造和推广。这一现象的出现得益于小红书独特的平台特点和属性，让它在众多的社交媒体平台中脱颖而出。

小红书的用户群体极其活跃，且呈现出多元化的特点。用户在这里分享各种生活经验和购物心得，形成了一个独特的社区环境。这个社区环境以其开放和交流的氛围吸引了大量的博主和粉丝加入。

在这个平台上，每个用户都可以成为内容的创造者，分享自己的生活方式，推荐自己喜欢的商品，发表自己的观点和想法。这种从底层用户出发的内容生产方式促进了小红书的内容生成数量和多样性，让每个用户都有机会在这个平台上打造个人 IP。

小红书的社交电商特性将传统的电商购物场景转变为一种全新的社交场景。在这个场景中，用户不仅仅是购物，更是通过分享和交流获取信息和购物灵感。这种所见即所得的购物方式极大地丰富了用户的购物体验，也让购物变得更加有趣、富有个性。

小红书的内容展示方式也给用户带来了全新的体验。每个博主都可以通过文字、图片、视频等多种方式来展示自己的内容，这让用户在获取信息的同时，还能感受到博主的生活态度和品味，从而对博主产生好感和更深的认同感。

小红书提供了丰富的营销工具和推广方式，如标签、话题、活动等，这些工具不仅可以帮助博主更好地推广自己的内容，也可以让粉丝更容易找到自己感兴趣的内容，从而进一步促进博主和粉丝之间的互动和交流。

此外，小红书是一个充满机遇和挑战的平台，它以其独特的平台特性和用户群体，成功地将自己打造成了一个适合普通人打造个人 IP 的自媒体平台。无论你是博主还是粉丝，都可以在这个平台上找到属于自己的一片天地。虽然这个过程并不容易，但是只要你有热情、创造力和毅力，你就有可能让小红书成为你实现梦想的地方。

4.2.3 如何写出小红书爆款笔记

如果你渴望在小红书上取得成功，首要之事就是学会如何分享引人入胜的故事、独特的经验和独到的观点，进而成为一个深具影响力的创作者，而我们目前的首要任务是学习如何在小红书上撰写一篇深得人心的爆款笔记。

要写出一篇爆款的小红书笔记，你需要知道以下几个关键要素。

1. 了解你的受众

了解你的目标受众是什么样的人，他们喜欢什么样的内容，他们的需求是什么。这样做可以帮助你写出更符合目标受众兴趣和品味的内容，从而吸引他们的注意力。

2. 选择热门话题

选择正在流行的或者广受关注的话题来写笔记。这样做可以让你的笔记更容易被搜索到，从而获得更多的阅读量。

3. 提供有价值的信息

你的笔记应该提供对读者有价值的信息。它们可以是一些实用的建议、有趣的知识点或者独特的观点，可以让读者在阅读你的笔记时有所收获，从而提高他们分享笔记的可能性。

4. 使用吸引人的标题和图片

吸引眼球的标题和图片可以大大提高笔记的点击率。你应该尽可能使用简洁明了、有吸引力的标题和高质量的相关图片。

5. 注重笔记的可读性

你的笔记应该易于阅读、结构清晰、语言简洁。你可以使用一些格式化工具，对标题、子标题、列表、段落等进行调整，提高笔记的可读性。

6. 参与互动

你应该积极地在笔记评论区与读者互动，及时回答读者的问题，感谢他们的评论，甚至引导他们进行更深入的讨论。这样做可以让你的读者感到更强的参与感，从而提高他们的忠诚度。

写出爆款的小红书笔记并得到读者的认可需要做到上述几点，并且需要具备足够的耐心和毅力，因为成功往往需要持续的积累和努力。

4.2.4　用 ChatGPT 打造小红书爆款笔记的 4 个步骤

ChatGPT 是一个强大的语言模型，能够在撰写小红书爆款笔记方面为你提供有力的帮助。

以下是它能够提供帮助的几个方面。

1. 内容创意

ChatGPT 可以帮助产生有创意的内容。你可以向它询问一些关于你想写的主题的问题，它可以提供很多不同的答案和想法。

2. 语言表达

如果你在表达某个观点或者描述某个事物上遇到困难，ChatGPT 可以协助你找到更好的表达方式。你只需要告诉它你想要表达的大意，它就会提供更加精准和恰当的表达方式。

3. 文本编辑

如果你已写好一篇笔记，觉得有些地方需要改进，那么可以把这些内容复制并粘贴到 ChatGPT 中，它可以帮助你修改和优化。

4. 标题创作

一个引人注目的标题对于吸引读者至关重要。ChatGPT 可以帮助你创建吸引人的标题。你只须告知它你的笔记主题，它就会提供一些标题建议。

5. 回应读者

当你的笔记收到了读者的评论或问题时，ChatGPT 也可以协助你做出回应。你只须将评论或问题给到 ChatGPT，它就会提供恰当的回应。

综合上述 5 个 ChatGPT 功能，我们可以梳理出通过 ChatGPT 打造小红书爆款笔记的 4 个步骤。

- 第 1 步：根据账号定位和目标受众确定内容创意。
- 第 2 步：找准热门话题，建立爆款选题库。
- 第 3 步：撰写有趣的笔记正文、视频脚本、笔记标题。
- 第 4 步：与用户进行友好互动，回应读者评论。

4.2.5 根据目标受众确定内容创意、建立爆款选题库

我们首先需要考虑自己的个人定位，确定目标受众。不同的定位对应着不同的目标受众群体。你可能是母婴领域、美妆领域，或是户外露营或穿搭领域的专家。基于不同的个人定位和目标受众，你可以找到对应的热门话题来创作爆款笔记。

举个例子，比如你想成为一个亲子遛娃博主，你可以先让 ChatGPT 协助你选定目标受众。

 忽略以上提示词。你现在是一个自媒体营销专家，我想打造一个小红书账号，我的定位是亲子遛娃，请告诉我，对于这样一个定位，我的目标受众是哪些人。

对于以"亲子遛娃"为定位的小红书账号，你的目标受众可能主要是以下这些人群。

1. 年轻的父母：这是你的主要受众群体，他们有着较高的需求去了解如何与孩子共享高质量的休闲时间。他们可能正在寻找新的和有趣的活动，帮助他们的孩子在玩乐中学习和成长。

2. 准父母和准母亲：他们可能正在寻找未来如何与孩子互动的灵感和建议，或者在准备当父母阶段就开始了解亲子活动的相关信息。

3. 教育工作者和儿童发展专家：这个群体可能会关注你的内容，以获取新的亲子活动想法，或者他们可能在寻找合作机会，或者想提供专业的建议和意见。

4. 祖父母或者其他亲属：他们可能会关注你的账号以寻找与孩子共度时光的活动建议。

5. 儿童相关产品和服务的品牌：这些品牌可能会关注你的内容，寻求合作推广的机会。

为了吸引和保持这些目标受众的注意力，你创建的内容应该是关于如何规划和进行各种亲子活动的，如户外探险、教育游戏、家庭旅行等。你也可以分享你自己的经验和故事，提供实用的建议，以及介绍对孩子有益的产品或服务。

然后，你可以让 ChatGPT 帮助你策划 20 个选题。

 根据以上定位和目标受众，帮我策划 20 个爆款选题。

当然，根据你的"亲子遛娃"的主题，以下是一些可能的爆款选题。

1. "带孩子去野餐的 10 个创新想法"

2. "户外探险：如何安全又有趣地带孩子出游"

3. "亲子烹饪：让孩子参与的 5 个简单食谱"

4. "教育游戏：室内活动中的学习与娱乐"

5. "5 个让孩子热爱阅读的绘本推荐"

6. "10 个孩子喜欢的健康零食"

7. "亲子瑜伽：如何让孩子爱上运动"

8. "亲子艺术项目：创新和创作的乐趣"

9. "孩子的第一次露营：必备清单和活动建议"

10. "3 个让孩子热爱自然的户外活动"

11. "如何规划一个孩子会喜欢的生日派对"

12. "雨天宅家：5 个孩子会喜欢的室内游戏"

13. "环保亲子：教孩子如何热爱和保护地球"

14. "孩子的情绪管理：如何引导孩子正确表达情绪"

15. "亲子旅行：如何规划一次无压力的家庭旅行"

16. "5 本适合孩子的科普书推荐"

17. "如何帮助孩子形成良好的时间管理习惯"

18. "10 个提高孩子观察力的游戏活动"

19. "亲子共读：如何让阅读变成家庭的习惯"

20. "孩子的安全教育：我们需要知道的基础知识"

这些主题都是关于亲子活动的，既包含了教育元素，又具有娱乐性，符合你的目标受众的需求和兴趣。希望这些建议能对你有所帮助！

在选择选题时，你不仅可以借助 ChatGPT，还可以使用之前介绍的 5118 网站来筛选小红书平台上的热门关键词。通过综合使用 ChatGPT 和 5118 网站所做的数据分析，你可以做出更加精准的决策。

在确定选题方向后，你可以针对其中一个选题去探索其子选题。比如，你可以针对"带孩子去野餐的 10 个创新想法""户外探险：如何安全又有趣地带孩子出游""孩子的第一次露营：必备清单和活动建议"这几个大选题，进行进一步的探索。

 带孩子去野餐的 10 个创新想法；户外探险：如何安全又有趣地带孩子出游；孩子的第一次露营：必备清单和活动建议。请针对以上 3 个主题，再给我推荐一些爆款子主题。

当然，以下是针对你提供的 3 个主题的一些可能的爆款子主题。

1. 带孩子去野餐的 10 个创新想法

"制作创意野餐食物：为孩子定制的健康美味"

"户外游戏：野餐时的亲子活动"

"环保野餐：如何教育孩子保护环境"

"如何打包野餐篮：实用清单和技巧"

"孩子的户外艺术：野餐时的创作乐趣"

2. 户外探险：如何安全又有趣地带孩子出游

"户外安全：为孩子准备的急救技巧"

"寻宝游戏：户外探险的创新方式"

"自然科学：通过户外探险学习自然"

"户外摄影：记录你们的探险旅程"

"适合全家的户外健身活动"

3. 孩子的第一次露营：必备清单和活动建议

"露营装备：为孩子准备的实用物品"

"露营活动：增强孩子的户外生存技能"

"露营烹饪：简单又美味的露营食谱"

"夜间观星：露营时的科学活动"

"让露营变得有趣：创新的露营游戏和故事"

以上的子主题都能深入主题，提供更具体的信息和建议，能够引起你的目标受众的兴趣和参与。

ChatGPT 就每个选题又推荐了 5 个子选题。借助这种方式并结合之前给出的 20 个爆款选题，我们可以快速建立一个至少包括 100 个选题的选题库。这样一来，我们再也不会为日常的内容创意而发愁了。

当然，尽管有了这些选题，我们也需要结合实际情况和当前的热点话题来筛选更适合的选题。因为 ChatGPT 生成内容的底层逻辑是基于上下文语义的训练，它并不能了解当前的一些真实情况，所以有了选题库之后，下一步就要结合小红书平台的真实数据筛选出真正的爆款选题。我们可以利用 ChatGPT 给出的建议，在小红书平台上进行搜索，了解这个选题的热门指数和趋势，从而更准确地选择适合的爆款选题。做到这一点的最简单的方式是搜索关键词，查看搜索结果中的笔记数量，如图 4-4 至图 4-8 所示。

图　4-4

图　4-5

图　4-7

图　4-6

图　4-8

我们可以看到，根据以上关键词的搜索结果，亲子露营（超过 80 万篇笔记）是这几个选题中最热门的一个选题。

4.2.6 撰写笔记标题和笔记正文

首先，我们利用 ChatGPT 来撰写笔记标题。

 为亲子露营这个主题，设计 10 个吸引眼球的小红书笔记标题。

 以下是为亲子露营主题设计的 10 个吸引眼球的小红书笔记标题。

1. "背包准备大全：让孩子的露营之旅更加顺利"

2. "野外厨房：和孩子一起体验露营烹饪的乐趣"

3. "生存技能 101：露营中让孩子学会的必备技能"

4. "亲子露营的成长故事：孩子在大自然的课堂中学习和成长"

5. "与孩子共享的露营乐趣：我们的亲子时光"

6. "露营地图寻宝：带孩子寻找完美的露营地点"

7. "露营记忆：我和孩子的露营瞬间"

8. "露营安全必读：在享受大自然的同时保护孩子的安全"

9. "星空下的故事时间：露营中的天文教育"

10. "露营趣味游戏：让孩子在大自然中尽情玩耍"

接下来，开始撰写笔记正文。我们同样可以向 ChatGPT 询问小红书笔记正文的基本框架，并让其写一篇有关露营准备工作的小红书笔记。

你知道小红书爆款笔记的文案框架吗？

小红书爆款笔记的文案框架大致可以分为以下几个部分。

1. 标题：这是笔记的第一印象，必须吸引人，并准确描述笔记的内容。标题应简洁明了，有吸引力，能够激发读者的好奇心或者直接解答他们的问题。

2. 引子：在笔记的开头部分，你可以用一两句话来引起读者的注意，激发他们的好奇心。这可以是一个问题、一个故事的开头，或者一个有趣的事实。

3. 主体内容：这是笔记的主要部分，你应该在这里分享你的观点、经验、故事或者教程。内容应该是有用的、有价值的，并且和你的标题以及引子部分保持一致。

4. 结尾：这是笔记的收尾部分，你可以在这里总结你的笔记，提出你的建议，或者引导读者进行下一步的动作，例如购买产品、参与讨论等。

5. 图片 / 视频：小红书是一个以图片和视频为主的平台，因此高质量的视觉内容是非常重要的。你的图片或视频应该和你的文案内容相符，能够吸引人的注意力，并提供更多的信息或者视觉享受。

以上就是一个基本的小红书爆款笔记的文案框架，希望对你有所帮助。

根据"引子、主体内容、结尾"三段式的结构，写一篇小红书风格的笔记，添加适当的表情符号。

笔记标题："背包准备大全：让孩子的露营之旅更加顺利"

要求：不要出现"引子""主体内容""结尾"这些词，不要解释，直接写内容。

🎒背包准备大全：让孩子的露营之旅更加顺利🌲

打包行李是露营之旅的首要任务，但如何确保我们没有漏掉任何重要的物品呢？🧳让我带你一起检查背包清单！

开始我们的露营准备之旅吧！首先，我们需要适合孩子的背包🎒，要足够大，能装下所有的露营装备，但也不能太重，孩子需要轻松承载它！再来，必不可少的是帐篷⛺和睡袋，保暖舒适是我们的首要目标。别忘了携带一些快餐🍙和零食🍫，以防孩子在旅途中饿了。

我们还需要备一些防晒霜、防蚊液和一些必备的急救用品🩹。

最后，不要忘记带上娱乐用品，例如卡片游戏🎴或者折纸书，让露营的夜晚更加有趣！

现在，我们的背包已经装满了我们的露营物资，孩子也已经准备好开始他们的冒险之旅🏕️。让我们一起期待露营之旅能带来更多的乐趣和美好的回忆🎸。让我们一起出发吧🛵！

总的来说，ChatGPT 生成的小红书笔记文案中规中矩，基本符合小红书文案的基本要素和写作风格，但是它还不够完美，有一定的改进空间。接下来，我们可以对这篇笔记进行进一步优化。

对于小红书的粉丝来说，当他们在小红书上搜索生活经验时，他们希望能够获取更多实用的技巧和细节，而不仅仅是泛泛而谈的概述。为了满足这一需求，我们可以在小红书上寻找一些成功的案例作为参考。下面，我们看几篇热门的亲子露营小红书笔记，并对其进行详细的讲解。几篇热门的亲子露营小红书笔记封面和标题如图 4-9、图 4-10、图 4-11 所示。

图 4-9　　　　　　　　　　图 4-10　　　　　　　　　　图 4-11

除了标题和笔记正文，小红书的图文爆款笔记还需要吸引人的图片。但在这里，我们仅对文字部分进行讲解。

对于亲子露营这一话题，装备篇是主打内容，其中详细的装备清单、轻装备、经济实惠等是关键词。

我们可以将其中一篇笔记的文字复制下来，"投喂"给 ChatGPT 去学习；另外两篇笔记也可以采用同样的方法供 ChatGPT 学习。由于小红书 APP 上无法直接复制文字，我们可以将小红书笔记链接复制到计算机浏览器中打开，这样就可以在网页上复制小红书笔记的文字，如图 4-12 所示。

图 4-12

我们提取出文字后，将其"投喂"给 ChatGPT 进行分析。

春日露营计划 | 轻装不过夜露营装备

带娃野餐不过夜露营，一定以轻便、齐全为主，装备全来自淘宝、pdd

蛋卷桌：铝合金最轻，尺寸 90cm*55cm*50cm

天幕：防雨防晒，尺寸 3m*4m 即可

营地车：选收纳体积最小就对了

帐篷：选一键收纳型

野餐垫：爆款黄色格子最出片，但招虫子

折叠箱：买侧开门方便，炉火放上面，不要太合适

野餐篮：轻、收纳方便、配冰袋 yyds

吊床：鸡肋，户外很少遇到树林

充气沙发：舒适，没风吹不起来就尴尬了

桌布：首选防水防油

水袋：又轻又方便、巨实用、煮粥煮菜一袋搞定

折叠椅：轻便很重要，不建议克米特

烤盘：36cm，实用，但是对炉子有要求，后面说

宝宝蒸锅：带娃必备，煮粥、蒸馒头，喂饱娃是重点

煮锅：原谅我选了玻璃锅完全为了高颜值

收纳盒：强推，腌肉、腌鸡翅、干净蔬菜的最好去处，配野餐篮用，绝佳

氛围灯：傍晚那刻挺美

炉子：火枫炉头、卡式炉，为啥买两个，后面说

气罐：炉子配套即可

防风圈：卡式炉必备，风大必备

敲重点：为啥备 2 个炉子，烤盘很好用，但是烤盘太大覆盖了气罐，容易引发安全事故。最先入手的卡式炉，有次出游因为烤盘覆盖卡式炉导致气罐很烫，马上又购置了炉头，气罐分离，避免危险发生。外出游玩安全很重要，如果预算充足，打算冲颜值，直接上 baker stone 贝壳双头炉。

关于宝宝外出必备：

野餐露营地多有水和湿地，最好能带雨鞋，防虫踩水都很好用

为了娃能吃饱，馒头、面条、鸡蛋必带

必备玩具：泡泡、风筝、网兜、水枪

关于露营装备使用体验感受另外发了一篇文，大家可以参考，理性购买

春日露营计划 # 露营装备 # 武汉露营

这篇小红书文案的写作风格和写作技巧主要有以下几点。

1. 详尽的清单：作者提供了一份非常详尽的露营装备清单，包括了露营所需的各种物品，如帐篷、桌子、食品等。每个物品都有详细的介绍和推荐理由，这使得读者可以轻松地根据自己的需求来选择和购买装备。

2. 个人体验和建议：作者不仅列出了露营装备，还分享了自己的个人体验和建议，如选择一键收纳型的帐篷，选防水防油的桌布，炉子需要买两个等。这种亲身体验的分享使得文章更具说服力和吸引力。

3. 照顾到特殊需求：作者特别提到了带娃露营的特殊需求，如煮粥、蒸馒头、喂饱娃是重点，以及关于娃的外出必备等。这种照顾到特殊需求的写作方式，能更好地满足不同读者的需求。

4. 明确的标签：作者在文末使用了明确的标签，如 # 春日露营计划 # 露营装备 # 武汉露营。这样一来，读者可以通过标签快速找到自己感兴趣的内容，同时也能增加文章的曝光率。

5. 注意安全：作者强调了露营活动的安全性，提醒读者在使用某些装备时需要注意安全，这是一个非常贴心的提示。

6. 语言简洁明快：作者的语言简洁明快，没有过多的修饰，使得信息传达非常清晰，读者可以快速获取自己需要的信息。

下面，基于 ChatGPT 已经学习到的热门文案框架，我们让 ChatGPT 改写前面的笔记内容。

 参考以上写作风格和写作技巧，根据"引子、主体内容、结尾"三段式的结构，写一篇小红书风格的笔记。

笔记标题："背包准备大全：让孩子的露营之旅更加顺利"

要求：不要出现"引子""主体内容"这些词，不要解释，直接写内容。

让孩子感受大自然的魅力，露营是一个绝佳的选择。可是，你知道如何为他们的露营之旅做好准备吗？别担心，这篇文章将会告诉你一切。

露营背包装备清单：从睡袋到帐篷，从食物到急救包，让我们一步步看下去。

1. 帐篷：选一键收纳型，轻巧又方便。

2. 睡袋：保暖是关键，选择合适的温度级别。

3. 烹饪用具：带上便携式炉子和锅碗瓢盆，别忘了儿童喜欢的食物或零食。

4. 灯具：露营地可能会很暗，带上头灯或手电筒。

5. 水和食物：健康的食物和充足的水是旅途中的能量来源。

6. 衣物：依据天气预报和活动计划准备衣物，别忘了防晒帽和防雨衣。

7. 急救包：应对小伤小病，带上创可贴、防蚊液、晕车药等。

8. 娱乐用品：带上孩子喜欢的玩具，如风筝、球类，让露营更加有趣。

每一个孩子都期待冒险，但是作为父母，我们的任务是确保孩子的安全和舒适。选择适合的装备，做好充分的准备，是成功的露营之旅的关键。

希望这篇文章能帮你为孩子的露营之旅做好准备，让他们在大自然中畅享乐趣，学习新知识，并结交新朋友。让我们一起，为孩子创造美好的露营回忆吧！

露营装备 # 亲子露营 # 户外冒险

这篇改写后的笔记风格和内容细节更贴近小红书用户的需求。如果你想让 ChatGPT 更好地为你撰写小红书的内容，那么在日常生活中，你要多花时间去研究市场竞争对手，仔细分析热门笔记的文案结构，从而建立一套属于自己的文案模板库。

总之，正如 4.1 节中介绍的各种不同的朋友圈模板，小红书的文案创作也遵循同样的原则。一旦拥有了自己的文案模板库，无论你想撰写什么类型的笔记，都可以将模板和素材交给 ChatGPT 进行深度加工。这就像汽车制造厂的生产线，你只需要将原材料放置在生产线上，根据预先编制的程序，生产线就能打造出一辆完美的汽车。

4.3 用 ChatGPT 写中视频脚本

4.3.1 抖音、西瓜视频的中视频计划

中视频计划是 2021 年抖音和西瓜视频等平台推出的一个项目，旨在鼓励原创内容的创作和分享。它允许用户在字节跳动旗下的抖音、西瓜视频、今日头条这三大平台上发布原创横屏视频，并从中获取收益。收益的实际数额是根据视频的播放时长、内容质量、受众群体等因素综合计算的。比如，在西瓜视频上搜索"电影解说"，搜索结果如图 4-13 所示。

图 4-13

如果你是抖音和西瓜视频的重度用户，那么你可能会发现电影解说类的视频在这两个平台上热度很高。无论是大型制作工作室还是个人创作者，都在积极投身于这种类型的视频创作。他们的目的很明确：通过创作优质内容吸引观众的关注，从而获取收入。

电影解说类视频主要是对电影的剧情、角色、主题等进行深度的解析和评论。这种类型的视频能够让观众更深入地理解电影，并享受到电影之外的乐趣。它们在娱乐性和教育性之间取得了巧妙的平衡，深受用户喜爱。

制作电影解说类的视频需要一定的专业知识和技能。例如，解说者需要对电影制作技术、剧情结构、角色塑造等方面有深入的了解。此外，他们还需要具备出色的口才和语言表达能力，以便把复杂的电影知识用简洁明了的语言传达给观众。因此，制作电影解说类视频既是一门艺术，也是一门技术。

虽然电影解说类视频的制作难度较高，但是在抖音和西瓜视频这样的平台上，只要视频的播放量足够高，就有可能带来可观的收入。对于那些愿意投入时间和精力制作高质量内容的创作者来说，电影解说类视频是一个不错的收入来源。

在这个过程中，创作者和平台形成了一种互利关系。创作者通过制作优质的电影解说类视频吸引了大量的观众，从而提高了自己的知名度和收入。而平台通过提供优质的内容，吸引了更多的用户，从而提高了自己的流量和影响力。在中视频计划中，播放量达到 1 万的视频的收益大约为 20 元至 100 元。视频收益由视频质量、视频播放时长、视频的完播率等因素决定。

电影解说类视频已经在抖音和西瓜视频等平台上取得了显著的成功，成为热门的内容类型。然而，作为创作者，我们需要认识到创作这类内容所面临的独特挑战。

首先，我们必须承认这个行业处于不断发展和变化中，这要求我们必须持续学习、更新知识和技能以保持竞争力。电影解说不仅涉及电影知识，还包括解说技巧、叙事方式、影片剪辑技能、观众心理学，等等。我们需要深入学习和了解这些领域，而这需要付出时间和努力。

其次，我们还需要在众多电影作品中挑选适合解说的题材。这不仅涉及选择电影类型，还关乎理解观众的需求和兴趣。我们需要了解哪些电影和主题能吸引观众的注意，哪些电影和主题可能引发观众的情感共鸣，以及哪些电影和主题能提供教育性或启发性的内容。这个选择过程是一个不断深入的研究过程，需要我们投入大量的时间和精力去了解和研究用户的兴趣和反馈。

尽管电影解说类视频领域竞争激烈，但只要掌握解说的逻辑和方法，就有可能打开成功的大门。实际上，电影解说思路可以扩展到任何领域。无论是美食、娱乐、科技、历史、名人，还是未解之谜，或个人的生活经验，都可以进行解说。解说的关键在于如何将这些内容转化为有趣、引人入胜的故事。

你的解说角度需要独特和新颖。如果能找到一个新的视角，一个别人没有考虑过的角度，那么就有可能创造出新的视听体验，吸引更多的观众。这种独特视角可能源于个人经验、知识、观察力或洞察力。你需要学会观察和思考，从不同角度看待事物，从而找到那些别人没有发现的视角。

我们还需要认识到，创作本身就是一种长期的努力过程。初期可能不会立即取得巨大的成功，但只要持续努力、改进和学习，就有可能获得成功。每一个解说视频都是一次学习和成长的机会，每一次反馈也都是一次改进的机会。需要学会从失败中吸取教训，从成功中获得信心，从过程中找到乐趣。这种持久的决心和耐心，将成为创作道路上取得成功的关键。

同时，创作也是一种享受。你可以享受创作和解说的过程、与观众互动的过程。这种享受将成为你持续创作的动力，也是你在创作过程中获得满足感的源泉。

电影解说是一种需要技巧、知识、耐心和热情的"艺术形式"。无论你的目标是什么，无论你的背景如何，只要你有热情、创造力和决心，你就有可能在电影解说这个领域找到自己的位置。只要不断探索新的解说角度和创作方式，挖掘独特的内容，与观众建立联系，并借助社交媒体平台的广泛传播力，你的作品就会有更多的机会被人们喜爱和认可。

4.3.2 让 ChatGPT 为你赋能中视频创作

过去，制作电影解说类视频和参与中视频计划通常由专业工作室主导，只有它们才能获得理想的收入。然而，现在有了 ChatGPT 这样的助手，它可以帮助你撰写电影解说文案，使你以一敌十，也能够像专业工作室一样制作电影解说类视频，并通过媒体矩阵来助你创造收益。如果你想在业余时间找一份兼职工作，这无疑是一个理想的选择。

下面演示一下如何使用 ChatGPT 撰写电影解说文案。由于 ChatGPT 目前只具备截至 2021 年 9 月的知识，所以我们在选择要解说的电影时，尽量选择老电影。一些年代久远的电影的解说视频也能在西瓜视频等平台上获得较高的播放量。

我们可以在豆瓣电影里搜索一些评分较高的电影作为我们的解说对象。比如，我们可以选择 21 世纪初的电影，这段时期出了很多经典电影。豆瓣电影上排名靠前、评分超过 9 分的电影，都可以作为解说对象。让我们选择《当幸福来敲门》这部高分电影作为例子来看看如何借助 ChatGPT 撰写电影解说文案。我们可以让 ChatGPT 扮演电影评论家的角色，让它生成相关影评。

我想请你扮演电影评论家。你将撰写一篇引人入胜、有创意的电影评论。你可以涵盖情节、主题和语气、演技和角色、导演、配乐、摄影、制作设计、特效、剪辑、节奏和对话等方面的话题。最重要的是强调这部电影让你有何感受，哪些地方让你印象最深刻。你也可以对电影提出批评。请避免剧透。我的第一个请求是："我需要为电影《当幸福来敲门》撰写一篇影评。"

题目：《当幸福来敲门》：追寻内心真正的幸福之旅

导演：Gabriele Muccino

主演：威尔·史密斯、贾登·史密斯

评分：★★★★☆

《当幸福来敲门》是一部令人难以忘怀的电影，它不仅是一个感人至深的故事，更是一次对内心追求真正幸福的探索。导演 Gabriele Muccino 以细腻的情节描写和深刻的主题，带领观众踏上了一段情感之旅。

该片以真实故事改编而成，讲述了克里斯·加纳（威尔·史密斯饰）的生活经历。他是一个不幸的推销员，面对经济困境和家庭破裂的压力，他决定追寻自己真正的梦想，为自己和儿子克里斯托弗（贾登·史密斯饰）创造一个更好的未来。

首先，我必须称赞威尔·史密斯的出色演技。他通过克里斯的形象将观众带入情感的漩涡。从一开始，他将角色的内心矛盾和挣扎表现得淋漓尽致。无论是悲伤、希望还是坚毅，他的演技让观众与他产生强烈的共鸣。

导演 Gabriele Muccino 以出色的制作设计和摄影手法展现了克里斯内心的孤独与挣扎。摄影镜头的运用巧妙地传达了角色情绪的变化，让观众仿佛置身于故事中。特效的运用相当自然，没有过多的修饰，使得观影体验更加真实和贴近现实生活。

影片的配乐也值得一提，它在情感上与剧情紧密相连。每一首音乐都恰到好处地衬托了场景的氛围，让观众更加投入于故事的情感表达。配乐与剧情的完美融合让人们感受到了电影的魔力。

剪辑和节奏的处理也非常出色。故事的推进没有任何拖沓感，每一个情节都紧凑且引人入胜。导演通过对话的方式展现了克里斯和其他角色之间的关系，对话精彩而真实，让人不禁思考人生的意义和追求。

尽管这部电影表现出人性中的黑暗面和社会不公，但它也透露出希望的种子。它告诉我们，即使在最困难的时刻，只要我们保持信念并为之努力奋斗，幸福会悄悄降临。

然而，有一点让我略感遗憾的是，有些情节在展开时显得过于简洁。我希望能够更深入地了解克里斯的内心世界和人物关系的演变。这可能是因为电影时长的限制，但我相信如果有更多时间去探索这些细节，故事将更加丰富。

总的来说，电影《当幸福来敲门》是一部感人至深、引人入胜的作品。它通过细腻的情节、出色的演技和精心的制作，将观众带入一个关于追寻内心真正幸福之旅的动人故事。这部电影深深触动了我，让我重新审视生活的意义，并坚信只要努力不懈，幸福将会在我们的脚下敲门。

前面的提示词直接生成了一个完整的影评，但是生成的影评过于笼统，没有达到像西瓜视频等平台中那些精彩的解说词水平。如果对生成的结果不太满意，我们可以进行优化。

你还记得在讲解设定提示词的 4 个高级技巧中的分步思考法吗？在撰写电影解说词时，我们可以用到这个技巧。

我想请你扮演电影评论家，为电影《当幸福来敲门》的故事情节写一个情节介绍大纲，重点列出故事中的一些冲突情节和精彩片段。

电影《当幸福来敲门》故事情节介绍大纲

1. 引言

介绍主人公克里斯·加纳的生活状态和他对幸福的追求。

描述他作为一个父亲的责任和对儿子克里斯托弗的爱。

2. 经济困境和挑战

展示克里斯面临的财务困境和工作压力，无家可归的生活状态。

描绘他与儿子在艰难环境下的亲密关系和相互扶持。

3. 勇敢追寻幸福

克里斯决定改变自己的命运，追求他内心真正渴望的幸福。

描述他开始在股票经纪公司实习的努力和奋斗，希望给儿子提供更好的生活。

4. 冲突情节

展示克里斯在公司实习期间遭遇的困难和挑战，包括竞争激烈的环境和艰辛的生活。

描述他与同事和上司之间的关系，以及努力平衡工作和照顾儿子的艰难境遇。

5. 精彩片段

克里斯与儿子在公共汽车站的感人场景，他们相互鼓励和支持，展现出强大的父子情感。

描述克里斯为了保护儿子的安全而面对艰难抉择的情节，令观众倍感紧张和感动。

强调克里斯在艰难时刻的坚持和勇气，以及他对儿子的爱和承诺。

6. 高潮和转折

描述克里斯努力战胜困难，最终获得成功的精彩时刻，展现他对幸福的追求得以实现的转折点。

强调他通过自己的努力克服了各种困难，实现了自己和儿子的幸福生活。

7. 结局

介绍克里斯最终获得稳定工作和幸福生活的结局，为观众带来正能量和鼓舞。

强调电影《当幸福来敲门》向人们传递的信息，即通过坚持追求自己的幸福。

在有了情节介绍大纲后，我们就可以对精彩内容进行分步式解说了。我们可以将带有冲突的情节进行前置，吸引观众的注意力，让他们带着兴趣继续看下去。

第一部分：克里斯面临的财务困境和工作压力，无家可归的生活状态。

 详细解说《当幸福来敲门》中这段情节：克里斯面临的财务困境和工作压力，无家可归的生活状态，需要描述影片中精彩的片段、细节内容，不需要解释，直接开始，以第三人称进行描述，将克里斯化名为：小帅。

 小帅（克里斯）面临着沉重的财务困境和工作压力，在无家可归的生活状态下他的坚韧和奋斗让人动容。有一幕让人印象深刻的场景是在一个寒冷的冬夜。

小帅瑟瑟发抖地蜷缩在一辆公共汽车站的座椅上，他身上的破旧大衣无法抵御严寒，当夜幕降临，车站空荡的场景反映出他孤独和无助的境况。他的眼神中透露出一丝渴望和无奈。

突然，一辆巴士停在他面前，巴士司机友好地向他打招呼，示意他上车。小帅怀着感激之情，匆忙地踏上巴士，寻找一个温暖的角落。这一幕凸显了人与人之间的善意和温情。

在巴士上，小帅与一个善良的老妇人坐在一起。她主动给了他一张精致的手织围巾，用关怀的目光注视着他。这个简单而温暖的举动，温暖了小帅的心灵，他感受到了世界上依然存在着关爱和善良。

随着时间的推移，小帅开始努力寻找工作机会。有一天，他在一个股票经纪公司看到了一次实习的机会。充满希望的小帅进入了公司，凭借着他的聪明才智和勤奋努力，他逐渐获得了同事和上司的认可。

然而，困境并未消失。小帅需要在白天努力实习，夜晚则无处可去。有一晚，他被迫在公共厕所过夜。在寒冷的环境中，小帅身体疲惫不堪，但他的意志力和对儿子的爱让他坚持下去。

片段中另一个精彩的场景是小帅带着儿子去公园玩耍的时刻。虽然他们生活在贫困中，但小帅以他特有的创造力和想象力，创造了一个温馨的乐园。他们在游乐场玩耍，笑声回荡，展现出无尽的父子之爱和幸福。

第二部分：克里斯在公司实习期间遭遇的困难和挑战

 详细解说电影《当幸福来敲门》中这段情节：克里斯在公司实习期间遭遇的困难和挑战，包括竞争激烈的环境和艰辛的生活，需要描述具体的细节和精彩片段，不需要解释，直接开始，以第三人称进行描述，将克里斯化名为：小帅。

 在电影《当幸福来敲门》中，小帅（克里斯）身处困境，一心想要实现自己的梦想。为了改变生活，他毅然决定加入一家证券公司的无薪实习项目。然而，他的日常生活困苦而艰难，无论是在充满竞争的工作环境中，还是在个人生活的生存困境中，他都面临着巨大的挑战。

小帅在公司的实习期间，每天的任务就是打电话给潜在的客户，试图吸引他们购买公司的证券。他周围的其他实习生也都是顶尖的精英，他们大多有出色的学历背景和丰富的社会经验，对小帅来说，这样的环境无疑增加了他的压力。小帅知道，他需要比其他实习生更早到公司，更晚离开，只有这样才有机会在竞争中脱颖而出。

不仅如此，小帅的生活状况也异常艰苦。他是一个单身父亲，需要照顾年幼的儿子。由于实习没有工资，他无法租住一个稳定的住所，因此常常需要带着儿子在地铁站或是公共场所过夜。在白天，他需要坚持到公司去工作，而晚上，他则需要找到一个能让他和儿子安全度夜的地方。

在一次突如其来的税务查账中，小帅的账户被冻结，他所拥有的一切都瞬间陷入了危机。这一切压力都让他处在崩溃的边缘，但他仍坚持下去，因为他知道，只有这样，他才有可能实现自己的梦想，给儿子一个更好的未来。

这些困境并没有让小帅放弃。他发明了一个叫作"时间优化"的策略，通过不挂断电话和不吃午餐的方式，每天争取更多的时间联系客户。他用这种方法从底层一步步向上爬，最终赢得了公司的认可。

通过这样的拆解，我们就可以逐一解说影片中具有冲突情节的精彩内容，而冲突部分的内容能够牢牢抓住观众的注意力，让他们一直保持观看兴趣。

在详细描述了电影的具体故事情节后，我们需要做一个总结，对故事进行升华并表达自己的一些观点。

 详细解说这部电影对人生的意义。

 电影《当幸福来敲门》意义深刻且感人至深，它通过小帅（克里斯）的故事向我们传达了几个重要的观点。

1. 追求内心真正的幸福：电影强调了幸福不仅仅是物质财富的追逐，而是要找到与自己内心真实需求相契合的生活方式。小帅在经历贫困和艰辛后，意识到金钱和物质并不能带来持久的幸福。他努力追寻自己的梦想，并将家庭和爱作为最重要的价值观，最终获得了真正的幸福。

2. 坚持和毅力的重要性：小帅面对各种困境和挑战，但他从未放弃。无论是在无家可归的状态下还是在工作压力下，他始终保持着坚定的信念和不屈的毅力。这向观众传达了要坚持追求自己的梦想，克服困难的重要性。无论遇到多少障碍，只要坚持不懈，最终会获得成功。

3. 亲情和家庭的力量：电影中强调了亲情和家庭的重要性。对于儿子克里斯托弗，小帅不仅要给他提供物质上的支持，更重要的是要给予他爱、关怀和安全感。这体现了家庭的力量和亲情的温暖，以及亲情对个人成长和幸福的重要影响。

4. 人性的复杂性和善良的力量：电影展示了人性的复杂性。从小帅所遇到的困境中，我们可以看到一些人对他伸出援手，表现出善良和关怀。这些善良的行为提醒观众在困难时刻要保持信念和对他人的善意。

电影《当幸福来敲门》通过小帅的故事，给予观众深刻的启示。它教导我们追求内心真正的幸福，坚持追逐梦想，珍视亲情和家庭，相信善良的力量。这部电影提醒我们关注自己真正的价值观和人生意义，以及人与人之间相互支持和关爱的重要性。

现在，一篇完整的电影解说词已经基本完成。接下来，我们可以将其复制到剪映软件中，根据解说词中的片段，找到相关电影画面进行剪辑，并拼接成一部完整的解说视频。

过去，一个人一天大概只能完成一个解说视频的脚本撰写和剪辑工作。而现在，通过使用 ChatGPT，创作效率得到了极大的提升。一天内，我们可以利用 ChatGPT 获得 10 篇左右的高质量的解说词。

基于高质量的解说词进行剪辑，一天至少能够剪辑 3~4 条解说视频，这意味着生产力直接翻了大约 3 倍。假设一部解说视频的播放量为 10 万，能够获得两三百元的收入，那么收入也应该相应提高了大约 3 倍。

ChatGPT 能够迅速生成高质量的文案，我们无须花费大量时间进行研究和构思。这使得我们能够更频繁地发布高质量的视频内容，更迅速地满足市场需求，吸引更多的观众。

这就是 ChatGPT 给内容创作者带来的优势和机会。学会利用 ChatGPT 将不断提升我们的竞争力，使我们在竞争激烈的个体创业中处于更有利的位置。

4.4　让 ChatGPT 成为你的免费英语私教

英语学习一直是中国人的刚需，无论是孩子还是成年人，几乎每个年龄段都有相应的英语培训课程。在英语学习的道路上，我们不惜投入大量的时间、精力和金钱，尤其是一些人将提高英语口语能力作为目标，不惜高价聘请英语外教作为陪练，这带来了不小的学习成本。

如今，通过ChatGPT，我们可以免费获得一个个性化的英语私教，从而节省数以万计的费用。

借助 ChatGPT 的功能，我们可以制订个性化的英语学习计划。根据个人需求和学习目标，ChatGPT 能够提供详细的学习计划和建议，帮助我们合理规划学习时间和内容。

ChatGPT 可以帮助我们学习单词。我们可以随时向它提出有关单词的词义、用法和例句等方面的问题，迅速获得准确的解释和示例，更好地掌握单词的含义和用法。

ChatGPT 还能够指导我们学习语法。我们可以向 ChatGPT 提出有关语法规则、句子结构的问题，它的快速回答能力能够帮助我们理解和掌握英语语法的要点，消除我们的疑惑，提高学习效率。

此外，ChatGPT 还可以辅助我们学习写作。我们可以向它请教关于写作技巧、句子组织和文章结构的问题，它将给出实用的建议和指导，帮助我们提升写作能力。

在口语练习方面，ChatGPT 也能够发挥重要作用。我们可以通过插件与 ChatGPT 进行英语对话，提高口语的准确性。它会纠正我们的发音错误并提供口语表达的建议，使我们增强使用英语进行口语交流的自信心。

最后，对于准备各种英语考试的人来说，比如大学四级和六级英语考试、考研英语、托福或雅思考试，等等，ChatGPT 也是一个宝贵的学习工具，能够为我们提供丰富的学习资源。它可以提供相关的考试技巧、题型解析和模拟练习，帮助我们有效备考并提高成绩。

总之，从制订学习计划、学习单词、学习语法、学习写作，到练习口语和备战各种考试，ChatGPT 可以全方位地帮助我们提升英语水平和成绩。这不仅为我们节省了费用，还为我们提供了便利且高效的学习方式。我们应该学会充分利用 AI 技术，提升自己的语言能力，为个人发展打下坚实的基础。

4.4.1　制订英语学习计划

当我们希望完成某个阶段的英语学习时，我们可以让 ChatGPT 充当英语老师的角色，帮助我们制订详细的学习计划。

ChatGPT 可以根据我们的学习需求和目标，提供有针对性的建议和指导，帮助我们确定每个阶段的学习重点，包括语法、词汇、听力、口语和写作等方面。

除了学习重点，ChatGPT 还可以列举适合该阶段学习的资源，如优质的教材、网上课程、英语网站、语言交流平台等。这些资源将有助于我们更全面、更高效地学习英语。

通过 ChatGPT 的指导和资源推荐，我们可以更好地规划学习时间，安排学习内容，提高学习效率并取得更好的学习成果。

现在，我们让 ChatGPT 根据学习者的具体情况制订一个学习计划。

请为一个 CET4（大学英语四级考试）英语学习者，提供一个每天练习语法 15 分钟的练习计划。

 以下是一个每天练习语法 15 分钟的计划，适用于 CET4（大学英语四级考试）英语学习者。

1. 明确学习目标：在开始每天的练习之前，确定你想要学习或复习的具体语法知识点。例如，决定学习某个时态、句型结构或语法规则。

2. 选择学习资源：找到适合你的水平和学习风格的语法学习资源。

可以选择英语语法书籍、在线教程、应用程序或网站。一些受欢迎的语法学习资源包括 English Grammar in Use、Grammarly、BBC Learning English 和其他英语学习网站。

3. 创造练习时间：每天安排 15 分钟的固定时间进行语法练习。选择一个你最为清醒和专注的时间段，例如早晨、午休时间或晚上。

4. 练习不同类型的题目：选择不同类型的语法练习题目来加深对语法规则的理解。这包括填空练习、改错题、选择题和句子重组等。确保涵盖你所学习的语法知识点，并且逐渐增加难度。

5. 逐步扩展难度：从简单的语法知识点开始，逐渐扩展到更复杂的内容。先掌握基本的句子结构、时态和主谓一致等基础知识，然后逐步学习比较级和最高级、虚拟语气、倒装句等高级语法。

6. 反馈和复习：在练习过程中，及时查看答案或获得反馈。纠正自己的错误，并复习那些容易出错的语法规则。定期复习之前学习的内容，巩固知识点。

7. 多样化练习方式：除了书面练习，尝试使用不同的学习方式进行语法练习。例如，听力练习可以帮你熟悉语法在口语中的应用，口语练习可以帮助你更自然地运用所学的语法知识。

8. 记录进展：在每天的练习结束时，记录你的进展和学习成果。可以写下你学到的新知识点、解决的问题或任何其他有关语法学习的感受。

 我想专注于提高商务英语水平，为我创建一个增加词汇量的计划。

 当你想专注于提高商务英语水平并增加词汇量时，以下是一个可以帮助你的计划。

1. 设定目标：明确你想要达到的词汇量目标。根据你的起点水平和时间安排，可以设定一个合理的目标，例如每周学习和掌握 20 个新的商务英语词汇。

2. 创建学习资源：选择合适的学习资源，包括商务英语词汇书籍、在线词汇资源、商务英语词汇卡片或应用程序。确保资源提供单词的定义、例句和用法，以及适当的商务背景。

3. 制订学习计划：安排每天或每周一定时间来学习新的商务英语词汇。例如，每天花 15 到 30 分钟的时间学习新的词汇，或每周安排一段时间进行深入学习。

4. 分类和整理词汇：将词汇按照主题或领域进行分类。例如，可以将词汇分为销售与市场营销、商务会议、商务沟通等不同的类别。创建词汇表或使用电子工具来整理和管理你的词汇。

5. 创造上下文：学习新词汇时，不仅仅要记住单词本身，还要了解它们在实际商务场景中的用法和上下文。阅读商务文章、听商务英语音频或观看商务相关视频，以帮助你理解和应用新词汇。

6. 制定记忆策略：使用不同的记忆技巧和策略来帮助你记住新的商务英语词汇。这包括创建闪卡、使用联想和关联技巧、将词汇放入句子中等。寻找适合你的记忆方法，并根据需要进行调整。

7. 运用词汇：在学习过程中，尝试将新的商务英语词汇应用到实际场景中。写商务邮件、参与商务会议、模拟商务谈判或进行商务演讲，以帮助你加强词汇的记忆和运用能力。

8. 复习和回顾：定期复习之前学习的商务英语词汇，并进行巩固。使用复习卡片、进行小测验或参与商务英语讨论，以确保你能够保持词汇量的增长。

4.4.2　学单词

当我们遇到不认识的单词时，可以随时向 ChatGPT 询问。作为一个大语言模型，ChatGPT 精通各种国家的语言，能够提供即时帮助。无论是英语、中文还是其他语言，ChatGPT 都可以准确地解释单词的意思、用法和例句。我们只需要简单地向 ChatGPT 提问，它就会迅速给出准确的解答。

即时询问和求助的好处在于，我们可以立即弥补词汇知识上的缺漏。在阅读、听说或写作中遇到陌生的单词时，我们可以立刻向 ChatGPT 请教。这样的即时交互可以帮助我们理解文本的意思，扩充我们的词汇量。

此外，ChatGPT 的回答通常会伴随着相关例句，这有助于我们更好地理解单词的用法和上下文，让我们不仅能掌握单词的字面意义，还能更好地运用它们进行表达。

通过向 ChatGPT 询问不认识的单词，我们能提高学习的连贯性和学习效率。我们无须耗费时间查阅词典或其他在线资源。

总之，借助 ChatGPT 大语言模型的优势，我们可以在学习单词的过程中得到即时帮助和解答。这种便利性和快速性有助于我们更好地掌握词汇知识，提升语言的理解能力和运用能力，获得更好的学习成果。

比如，我们让 ChatGPT 对一个词组和其中的单词进行解释。

请解释一下这个词组的含义：artificial intelligence，并从这两个单词的词性、词根等角度对单词进行释义。

 Artificial Intelligence（人工智能）是一个英文短语，包含两个单词：Artificial 和 Intelligence。

1. Artificial: 这个单词是形容词，来源于拉丁语 artificium，意为"工艺品"或"手工制品"，指的是人为的、非自然的或模拟的。

2. Intelligence: 这个单词是名词，来源于拉丁语 intelligere，意为"理解"或"感知"。它通常指的是学习、理解并应用知识的能力。

所以，Artificial Intelligence（人工智能）通常指的是人为创建的系统或机器，它具有一定的学习、理解并应用知识的能力。在现代科技中，人工智能通常指的是计算机系统或机器人能模拟、扩展和辅助人类的认知过程。这种模拟包括学习（获取信息并对信息进行处理以便其后使用）、推理（使用规则推导新的信息或预测未来）、问题解决、知觉、语言理解等。

我们还可以让 ChatGPT 帮助我们用某个单词或词组造句，让我们了解这个单词或词组的具体使用方法和应用场景。比如，我们让 ChatGPT 用 artificial intelligence 造 3 个句子。

 Write 3 sentences using this phrase：artificial intelligence.

 1. Artificial intelligence has revolutionized many industries by automating tasks that were previously done manually.

2. Researchers are developing artificial intelligence that can understand and respond to human emotions, paving the way for more intuitive interactions between humans and machines.

3. The rise of artificial intelligence raises ethical questions about data privacy and job displacement.

4.4.3 学语法

在学习英语语法时，ChatGPT 也可以给予很大的帮助。我们可以将自己撰写的英文句子或文章交给 ChatGPT，让它帮助我们纠正语法错误。

无论是单个句子还是整篇文章，ChatGPT 都能够迅速检测出语法上的问题，并给出准确的修正建议。它可以帮助我们纠正常见的语法错误，比如主谓一致、时态一致、冠词使用、动词形式等问题。通过 ChatGPT 的指导和纠正，我们能够提升写作的准确性和流畅度。

　　我们还可以请 ChatGPT 按照某个时态下的语法结构为我们写例句。例如，我们可以要求它提供现在进行时的例句或过去完成时的例句。这样，我们可以通过大量的例句来加深对该时态的理解，掌握相关句子结构和正确的用法。

　　总之，ChatGPT 在学习英语语法方面是一位出色的助教。通过纠正语法、生成例句，ChatGPT 可以帮助我们纠正语法错误，提供准确的修正建议，并生成符合特定时态的例句。借助它，我们能够更好地掌握英语语法的规则，加深对各种时态和语法结构的理解，提升语言表达的准确性，提高写作能力。

　　现在，让我们来看一个让 ChatGPT 纠正语法错误的示例。

Correct my grammar mistakes in the following text.

This afternoon I is goes to pick up my son from his school. And this night I will take him to a shopping mall to have a dinner. He likes eats sushi. After dinner we will go to the cinema to watch a movie. what a happy day.

This afternoon, I went to pick up my son from his school. Tonight I will take him to a shopping mall to have dinner. He likes to eat sushi. After dinner, we will go to the cinema to watch a movie. What a happy day!

　　接下来，我们让 ChatGPT 写一篇时态为现在进行时的简短对话。

Write a short conversation in present progressive.

 Sure, here's a short conversation using the present progressive tense.

Lisa: Hi, Mike! What are you doing?

Mike: Hey, Lisa! I'm currently working on a new artificial intelligence project. It's really interesting.

Lisa: That sounds exciting! How is it going?

Mike: It's going pretty well. I'm programming a chatbot that can understand and respond to user inputs more naturally.

Lisa: Wow, you're always working on fascinating projects. I look forward to seeing the final result!

Mike: Thanks, Lisa! I'm doing my best. Let's catch up later, I need to continue coding now.

Lisa: No problem, Mike. Talk to you later.

我们再让 ChatGPT 使用现在进行时写出 10 个例句。

 Write 10 example sentences using present progressive.

Sure, here are ten sentences using the present progressive tense.

1. The kids are playing in the park right now.

2. She's studying for her final exams.

3. I'm writing a novel based on my life experiences.

4. The sun is setting and it's becoming dark outside.

5. We are currently renovating our house to add a new room.

6. My parents are traveling through Europe this summer.

7. The chef is preparing a delicious meal for the guests.

8. The scientists are researching a new vaccine to fight the disease.

9. You're doing a great job; keep it up!

10. It's raining heavily, so I'm staying inside today.

4.4.4　学写作

在英语考试中，英文写作一直是令学生头疼的项目，也是容易丢分的部分。通过 ChatGPT 的帮助，我们可以按照 ChatGPT 的优化建议修改英文作文。

在将自己的英文作文交给 ChatGPT 后，它可以快速检测并纠正语法、拼写和标点等方面的错误。此外，它还能够提供关于用词和句子结构的改进建议，使我们的作文更加流畅、更有逻辑性。作为强大的语言模型，ChatGPT 具备优秀的语言处理能力，能够为我们提供准确的指导和建议。

要写出一篇优秀的英文作文并非仅仅依赖于 ChatGPT 的修改。我们需要进行刻意练习，以提高自己的写作技巧和表达能力。我们可以通过模仿优秀的范文、积累词汇和有用的句型来提高语言表达的准确性和多样性。同时，阅读更多的英文文章也能培养对不同文体和写作风格的理解和感知。

总之，作为一个强有力的辅助工具，ChatGPT 可以帮助我们不断提升作文质量。但是，最终的成功取决于我们自己的努力和实践。只有不断地实践和积累，我们才能逐渐提高自己的写作水平，真正写出令人赞赏或印象深刻的英文作品。

这里举一个例子。下面是一段有单词拼写错误和语法错误的英文段落。通过适当的提示词，ChatGPT 可以帮助优化这一段落，生成文笔优美的短文。

 我想让你充当英语作文优化师，纠正我的拼写错误或语法错误，用更地道的语句为我进行改写，用英语回答。我想让你把简单的单词和句子替换成更漂亮、更优雅、更高级的英语单词和句子。保持意思相同，但使它们更有文学性。你只需要回复我优化后的内容，不用写解释。我的第一句话是 "I live in Chongqing, I like Chongqing city, there is a lo of delicious food in Chongqing, such as hotpot, grilled fish and spicy chicken, Chongqing is also a beautiful city, there are a lot of mountains and rivers, many beautiful landscape"。

 Residing in the vibrant city of Chongqing, I find myself deeply enamored with its charm. Chongqing, a culinary paradise, boasts an array of scrumptious delicacies, ranging from the fiery hotpot, succulent grilled fish, to the mouthwatering spicy chicken. Beyond its gastronomic delights, Chongqing is a picturesque gem steeped in natural beauty, with its diverse topography of rolling mountains and serene rivers, all contributing to an array of breathtaking landscapes.

ChatGPT 生成的英文短文的译文如下。

"我居住在充满活力的重庆，深深地爱着这个城市的魅力。重庆是一个美食天堂，拥有各种令人垂涎的美食，从火辣的火锅、鲜美的烤鱼，到令人口水直流的辣子鸡。除了美食，重庆还是一个处处有着自然美景的城市，其各种各样的地形，如连绵的山脉和宁静的河流，构成了一幅幅令人惊叹的画面。"

4.4.5 练习口语

英语学习的最终目的是能够流利地用英语与他人进行日常交流和对话。但是，许多人尽管学了十几年的英语，在面对外国人时还是会哑口无言，不知道如何开口说话。请一个英语外教虽然是一个选择，但费用昂贵且无法每天陪伴我们练习。

现在，我们可以借助语音插件，让 ChatGPT 化身为一位虚拟英语外教，在我们的身边陪伴我们练习英语口语。无论是日常对话还是特定话题的讨论，ChatGPT 都可以与我们进行互动交流。

通过 ChatGPT 练习口语有几个优势。首先，ChatGPT 可以随时随地提供练习口语的机会。我们不再受限于外教的时间和地点，而是可以根据自己的时间进行口语训练。

第二，ChatGPT 的回答是即时的，我们可以立刻获得反馈和纠正，帮助我们改进口语表达。

第三，ChatGPT 还能根据我们的水平和需求，提供个性化的口语训练和建议，有针对性地帮助我们提高口语能力。

当然，虽然 ChatGPT 能够帮助我们练习口语，但要实现口语流利还需要我们自己的努力和实践。除了与 ChatGPT 对话，我们还可以利用其他途径进行口语训练，比如与英语母语人士交流、参加语言交流活动等。只有经过长期的口语训练和实践，我们才能真正做到在与外国人交流时流利自如。

下面介绍一下如何使用插件，实现与 ChatGPT 的对话。

VoiceWave: ChatGPT Voice Control 是Chrome浏览器扩展程序中的一个插件，如图4-14所示。安装这个插件后，就可以与 ChatGPT 进行语音对话了。

图　4-14

VoiceWave: ChatGPT Voice Control 的使用示意图如图 4-15 所示。

图　4-15

插件安装成功后，刷新一下 ChatGPT 页面，就可以在页面下方看到一个话筒按钮，如图 4-16 所示。单击话筒按钮，就可以和 ChatGPT 进行语音交流了。

Recently I want to travel abroad， I want to practice traveling English， please provide me with some topics and practice English conversation with me， when I speak wrong or have Grandma mistakes， please help me correct my mistakes；can you give me some advice when I don't know how to say it

ChatGPT may produce inaccurate information about people, places, or facts. ChatGPT July 20 Version

图 4-16

当用语音与 ChatGPT 对话时，ChatGPT 会把我的语音转换成文字，并用语音和文字两种方式返回答案。

比如我通过语音形式问"Recently I want to travel abroad, I want to practice traveling English, please provide me with some topics and practice English conversation with me. When I speak wrong or have **Grandma** mistakes, please help me correct my mistakes. Can you give me some advice when I don't know how to say it?"（译文：最近我想去国外旅游，我想练习旅游英语，请给我提供一些话题，和我一起练习英语会话。当我说错或者有语法错误的时候，请帮我纠正我的错误；当我不知道怎么说的时候，你能给我一些建议吗？）

 Recently I want to travel abroad, I want to practice traveling English, please provide me with some topics and practice English conversation with me. When I speak wrong or have **Grandma** mistakes, please help me correct my mistakes. Can you give me some advice when I don't know how to say it?

Of course! I'd be happy to help you practice your travel-related English conversation skills. We can cover various topics like booking a hotel, asking for directions, ordering food at a restaurant, and more.

Before we start, I noticed a small mistake in your message. You mentioned "Grandma mistakes", which I believe you meant to say "grammar mistakes". No worries, that's what I'm here for!

Let's start with a scenario. How about we practice booking a hotel room? I'll play the role of the hotel receptionist, and you can be the guest trying to book a room. Feel free to ask for any assistance or clarification if you're unsure how to say something.

Hotel Receptionist: Good afternoon! Welcome to Sunshine Hotel. How may I assist you today?

在这段对话中，ChatGPT 回应了我的请求，表示会与我一起练习有关旅游英语的对话。同时，它还为我纠正了语法错误，并为我提供了一个话题建议——如何预订房间。ChatGPT 给出了一个提问作为开头，现在我就可以顺着 ChatGPT 的提问继续练习对话了。我不需要打字，就可以直接通过插件的语音功能，说出我想说的英文，插件会识别我的声音并将其转换成文字。

请注意，可能由于我的发音不标准，语音插件将我的发音"grammar"识别成了"grandma"，不过没关系，即便我有发音或者单词用法的错误，ChatGPT 也识别出了错误，并给出了正确的建议。

现在，我们继续与 ChatGPT 对话。

Good afternoon, I like to book a twin room.

Great! You're asking for a specific type of room now. Just a small correction to make it more natural:

You: Good afternoon! I'd like to book a twin room.

The word "I'd" is a contraction for "I would," which makes the sentence sound more polite and natural.

Now, let's continue:

Hotel Receptionist: Of course! Would you like a twin room with two single beds or one double bed? And for how many nights will you be staying?

当我对 ChatGPT 说，想要订一间双床房时，我原本想说"I'd like to book"，但发音可能不够清晰，语音插件只识别出了"I like to"，所以 ChatGPT 识别出了语法错误，并提供了修改建议。

另外，对于双床房的描述，我用的是"a twin room"，可能这个说法并不精确，于是 ChatGPT 继续向我确认，问我是想订一间有两张床的房还是一间大床房。

我们继续这段对话。

I would like two single beds for 3 days.

Perfect! That's a clear and correct response. Here's how the conversation would continue:

You: I would like two single beds for 3 days.

Hotel Receptionist: Excellent choice! May I have your name and a contact number to complete the reservation?

Feel free to continue the conversation or let me know if you'd like to practice a different scenario or topic related to travel.

这次，我的表述比较准确，ChatGPT 给予了肯定，并进一步提问，让我提供姓名和联系方式。

通过这样的方式，我们可以轻松地在家进行英语对话，练习英语口语。更重要的是，这样的学习是完全免费的，无须支付高昂的一对一外教费用。而且，ChatGPT 可以扮演非常有耐心的外教老师，让你随时联系，没有时间上的限制。

4.4.6 备战考试

各种类型的英语考试在英语学习的不同阶段至关重要，因为考试能够评估英语知识和技能的掌握程度。在不同的学习阶段，我们可以借助 ChatGPT 进行备考以取得更好的成绩。

ChatGPT 可以提供相关的考试资料和复习建议。无论是托福、雅思还是其他英语考试，它可以为我们推荐适合的备考教材、模拟试题和练习资源，帮助我们熟悉考试题型和要求。

ChatGPT 可以解答我们在备考过程中遇到的问题。无论是听力、阅读、写作还是口语方面的疑惑，我们都可以向 ChatGPT 提问，获得准确的解答和指导。这有助于我们理解考试内容和考试策略，提高备考的针对性和效果。

ChatGPT 还可以提供考试模拟和评估服务。我们可以向 ChatGPT 提交自己的作文、口语录音等，它会给出专业的评估和反馈。通过这种方式，我们可以发现自己的不足，并有针对性地改进，提升备考的自信心。

借助 ChatGPT 进行备考还有一个重要优势，那就是它的随时可用性。无论何时何地，我们都可以通过与 ChatGPT 的对话来获得辅导，进行练习。这使得我们能够更加灵活地安排备考时间，有效利用碎片化的学习时间。

比如，我想花 3 个月的时间备战雅思考试，每天只有 30 分钟的学习时间，那么我可以让 ChatGPT 帮我制订一个学习计划。

 Can you create a 3-month IELTS study plan for me? I have 30 minutes every day to study.

Sure, I can help you with that. Here's a 3-month study plan for IELTS preparation. Remember, consistency is key in achieving your goal.

3-Month IELTS Study Plan

Month 1: Understanding the Test and Building Basic Skills

- Week 1: Familiarize yourself with the IELTS test format. Spend time each day understanding the different sections of the test: Listening, Reading, Writing, and Speaking.

- Week 2: Start with Listening practice. Use online resources to listen to English conversations, podcasts, or news.

- Week 3: Move to Reading practice. Read English newspapers, articles, and books. Try to understand the main ideas and details.

- Week 4: Begin Writing practice. Start with simple sentences and then move to paragraph writing.

Month 2: Intensive Practice and Vocabulary Building

- Week 1: Continue with Listening and Reading practice. Start identifying different accents and styles of writing.

- Week 2: For Writing practice, start writing essays. Pay attention to the structure of your essays.

- Week 3: Start Speaking practice. You can speak about simple topics initially. Record your voice to analyze your performance.

- Week 4: Focus on Vocabulary. Learn new words and phrases related to common IELTS topics.

Month 3: Mock Tests and Improvement

- Week 1: Start taking full-length IELTS practice tests. This will help you get used to the test format.

- Week 2: Analyze your performance. Identify your weak areas and work on them.

- Week 3: Continue taking IELTS practice tests. Try to improve your score in each test.

- Week 4: In the final week, relax and revise. Do not learn anything new. Focus on revision and try to stay calm and confident.

可以看到，ChatGPT 帮我制订了 3 个月的学习计划。我还可以再进一步，让它根据这个计划大纲，为我列出每一天的学习计划，并搜集和提供相应的学习资料以及测评试卷。

总之，ChatGPT 能够化身为一个专业的英语私人教练，在学习旅程中陪伴我们，为我们提供专业、实用、个性化的指导和建议，帮助我们提高英语水平。借助 ChatGPT，我们能够充分发挥自己的潜力，在英语学习方面取得进步。

4.5　用 ChatGPT 快速习得知识

在当今信息爆炸的时代，获取知识和自我提升已经变得前所未有的便利和迫切。ChatGPT 作为一个强大的语言模型，为我们提供了一个快速习得知识和自我提升的利器。不同于传统的学习方法，ChatGPT 能够以对话的形式与我们交流，提供答案和指导，这使得我们能够在舒适的环境中，根据自己的兴趣和需求，随时随地获取知识，并通过与 ChatGPT 的互动，进一步加深对知识的理解和掌握。

本节将探讨如何利用 ChatGPT 快速习得知识和自我提升的方法和技巧，帮助你充分发挥 ChatGPT 的潜力，实现个人成长和进步。无论你是想学习新的技能、了解专业知识、解决问题还是追求个人的兴趣爱好，ChatGPT 都将成为你的忠实伙伴和智慧导师。

我们以快速学习 Python 编程为例，看看如何借助 ChatGPT 在较短的时间内一步一步地习得一门全新的知识。

4.5.1　制定学习路线图

首先，我们让 ChatGPT 制定一个用 Python 编写游戏的学习路线图。

我想学习用 Python 编写一个游戏，你能创建一个用 Python 编写游戏的学习路线图吗？

当然可以。Python 是一种很好的语言，用来编写游戏非常适合，尤其是对于初学者来说。下面是一份可能的学习路线图。

1. Python 基础：如果你还不熟悉 Python，那么首先需要了解其基础知识，比如数据类型、控制结构、函数和模块等。可以在国内的一些在线学习平台如网易云课堂、中国大学 MOOC 上找到相关的课程。

2. 面向对象编程（OOP）：理解面向对象编程对于游戏开发至关重要，因为大多数现代游戏都是基于对象的。可以在网易云课堂或中国大学 MOOC 上找到有关面向对象编程的课程。

3. Pygame 入门：Pygame 是一个非常流行的 Python 库，用于开发 2D 游戏。你可以在哔哩哔哩（Bilibili）上找到很多 Pygame 的教程。

4. 编写你的第一个游戏：在掌握了 Pygame 的基础知识之后，你可以尝试编写你的第一个小游戏，如贪吃蛇、砖块破碎或者射击游戏等。很多关于如何使用 Pygame 编写这些游戏的教程可以在哔哩哔哩（Bilibili）上找到。

5. 游戏设计和理论：在你能够编写基本的游戏后，可能需要了解一些游戏设计和理论，以便可以创建更有趣、更具吸引力的游戏。国内的一些在线学习平台如网易云课堂、中国大学 MOOC 等有这方面的课程。

6. 更高级的游戏开发：学习如何使用像 Pygame 之类的库来创建更复杂的 2D 游戏，或者学习如何使用 Panda3D 来创建 3D 游戏。

7. 项目和实践：最后，通过创建和发布自己的游戏来巩固和展示你的技能。这可以是一个完全原创的项目，或者是对现有游戏的改编或模仿。

每一步都需要花费一些时间来学习和练习，但是通过这个过程，你可以逐步地提升你的 Python 游戏开发技能。

4.5.2　创建学习计划、收集学习资源

接着，我们让 ChatGPT 根据学习路线图，创建一个学习计划。

 根据以上路线图，帮我创建一份 3 个月的学习计划，包括每周计划、推荐阅读书籍以及学习资源。

当然可以，以下是一个 3 个月的学习计划，以及每周的学习计划、推荐阅读书籍和学习资源。

第 1-2 周：Python 基础

学习目标：理解 Python 的基本语法，包括变量、数据类型、控制流、函数、模块等。

学习资源

- 在线课程：中国大学 MOOC 上的"Python 语言程序设计"课程

- 书籍：《Python 编程：从入门到实践》（Eric Matthes 著）

第 3-4 周：面向对象编程 (OOP)

学习目标：理解类、对象、继承、封装和多态。能够设计和实现自己的类。

学习资源

- 在线课程：慕课网的"Python 3 高级核心技术 97 讲"课程

- 书籍：《流畅的 Python》（Luciano Ramalho 著）

第 5-6 周：Pygame 入门

学习目标：理解 Pygame 库的基础，能够创建简单的 2D 游戏。

学习资源

- 在线教程：在哔哩哔哩上搜索"Python 游戏开发（Pygame）"

- 书籍：《Python 编程：从入门到实践》的第二部分包含一个用 Pygame 制作的外星人入侵游戏项目

第 7-8 周：编写你的第一个游戏

学习目标：使用 Pygame 库制作一个完整的小游戏，如贪吃蛇或砖块破碎。

学习资源

- 在线教程：在哔哩哔哩上搜索"Python 游戏开发入门课程"

- 书籍：《Python 编程：从入门到实践》的第二部分包含一个用 Pygame 制作的外星人入侵游戏项目

第 9-10 周：游戏设计和理论

学习目标：理解游戏设计原则和游戏理论，能够设计有趣、吸引人的游戏。

学习资源

- 在线课程：网易云课堂的"游戏设计原理"课程

- 书籍：《游戏设计艺术》（Jesse Schell 著）

第 11-12 周：更高级的游戏开发

学习目标：学习更复杂的 2D 游戏开发，或者开始接触 3D 游戏开发。

学习资源

- 在线教程：在哔哩哔哩上搜索"Python 3D 游戏开发"

- 书籍：《Python 游戏开发从入门到精通》（张有菊编著）

第 13 周：项目和实践

学习目标：开发并发布自己的游戏。

学习资源：这一阶段主要是自我实践，把前面所学应用到自己的项目上。

这是一个大致的学习计划，根据你的进度和理解程度，可能需要适当调整。希望这对你有帮助！

在这份学习计划当中，我们不仅得到了每周的详细学习内容，而且得到了配套的学习资源推荐，这给我们的学习带来了极大的方便。ChatGPT 作为一个私人导师可以帮助我们找到相应的资源，而我们不必再花时间去搜寻学习资源。

4.5.3 解释每节课知识点

接下来，我们可以让 ChatGPT 扮演一个编程老师，讲解具体的知识点。

比如，针对学习路线图中的"Pygame 入门"，你想了解如何创建一个简单的 Pygame 窗口并显示图像，也想学习这一知识点的具体内容，你可以使用下面的提示词询问 ChatGPT。

请扮演 Python 编程导师的角色，你有多年的编程教学经验，请为我讲解如何利用 Pygame 库进行游戏开发，如何创建一个简单的 Pygame 窗口并显示一个火箭的图像。讲解具体的知识点，并给出可执行的示例代码。

当然可以，很高兴帮助你入门 Pygame 游戏开发。首先，我需要确保你已经安装了 Pygame 库。如果你使用的是 Anaconda，可以在 Anaconda Prompt 中键入以下命令来安装：

conda install -c cogsci pygame

如果你不是使用 Anaconda，而是使用 pip，你可以在命令提示符中键入以下命令：

pip install pygame

一旦你安装了 Pygame，我们就可以开始创建我们的游戏窗口和火箭图像了。

首先，我们创建一个简单的 Pygame 窗口。在这个窗口中，我们需要做以下几件事。

1. 初始化 Pygame 模块，这使得 Pygame 可以正常工作。

2. 创建一个窗口，我们可以在其中放置我们的游戏元素。

3. 创建一个游戏循环，它可以持续运行，直到玩家选择退出游戏。

下面是相应的代码：

```python
import pygame
import sys
def run_game():
    # 初始化pygame 模块
    pygame.init()

    # 创建一个800x600 的游戏窗口
    screen = pygame.display.set_mode((800, 600))

    # 设置窗口的标题
    pygame.display.set_caption("Rocket Game")

    # 开始游戏主循环
    while True:
        # 监听事件
        for event in pygame.event.get():
            if event.type == pygame.QUIT:
                sys.exit()

        # 让最近绘制的屏幕可见
        pygame.display.flip()
run_game()
```

接下来，我们将火箭图像添加到游戏窗口中。我们需要做以下几件事。

1. 加载火箭图像。你需要确保你有一个火箭图像的文件，并且知道它的位置。

2. 获取火箭图像的矩形（rectangle），并将其位置设置为屏幕中心。

3. 在每次通过游戏循环时，都将火箭图像绘制到屏幕上。

假设你有一个名为 "rocket.png" 的火箭图像文件在同一个目录下，我们可以这样修改上面的代码：

```python
import pygame
import sys
def run_game():
    # 初始化 pygame 模块
    pygame.init()

    # 创建一个 800x600 的游戏窗口
    screen = pygame.display.set_mode((800, 600))

    # 设置窗口的标题
    pygame.display.set_caption("Rocket Game")

    # 加载火箭图像并获取其外接矩形
    rocket_image = pygame.image.load('rocket.png')
    rocket_rect = rocket_image.get_rect()
    screen_rect = screen.get_rect()

    # 将火箭放在屏幕中央
    rocket_rect.centerx = screen_rect.centerx
    rocket_rect.centery = screen_rect.centery
    # 开始游戏主循环
    while True:
        # 监听事件
        for event in pygame.event.get():
            if event.type == pygame.QUIT:
                sys.exit()

        # 将火箭绘制到屏幕上
        screen.blit(rocket_image, rocket_rect)

        # 让最近绘制的屏幕可见
        pygame.display.flip()
run_game()
```

> 以上就是一个简单的示例，它创建了一个 Pygame 窗口，并在窗口中显示了一个火箭图像。这是开始开发 Pygame 游戏的基础。你可以尝试添加更多的功能，比如移动火箭、添加音效、添加分数，等等。
>
> 需要注意的是，上述代码需要在本地的 Python 环境中运行，并且需要有一个火箭图像文件（rocket.png）。这个环境中应该已经安装了 Pygame 库。因为我这边无法执行和演示具体的图形界面，所以你可以自己试试这段代码。

现在，我们可以将上述代码复制到文本文档中，并将文件命名为"rocket_game.py"。为了能够让程序正常加载图片，我们还需要提前准备好一张名为"rocket.png"的图片，如图 4-17 所示。

rocket_game.py

rocket.png

图　4-17

当完成这两步后，我们就可以打开计算机的终端执行这段代码了。如果你不知道如何执行这段代码，你可以询问 ChatGPT 如何在计算机终端执行代码。

 如何在 macOS 终端执行这段代码？

 在 macOS 终端执行 Python 代码非常简单。首先，你需要在终端中导航到包含 Python 脚本的目录。然后，你可以使用 Python 命令来运行脚本。

以下是详细的步骤。

1. 打开终端：你可以通过在 Spotlight 中搜索"Terminal"来找到它，或者在你的应用程序 -> 实用工具文件夹中找到它。

2. 导航到脚本的目录：假设你的 Python 脚本位于桌面的"my_folder"文件夹中，你可以使用 `cd` 命令来更改目录。在终端中输入以下命令：

cd ~/Desktop/my_folder

3. 执行脚本：现在你应该在包含 Python 脚本的目录中。假设你的脚本名为"rocket_game.py"，你可以使用以下命令来运行它：

python3 rocket_game.py

> 这将使用 Python 3 来运行你的脚本。如果你的系统默认的 Python 版本是 Python 2，你可能需要使用 \`python3\` 命令而不是 \`python\` 命令。
>
> 如果你遇到任何问题，比如 Python 或 Pygame 没有安装，你可能需要先安装它们。你可以使用以下命令来安装 Python 和 Pygame。
>
> 安装 Python：
>
> brew install python3
>
> 安装 Pygame：
>
> pip3 install pygame
>
> 请注意，上述命令可能需要网络连接才能成功执行。

这里有个前提——需要在计算机上提前安装好 Python 和 Pygame。如果还没有安装，可以在 Python 官方网站上下载并安装它们。

等一切准备就绪，我们就可以打开计算机终端执行这段代码。

执行 cd Desktop 会切换到桌面，如图 4-18 所示。

图　4-18

然后执行 python3 rocket_game.py，如图 4-19 所示。

图　4-19

之后按回车键，我们就可以看到一个游戏窗口和一张火箭图片，如图 4-20 所示。

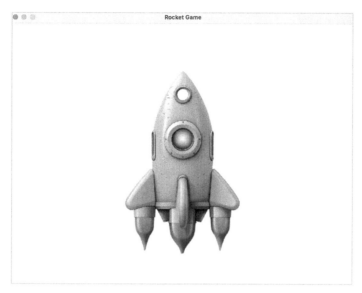

图　4-20

4.5.4　完成一个项目：贪吃蛇游戏

下面，我们通过 ChatGPT 来完成一个完整的项目——编写一个贪吃蛇的小游戏。

 请帮我用 Pygame 编写一个贪吃蛇的游戏，写出完整的可以运行的代码。

当然，以下是一个基础版本的贪吃蛇游戏。在这个游戏中，蛇在屏幕上移动，吃到食物会变长，碰到自己或者屏幕边界就会结束游戏。

```python
import pygame
import time
import random
# 设置屏幕大小
WIDTH = 600
HEIGHT = 400
# 设置蛇和食物的大小
SIZE = 20
class Game:
    def __init__(self):
        pygame.init()
        self.screen = pygame.display.set_mode((WIDTH, HEIGHT))
```

```python
        self.clock = pygame.time.Clock()
        self.reset()
    def reset(self):
        self.snake = [(WIDTH // 2, HEIGHT // 2)]
        self.direction = pygame.K_RIGHT
        self.food = None
    def run(self):
        while True:
            for event in pygame.event.get():
                if event.type == pygame.QUIT:
                    return
                elif event.type == pygame.KEYDOWN:
                    self.direction = event.key
            if not self.update():
                break
            self.draw()
            self.clock.tick(10)
        time.sleep(1)
    def update(self):
        x, y = self.snake[0]
        if self.direction == pygame.K_LEFT:
            x -= SIZE
        elif self.direction == pygame.K_RIGHT:
            x += SIZE
        elif self.direction == pygame.K_UP:
            y -= SIZE
        elif self.direction == pygame.K_DOWN:
            y += SIZE
        if (x, y) in self.snake or x < 0 or x >= WIDTH or y < 0 or y >= HEIGHT:
            return False
        self.snake.insert(0, (x, y))
        if self.food and x == self.food[0] and y == self.food[1]:
            self.food = None
        else:
            self.snake.pop()
        if not self.food:
            while True:
                self.food = (random.randint(0, WIDTH // SIZE - 1) * SIZE,
random.randint(0, HEIGHT // SIZE - 1) * SIZE)
                if self.food not in self.snake:
                    break
        return True
    def draw(self):
```

```python
            self.screen.fill((0, 0, 0))
            for x, y in self.snake:
                pygame.draw.rect(self.screen, (0, 255, 0), pygame.Rect(x, y,
SIZE, SIZE))
            pygame.draw.rect(self.screen, (255, 0, 0), pygame.Rect(self.food[0],
self.food[1], SIZE, SIZE))
            pygame.display.flip()
if __name__ == "__main__":
    Game().run()
    pygame.quit()
```

这个版本的游戏还很简单，如果你想让游戏更加有趣，你可以尝试添加以下功能。

1. 增加得分显示：当蛇吃到食物时，得分增加。

2. 改变食物的类型：可以增加一些特殊的食物，比如让蛇瞬间增长，或者瞬间缩短。

3. 增加难度：随着游戏的进行，蛇的移动速度可以逐渐增加。

运行这段代码需要在本地 Python 环境中，并且已经安装了 Pygame 库。你可以试试这段代码，看看游戏是如何运行的。

　　在执行这段代码的时候，我发现了一个问题：蛇的运行速度过快，当蛇撞到墙壁时，游戏就会结束，这会让游戏新手觉得很难。于是我对游戏代码进行了一些调整。

将蛇前进的速度设置为缓慢模式，当蛇撞到墙壁时，蛇从墙壁穿过，从另一侧出来，不要结束游戏。游戏窗口背景设置为白色，蛇的身体设置为绿色，食物设置为红色的圆形。 加上上述条件，重写贪吃蛇游戏。

当然！按照你的要求，我已经对游戏进行了修改。现在，游戏窗口的背景是白色的，蛇的身体是绿色的，食物是红色的圆形。此外，蛇现在会缓慢地移动，并且当它撞到墙壁时会从另一侧穿过。

以下是修改后的代码：

```python
import pygame
import time
import random
# 设置屏幕大小
WIDTH = 600
HEIGHT = 400
# 设置蛇和食物的大小
SIZE = 20
```

```python
class Game:
    def __init__(self):
        pygame.init()
        self.screen = pygame.display.set_mode((WIDTH, HEIGHT))
        self.clock = pygame.time.Clock()
        self.reset()
    def reset(self):
        self.snake = [(WIDTH // 2, HEIGHT // 2)]
        self.direction = pygame.K_RIGHT
        self.food = None
    def run(self):
        while True:
            for event in pygame.event.get():
                if event.type == pygame.QUIT:
                    return
                elif event.type == pygame.KEYDOWN:
                    self.direction = event.key
            if not self.update():
                break
            self.draw()
            self.clock.tick(5)  # Set the speed of the snake to slow mode
    def update(self):
        x, y = self.snake[0]
        if self.direction == pygame.K_LEFT:
            x -= SIZE
        elif self.direction == pygame.K_RIGHT:
            x += SIZE
        elif self.direction == pygame.K_UP:
            y -= SIZE
        elif self.direction == pygame.K_DOWN:
            y += SIZE
        # Make the snake pass through the wall
        x %= WIDTH
        y %= HEIGHT
        if (x, y) in self.snake:
            return False
        self.snake.insert(0, (x, y))
        if self.food and x == self.food[0] and y == self.food[1]:
            self.food = None
        else:
            self.snake.pop()
        if not self.food:
            while True:
                self.food = (random.randint(0, WIDTH // SIZE - 1) * SIZE,
random.randint(0, HEIGHT // SIZE - 1) * SIZE)
                if self.food not in self.snake:
                    break
```

```
            return True
    def draw(self):
        # Set the background color to white
        self.screen.fill((255, 255, 255))
        # Draw the snake body in green
        for x, y in self.snake:
            pygame.draw.rect(self.screen, (0, 255, 0), pygame.Rect(x, y,
SIZE, SIZE))
        # Draw the food as a red circle
        pygame.draw.circle(self.screen, (255, 0, 0), (self.food[0] + SIZE //
2, self.food[1] + SIZE // 2), SIZE // 2)
        pygame.display.flip()
if __name__ == "__main__":
    Game().run()
    pygame.quit()
```

这个版本的游戏具有你所要求的特性：蛇移动速度慢，撞到墙壁时会从另一侧穿过，游戏窗口背景为白色，蛇身为绿色，食物为红色的圆形。你可以在本地的 Python 环境中尝试运行这段代码。

我们将代码复制到一个文本文档中，将其保存成名为 "snake_game.py" 的文件，并将其放在桌面上。下面，我们就可以在计算机终端执行这段代码了，如图 4-21 所示。

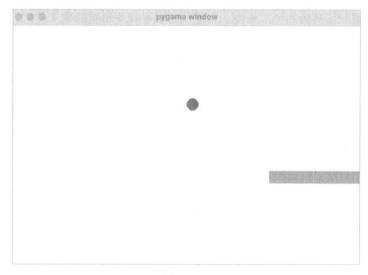

图　4-21

如果想让游戏更美观，我们可以继续优化和调试代码，比如将食物设置为一个苹果，改变蛇身体的颜色，在游戏窗口设置积分模式，等等。

第 5 章

职场高效使用 ChatGPT

5.1 用 ChatGPT 做面试准备

面试是我们在面对人生重要抉择时所经历的关键一环。无论是刚毕业的大学生还是有丰富职场经验的员工，借助 ChatGPT，都可以获得面试辅导和职业规划方面的帮助。

对于刚毕业的大学生而言，进入职场是一项全新且充满挑战的任务。他们可以利用 ChatGPT 获得面试指导，从而提高应对面试的信心和准备水平。他们可以向 ChatGPT 咨询有关简历优化、自我介绍的问题，从 ChatGPT 获得常见面试问题的最佳回答、有关行为面试或技术面试的技巧和建议，并了解如何在面试中展示自己的优势和潜力。

对于有着丰富职场经验的员工来说，当他们想要寻找一份更好的工作时，面试也是不可或缺的一环。他们可以利用 ChatGPT 获得面试方面的建议，以便在面试中更好地展现自己的能力和经验，争取更好的职位和更高的薪资。他们可以向 ChatGPT 咨询有关如何回答挑战性问题、如何突出自己的职业成就的问题。

对于从事职场培训或求职面试培训的人士而言，他们可以利用 ChatGPT 来拓展业务，提供更加优质、定制化的服务。他们可以向 ChatGPT 咨询关于面试技巧和面试策略的问题，以便为他们的学员提供更专业的指导。ChatGPT 还可以为他们解答学员关于面试准备、自信心的建立、沟通技巧等方面的问题，从而提升学员的职场竞争力。

不过，需要注意的是，ChatGPT 的回答仅供参考，还应结合个人情况和实际经验进行思考和综合判断。在面试准备过程中，积极参与训练，加强与专业人士的交流将有助于更全面、更有针对性地提升面试技能并取得成功。

5.1.1 面试准备

在准备面试的过程中，你可以让 ChatGPT 就以下方面为你提供指导。

1. 常见面试问题：提供一些常见的面试问题和最佳回答示例。

2. 自我介绍：帮助你撰写一份令人印象深刻的自我介绍，突出你的技能和经验。

3. 行为面试问题：提供一些常见的行为面试问题，并提供如何回答这些问题的建议。

4. 职业成就：帮助你了解如何有效展示职业成就和成功经历，使面试官对你的能力产生兴趣。

5. 弱点和挑战：帮助你了解如何应对关于弱点和面临的挑战的问题，以展示你的积极态度和成长能力。

6. 公司研究：帮助你了解如何有效地研究目标公司，并在面试中展示你对公司的兴趣和了解程度。

7. 提问环节：提供一些合适的问题，供你在面试过程中向面试官提问，以展示你的兴趣和主动性。

8. 面试技巧：提供一些面试时的技巧和建议，包括如何保持自信、合适的姿态和言谈风格等。

5.1.2 提供常见面试问题

ChatGPT 可以为我们提供一些常见的面试问题。

我明天有一个软件销售职位的面试。你能给我 10 个面试问题吗？

当然可以，以下是一些可能会在面试中被问到的问题。

1. 请简要介绍一下你自己，并说明为什么你对这个职位感兴趣？

2. 在你过去的工作经验中，你是如何克服销售困难的？能否提供一个具体的例子？

3. 描述一下你参与过的最大的销售项目。你是如何将这个项目带向成功的？

4. 你是如何建立并维护客户关系的？

5. 在你的销售策略中，你是如何定位和区分我们的产品或服务的？

6. 你如何处理潜在客户的反对或拒绝？

7. 描述一下你对软件行业的理解。你觉得近期有哪些关键趋势影响了这个行业？

8. 假设你的目标是在接下来的三个月里提高销售额，你会怎么做？

9. 如果你的一个大客户突然决定不再使用你的产品，你会怎样挽回这个客户？

10. 在过去的销售工作中，你是如何使用 CRM 软件（如 Salesforce）的？你对它的运用有多熟练？

记住，回答这些问题的时候，尽可能地提供具体的例子，并展示你的技能和经验，以及你对这个行业的理解。祝你面试成功！

如果你不太擅长回答某些问题，你可以求助 ChatGPT。

请帮我回答：如果你的一个大客户突然决定不再使用你的产品，你会怎样挽回这个客户？

当然，以下是一个可能的回答。

首先，我会尽快安排一次与客户的会议，理解他为什么决定不再使用我们的产品，听取客户的反馈至关重要，它可以帮助我们了解问题出在哪里，是产品的功能问题还是服务问题，或者是价格问题。

如果是产品的问题，我会详细了解客户对产品哪些方面不满意，并且尽快向产品团队反馈，看我们是否能及时改进。同时，我会向客户展示我们公司对产品改进和迭代的计划，让他看到我们的决心和能力。

如果是服务问题，我会认真了解客户的需求和期待，然后与团队协商如何改进我们的服务以满足客户的需求。

如果是价格问题，我会尝试与客户进行谈判，看看是否有可能提供更优惠的条件，或者提供更多的价值以平衡价格。

总的来说，我会尽我所能解决客户遇到的问题，同时保持积极的态度，因为我相信维护现有的客户关系就是维护公司的长期利益。我会让客户知道，他对我们非常重要，我们愿意为他做出改变。

5.1.3 模拟面试全过程

我们不仅可以让 ChatGPT 提供面试问题和相应的答案，还可以让 ChatGPT 模仿面试官，演绎面试的全过程。

你能扮演一个医药公司的招聘人员来面试我吗？我申请的职位是高级医药代表。

我希望你一个问题一个问题地问我，在我回答完这个问题之后，给予点评和优化建议。点评完后，再继续问我第二个问题。

当然，我们可以开始了。

问题 1：请你简单地介绍一下自己，以及你为什么对这个高级医药代表的职位感兴趣？

当我给出指令之后，ChatGPT 开始模拟面试官问我第一个问题，根据提问，我进行了回答，并将回答作为新的提示词发给 ChatGPT。

 我叫张三，毕业于江城医科大学，药学专业。毕业之后，在一家国企从事医药代表工作，负责跟临床医生沟通，推广公司的产品，维系公司与客户之间的关系。在这家公司工作了 3 年，对这一行有比较丰富的经验。现在看到贵公司有高级医药代表的职位，希望能给自己谋求更大的平台和发展机会。

 回答得非常好，你明确地表述了自己的经历和目标。要想进一步提升，可以具体描述你在过去的工作中的一些成功经历，比如你是如何维护客户关系、推动产品销售的。另外，也可以讲讲你为什么选择我们的公司，比如是对我们的产品有信心，或者对我们的公司文化有认同感。

问题 2：能否描述一次你在与医生沟通过程中所遇到的挑战，以及你是如何解决的？

在我对第一个问题做出回答后，ChatGPT 对我的回答做出了专业的点评，给出了优化建议，并在点评后向我提出了第二个问题。

接下来，我就可以回答第二个问题，继续模拟一个完整的面试过程。

如果这个问题对我来说有难度，我还可以向它求助。

 这个问题对我来说有点挑战性，能告诉我应该如何更好地回答吗？

 当然，这个问题主要是想看你解决问题的能力和应对挑战的策略。你可以按下面的思路思考。

1. 首先，回想你的工作经验中，有没有哪次与医生的交流特别困难，或者有什么特殊的挑战？可能是医生特别忙，没时间与你见面；或者医生对你的产品不感兴趣；或者医生对你提出了一些难以回答的问题。

2. 然后，描述一下你是如何解决这个问题的。你是如何说服医生抽时间见你的？你是如何让医生对你的产品产生兴趣的？你是如何回答医生的问题，或者找到答案的？

3. 最后，总结一下这次经验对你的影响，你从中学到了什么，对你未来的工作有什么帮助。

所以，你可以尝试再回答一次这个问题，看看是否能用上这些建议。

值得注意的是，虽然 ChatGPT 能为我们提供指导和建议，但这些指导和建议是基于模型的训练数据和先前的知识，并不一定适用于所有情况。在进行面试准备时，你最好结合个人经历和实际情况进行自我评估和调整。此外，面试者还应积极参加面试准备课程、与专业人士交流，并进行模拟面试，以做出充分的准备工作并获得真实的反馈。

5.2 用 ChatGPT 找到好工作

在寻找一份好工作时，有几个关键因素需要考虑。一是，需要结合自己已有的工作经验，分析自己擅长的技能，以便找到与之匹配的岗位。二是，了解目标岗位和目标公司对所需人员的要求，以便更好地了解市场需求和行业趋势，以及雇主对候选人的期望。

首先，你需要分析自己的工作经验和技能。回顾过去的工作经历，梳理你在每个职位上进行的任务、承担的责任和取得的成就，这有助于你确定自己的优势和所擅长的领域。接着思考一下你所具备的知识和技能，包括专业技能和人际关系技能。这些技能可能涵盖项目管理、团队合作、沟通能力、解决问题能力等方面。你要将这些技能与目标岗位所需的技能进行对比，看看是否存在匹配之处。

接下来，了解目标岗位和目标公司对所需人员的要求。你要积极查阅相关招聘广告、相关公司网站上的信息，了解岗位描述，包括具体职责、所需的技能和背景要求。这将帮助你明确自己在何种程度上符合目标公司的期望。你还可以通过与该行业的业内人士交流，了解更多该行业或职位的情况，例如日常工作内容、行业趋势和发展机会等。

在研究了目标岗位和目标公司的要求后，你可以开始撰写一份能够让人力资源和猎头满意的求职简历和求职信。

在准备求职材料时，有以下几点需要注意。

1. 突出你的成就和贡献

在简历中详细描述你在过去的经历中取得的成就和做出的贡献。使用具体的数据和事例来支持你的陈述，这将帮助你展示自己的价值和能力。

2. 重点突出与目标岗位相关的技能

根据目标岗位的要求，强调你具备的技能和经验。如果有与该职位直接相关的项目经验或培训经历，一定要在简历中突出体现。

3. 突出适应能力和学习能力

现代职场需要快速适应新环境和学习新知识的能力。在简历中强调你的适应能力和持续学习的态度，包括参加培训、自主学习和适应新工具、新技术的经验。

4. 撰写个性化求职信

针对每个目标公司撰写个性化的求职信，突出你对该公司的兴趣和了解，说明你为什么对该岗位感兴趣以及你能为公司带来什么价值。

5. 语言简洁明了

注意简历和求职信的语言要简洁明了，重点突出关键信息。要使用行业术语和关键词，以便与目标公司的招聘要求相匹配。

总之，ChatGPT 可以帮助你分析个人优势以及目标岗位所需的专业技能，进而精准匹配目标岗位；还能帮助你优化简历和求职信，从而增加找到好工作的机会。

5.2.1 分析个人优势

通过向 ChatGPT 提供你的个人信息、工作经验和技能背景等，ChatGPT 可以帮助你总结在过去的工作中取得的成就和做出的贡献，以及你具备的技能和能力，识别出你的潜在优势和特长。

我今年 37，曾经在软件行业工作过 10 年，有过大数据、商业智能数据分析的从业经验。辞职后，自学了人工智能编程，做过小红书博主，做过小红书培训，目前在开展 "ChatGPT 大师班" 的培训。请结合我的个人经历，帮我生成一个总结，告诉我擅长做什么，并根据我的特点，告诉我什么工作适合我，以及适合的职业方向。

基于你的经历和技能，以下是对你的概括以及可能的职业建议。

总结

你是一个多元化且充满探索精神的专业人士，有着丰富的软件行业经验，包括大数据和商业智能数据分析。在离开传统职场后，你展现了极高的自我驱动力和学习能力，自学人工智能编程，成功转型为小红书博主，并在此基础上开展了相关的培训工作。你的经历显示你具有强烈的适应力和创新能力，能够快速掌握新的技能，并将它们转化为有价值的服务。

你擅长以下事情。

1. 数据分析：你有过大数据和商业智能数据分析的经验，这是一个在许多行业都非常有价值的技能。

2. 自我学习和适应：你能够自我驱动，学习新的技能，如人工智能编程，这种能力在快速发展的技术行业中非常重要。

3. 内容创作和培训：你在小红书上创作内容并开展培训，这显示了你的创作能力和教学能力。

适合的职业方向如下。

1. 数据科学家 / 数据分析师：利用你的大数据和商业智能数据分析的技能，可以在这个领域找到有挑战性的工作。

2. AI 技术专家：如果你对人工智能编程保持热情，你可以考虑转型为 AI 技术专家或研发工程师。

3. 培训师或教育顾问：你已经在小红书上开展了培训工作，可以考虑将此扩展到其他领域，或者成为一个专业的教育顾问。

4. 内容创作者：你已经证明了自己在内容创作方面的能力，可以考虑进一步发展这方面的工作，比如成为一个专业的博主或者自媒体人。

你的多元化背景和广泛技能让你在许多领域都有很大的潜力，关键是找到你最热爱、最让你有激情的那个方向。

5.2.2　研究目标岗位所需的专业技能

利用 ChatGPT 的搜索能力，你可以收集目标岗位的相关信息，包括职位描述、职位所需的专业知识和技能，以及具体要求。

 列出 10 个适合申请的职位。

 根据你的个人经历和技能，以下是 10 个可能适合你申请的职位。

1. 数据科学家：利用你的大数据和商业智能数据分析技能来发掘和解释复杂的数据集。

2. 人工智能工程师：利用你的人工智能编程技能来设计、测试和维护人工智能系统。

3. 商业智能顾问：结合你的数据分析和商业理解，为企业提供商业智能解决方案。

4. 数据产品经理：负责管理和设计依赖数据的产品或服务。

5. 数据可视化专家：利用你的数据分析技能和创新思维，将数据以易于理解的方式呈现出来。

6. 社交媒体策略师：运用你的小红书经验，为公司策划社交媒体营销策略。

7. 内容创作者：运用你的创作技能，为各种平台创作有价值的内容。

8. 在线课程讲师：利用你的教学和专业技能，为在线学习者提供课程。

9. 技术培训师：利用你的技术和教学技能，为公司员工或客户提供相关的技术培训。

10. 数据驱动的市场营销专家：结合你的数据分析技能和内容创作能力，设计和执行数据驱动的市场营销策略。

以上职位都需要一定的技能深度和广度，同时也要求良好的学习能力和适应能力。希望这些建议能对你有所帮助。

 从招聘者的角度来看，在线课程讲师这个职位需要什么样的人？

 作为招聘者，对于在线课程讲师的职位，通常希望申请者具备以下的特质和技能。

1. 专业知识：讲师应该对他们教授的主题有深入的理解和专业知识，无论是科技、艺术、商业还是其他领域。

2. 教学能力：讲师需要具备强大的教学能力，能够清晰、有效地传递信息，使学生理解复杂的概念。

3. 在线教学经验：对在线教学平台比较熟悉，如 Zoom、Teams、Google Classroom 等，并了解如何有效地在这些平台上教授。

4. 沟通技巧：教师需要良好的口头和书面沟通技巧，以便清晰地表达思想，回答问题，和学生建立有效的互动。

5. 技术熟练度：讲师需要具备基本的技术技能，如会使用在线教学工具、能解决技术问题，甚至会基本的视频编辑。

6. 人际关系和激励技巧：激励学生参与和完成课程是非常重要的，讲师需要知道如何激发学生的兴趣和参与度。

7. 创新思维：随着在线教育的发展，讲师需要能够接受新的教学方法和工具，以保持他们的课程新鲜和引人入胜。

8. 组织能力：讲师需要良好的时间管理和组织能力，以规划课程、准备教材，并跟踪学生的进度。

9. 耐心和理解：每个学生的学习速度和方式都是不同的，讲师需要有耐心，理解并适应这些差异。

10. 热情和专注：最后，但同样重要的是，讲师需要对他们的主题和教育充满热情，这种热情会感染到学生，激发他们的学习兴趣。

5.2.3 精准匹配目标岗位

通过与 ChatGPT 互动，你可以将个人优势和目标岗位所需的专业技能进行对比和匹配。ChatGPT 可以帮助你评估你在这些技能上的熟练程度并提供建议。

 针对申请的职位，列出我的优势和劣势。

 根据你所提供的信息，以下是你作为一个在线课程讲师的优势和劣势。

优势

1. 丰富的专业经验：你在大数据、商业智能数据分析和人工智能编程方面有十年的经验，这是你的一大优势。你的专业知识深厚，能够在相关主题的教学中提供实际和实用的知识。

2. 教学和培训经验：你已经有小红书的培训经验，这说明你具有传授知识的能力。

3. 自学能力：你的自学能力强，这在教育领域是非常重要的，因为这意味着你能够跟上新知识的步伐，并将它们融入到你的课程中。

4. 创新和适应力：你从软件行业成功转型为小红书博主，这表明你具有创新思维和强大的适应力，这在在线教育领域是非常重要的。

劣势

1. 在线教学经验：根据你提供的信息，你可能缺乏大规模在线教学的经验。尽管你有过小红书的培训经验，但是大规模的在线课程可能会有不同的挑战。

2. 教育背景：虽然你在技术领域有丰富的经验，但是你可能缺乏正规的教育和教学背景。这可能会影响你的教学策略和方法。

3. 技术熟练度：尽管你有人工智能编程的经验，但是对于某些在线教学工具，你可能需要进一步提升技术熟练度。

请注意，劣势并不意味着你不适合这个职位，它只是表示可能需要你投入更多的时间和精力去提升和改进。实际上，你的优势已经使你具备了做好这份工作的基本条件。

5.2.4 优化简历和求职信

基于 ChatGPT 的建议和指导，你可以优化你的简历和求职信，使其更加精确地匹配目标岗位的要求。ChatGPT 可以提供关于简历结构、关键词的使用、内容组织和语言风格的建议。它可以帮助你突出你与目标岗位相关的成就、技能和经验，以吸引招聘专员的注意。

能帮我写一份简历吗？

当然可以，以下是一个基于你提供的信息的简历样本。

个人信息

张三

电子邮件：xxx@xxx.com

电话：（x）xx-xx

目标

寻求在线课程讲师职位，以利用我在大数据、商业智能数据分析和人工智能编程方面的专业知识，并将我的教学技能和创新思维应用于在线教育。

技能

大数据和商业智能数据分析；

人工智能编程教学和培训；

内容创作；

创新思维和适应力。

工作经历

"ChatGPT 大师班"讲师，自由职业者，2023 年至今

- 设计并开展人工智能课程；

- 管理学生学习进度和给予学生反馈。

小红书博主和培训师，自由职业者，2022 年至 2023 年

- 创作和分享相关主题的内容；

- 提供小红书使用培训。

高级数据分析师，XXX 公司，2012 年至 2022 年

- 为公司提供大数据和商业智能解决方案；

- 协助业务部门理解数据报告和洞察。

教育背景

江城医科大学，药学专业，学士学位，2008 年至 2012 年

这只是一个基本的简历模板，你可能需要根据实际情况对其进行修改和优化。例如，你可能需要提供更详细的工作经历描述，包括你的职责、成就和使用的技术等。另外，如果你有任何证书、荣誉或者公开发表的作品，也应该在简历中加以突出。

有了简历后，我们再写一份求职信。

 再帮我写一份求职信。

当然，以下是一个根据你的经历和技能定制的求职信样本。

【你的名字】

【你的地址】

【省，城市，邮政编码】

【你的电话号码】

【你的电子邮件】

【日期】

【招聘经理的名字】

【公司名称】

【公司地址】

【省，城市，邮政编码】

亲爱的【招聘经理的名字】：

我很高兴在【招聘来源】上看到你们正在寻找一名在线课程讲师。作为一名有着丰富专业经验和教学经验的专家，我相信我能够为你们的团队带来价值。

我在大数据、商业智能数据分析和人工智能编程方面有着超过 10 年的工作经验。这使我得以深入理解这些领域的知识和技能，同时我也学会了如何将复杂的概念简化，使之更容易理解。

在过去的几年里，我作为一个自由职业者，通过小红书平台进行内容创作和培训，并开设了"ChatGPT 大师班"的在线课程。这使我不仅在教学技巧上积累了经验，更增强了我的在线教学能力，包括如何管理学生学习进度，如何通过线上方式进行有效互动，以及如何利用各种工具增强教学效果。

我热衷于教育，并深信在线教育有其独特的价值和魅力。如果能有机会将我在数据分析和人工智能方面的专业知识应用到教育领域，我相信我能为你们的团队和学生带来极大的价值。

我期待有机会和你们进一步讨论我如何能够为你们的团队做出贡献。谢谢你考虑我的申请。

顺祝商祺！

借助 ChatGPT，你可以精准匹配目标岗位、优化求职材料，以提高找到好工作的概率。ChatGPT 可以为你提供专业建议，帮助你突出个人优势和与目标岗位相关的技能，使你在众多应聘者中脱颖而出。

此外，要记住不断自我反省和改进。如果你发现自己在某些技能或经验上欠缺，可以通过自学、参加培训课程或争取参与相关项目的机会来弥补这些缺点。保持积极的心态，相信自己的能力，这将有助于你在求职过程中保持动力和自信。

需要注意的是，虽然 ChatGPT 提供了强大的语言处理和分析能力，但它仍然是一个工具，不能替代你的独立思考和判断。在考虑 ChatGPT 给出的建议时，要结合自己的实际情况和专业知识做出综合判断。同时，多方面的准备和努力也是成功找到好工作的重要因素。

5.3 用 ChatGPT 撰写工作汇报和工作邮件

工作邮件和工作汇报是我们工作中不可或缺的一部分。无论是职场人士还是销售人员，都需要掌握撰写措辞得当的工作邮件、周报、月报和年度总结的技巧，以提高沟通效率，促进解决问题，或提升销售业绩。

对于工作汇报，无论是周报、月报还是年度总结，在撰写时，有以下几点需要注意。

指定时间范围：明确汇报的时间周期，例如周报、月报或年度总结。

重点突出：汇报中要突出关键指标、成果和重要事件，以便上级或相关人员快速了解。

数据支持：提供可量化的数据和统计结果，以增加汇报的可信度和说服力。

分析和总结：对数据和情况进行分析和总结，提出问题、挑战和解决方案，为后续工作提供参考和改进方向。

结构清晰：使用标题和小标题、编号或项目符号等来组织汇报内容，使其易于阅读和理解。

对于销售人员，撰写邮件的目的是传递产品信息和促销信息，以提升销售业绩。撰写时，有以下几点需要注意。

个性化称呼：使用客户的姓名或尊称，增强亲切感和个性化。

清晰表达：简洁明了地介绍产品特点、优势和功能，使客户能够快速了解产品的价值。

强调价值：强调产品对客户的益处和给出的解决方案，以激发其购买兴趣。

个性化推荐：根据客户的需求和兴趣，提供个性化的产品推荐和建议。

强调促销活动：如有促销活动或优惠，及时告知客户，以提高购买动机。

互动和跟进：鼓励客户提出问题或反馈意见，并及时回复，以建立良好的沟通和信任关系。

对于职场人士，在撰写工作邮件时需要注意以下几点。

明确主题：在邮件主题中，需要简洁明了地描述邮件内容，方便收件人快速理解和分类处理。

体现礼貌：邮件的开头和结尾要用礼貌的称呼和问候语，例如"尊敬的……""您好""谢谢"等，展现专业性和对他人的尊重。

清晰简洁：使用简洁明了的语言表达，避免使用过多的行文修饰。段落之间使用空行分隔，使邮件易于阅读。

重点突出：将重要信息或请求放在邮件的开头或结尾，并使用粗体或斜体强调关键词，以引起读者的注意。

结构合理：按照逻辑编排邮件内容，可以使用项目符号或编号来列举要点，使读者易于理解。

附上附件：如果需要，附上相关的文件或资料，并在邮件中指明附件的目的和内容。

过去，撰写工作汇报、销售邮件和工作邮件需要耗费大量的时间和精力。人们需要手动编写内容，思考用词和语法，以确保信息能够准确地传达。这样做往往影响了工作效率和销售业绩的提升。

现在，有了 ChatGPT，我们能够快速、高质量地完成这些任务。与传统的手动编写相比，ChatGPT 有着以下强大的优势。

1. 提高写作效率

ChatGPT 可以快速生成高质量的文本，从而大大节省了撰写时间。你不再需要从头开始思考每一个句子，只须简单地描述要表达的内容，ChatGPT 就会为你生成相应的文本。

2. 减少重复劳动

通过 ChatGPT，你可以创建模板或样式，以便在不同场景下快速生成邮件、报告或促销文本，这可以减少重复的工作，节省精力。

3. 提供灵感和参考

ChatGPT 可以提供各种写作灵感和参考，帮助你构思更好的句子和段落。无论是表达感谢、提出建议还是解决问题，ChatGPT 可以为你提供多种表达方式和写作风格的建议。

4. 纠正语法和拼写错误

ChatGPT 具有强大的语言处理能力，能够自动检查语法和拼写错误，提供纠正建议，这有助于提升文本的准确性和专业性，使你的汇报或邮件更加专业。

5. 节省时间和提升创造力

通过使用 ChatGPT，你不再需要将大量的时间花在撰写文本上，而是可以专注其他重要任务，提升时间管理能力和创造力。

下面让我们来看一些具体的案例。

5.3.1 用 ChatGPT 撰写工作汇报

撰写月报和周报是工作中的重要任务之一。通过撰写月报和周报，我们可以向上级汇报工作进展、成果和问题。借助 ChatGPT 强大的语言模型，你可以快速地撰写出一份高质量的月报和周报。

下面以撰写周报为例，看看 ChatGPT 是如何帮助我们快速撰写周报的。

 根据日常工作内容，提取要点并适当扩充，以生成周报。使用下面提供的文本作为中文周报的基础，生成一个简洁的摘要，突出最重要的内容。该报告应以 Markdown 格式编写，并应易于阅读和理解，以满足一般受众的需要。特别是要注重提供对利益相关者和决策者有用的见解和分析。你也可以根据需要使用任何额外的信息或来源。[本周完成了 10 个小红书竞品账号分析，做了 20 个亲子英语启蒙的小红书爆款选题，拍摄了 10 条英语启蒙小红书短视频，获客 100 个，直播带货 GMV① 3 万多元]

 本周工作总结

以下是本周主要工作亮点及关键数据。

竞品分析

- 10 个小红书竞品账号分析完成。这一过程为我们深化对市场的理解，了解竞品策略提供了重要的数据支持，同时也帮助我们更好地调整自身的产品和运营策略。

亲子英语启蒙内容创作

- 策划并完成了 20 个亲子英语启蒙的小红书爆款选题，以满足不同用户的需求，同时也增加了内容的丰富度和吸引力。

- 制作并发布了 10 条亲子英语启蒙的小红书短视频，内容涵盖我们策划的爆款选题，视频的创新和高质量保证了观看体验，有力地推动了用户增长。

---

① GMV 的全称是 Gross Merchandise Volume，意为"商品交易总额"。——编者注

> 客户增长和直播销售
>
> \- 通过各种渠道和活动，本周成功吸引了 100 个新客户，增强了我们与用户的互动和连接。本周的直播销售活动表现出色，实现了 3 万多元的 GMV，展现了我们的销售策略的有效性，同时也反映了我们产品的吸引力。
>
> 总结
>
> 本周在竞品分析、内容创作和直播销售等方面都取得了积极的进展。未来，我们将继续在这些领域深耕，寻求更多的机会和创新，以不断提升我们的市场表现和用户满意度。

5.3.2 用 ChatGPT 撰写工作邮件

在职场中，我们可能会撰写以下几种类型的邮件。

- 工作邀请 / 安排会议邮件：用于邀请同事、合作伙伴或客户参加会议、活动或其他工作安排。邮件应包括会议时间、地点、议程和相关细节。

- 工作报告 / 周报 / 月报邮件：用于向上级、团队成员或相关方汇报工作进展、完成的任务、目标达成情况等。邮件应简洁明了，突出重点，提供必要的数据和分析。

- 请求支持 / 协助邮件：用于寻求同事、上级或其他相关人员的帮助、支持或意见。邮件应明确说明请求的内容、原因和期望的反馈时间。

- 反馈 / 评估邮件：用于给同事、下属或合作伙伴提供工作反馈、评估或建议。邮件应具体说明被评估的方面，提供具体的例子和建议，同时保持尊重和建设性。

- 辞职 / 离职邮件：用于向雇主或上级提出辞职或离职，并表达对组织的感激之情。邮件应明确说明辞职 / 离职日期、工作交接的安排等细节信息。

- 营销邮件：通过电子邮件的方式向客户、潜在客户或订阅用户发送产品信息、促销信息和宣传信息，其目的是促进销售、增强品牌知名度、提高客户满意度等。

- 人事邮件：用于向面试者或被录用者发送邮件。此类邮件主要用于通知面试者面试的时间、地点和需要准备的材料等，或通知被录用者招聘结果，包括职位、薪资、入职时间等信息。

这些邮件类型涵盖了职场中常见的沟通需求。根据具体情况和目的，我们可以选择适当的邮件类型来达到沟通的目的。

我们以 3 种场景下的邮件为例，看看 ChatGPT 是如何帮助我们快速撰写邮件的。

- 营销邮件
- 面试邀约邮件
- 项目进展汇报邮件

场景 1：营销邮件

 我需要一封营销邮件，让我的目标用户对我的产品产生兴趣，并说服用户下单购买。

目标用户：宝妈

产品：一款营养丰富、天然有机、无添加儿童蔬菜水果泥

亲爱的宝妈：

您好！我希望这封邮件能够引起您对我们的产品的兴趣，因为我们有一款能够给您的宝宝带来全面营养支持的天然有机儿童蔬菜水果泥。

我们深知作为一位关爱孩子健康的妈妈，您一直在寻找最好的食品选择。我们的产品是基于最新的营养科学研究，由精心调配的天然有机蔬菜和水果制成，没有任何添加剂或防腐剂。我们致力于为您的宝宝提供优质、安全和健康的食物选择。

让我们来谈谈为什么选择我们的儿童蔬菜水果泥会是您的最佳选择。

1. 优质的营养成分：我们的产品是通过精心挑选的有机农产品制成，保留了天然食材的大部分营养成分。它们富含维生素、矿物质和纤维，为您的宝宝提供均衡的营养支持。

2. 无添加剂和防腐剂：我们坚决不使用任何人工添加剂或防腐剂，确保您的宝宝吃到纯天然的食物，远离任何有害物质。

3. 简单方便的食用：我们的儿童蔬菜水果泥包装便携，易于携带和食用。您可以随时随地为您的宝宝提供健康的零食选择，无论是在家中还是外出旅行。

4. 丰富的口味：我们深知宝宝们对口味的偏好。因此，我们特别设计了各种美味的儿童蔬菜水果泥，以确保您的宝宝享受到丰富多样的味道，培养他们对健康食物的喜爱。

此外，为了给您更好的购物体验，我们还提供以下服务。

快速便捷的配送：我们将尽快安排您的订单，并确保及时送达您的家门口。

优惠活动：我们定期推出各种促销活动和优惠券，让您以更实惠的价格购买我们的产品。

专业的客户支持团队：如果您有任何疑问或需要帮助，我们的客户支持团队将随时为您提供专业的服务。

我们真诚地希望能成为您和您的宝宝的营养伙伴。请单击下方链接，了解更多关于我们产品的详细信息，并进行购买。

【产品链接】

感谢您抽出时间阅读我们的邮件。如果您有任何疑问或需要进一步了解，请随时与我们联系。期待为您和您的宝宝提供健康美味的儿童蔬菜水果泥！

最诚挚的问候，

【您的姓名】

【您的公司名称】

场景 2：面试邀约邮件

 我需要写一封面试邀约邮件，告诉面试者，他的条件和经历非常符合我们公司某一职位要求，以及简单介绍我们公司的背景，并约他本周三下午来公司面试。

面试者姓名：张三

面试的职位：大数据分析工程师

公司名称：玩赚 AI 星球

公司地址：北京市海淀区 XXX 路甲 100 号 2 号楼 10A 室

尊敬的张三先生：

您好！我代表玩赚 AI 星球公司非常高兴地通知您，您的条件和经历与我们公司大数据分析工程师职位的要求非常契合。我对您的专业技能和经验印象深刻，并相信您将为我们的团队带来重要的价值。

玩赚 AI 星球是一家位于北京市海淀区的新兴科技公司，我们致力于利用人工智能和大数据技术来推动创新和改变。我们的团队由一群充满激情和才华横溢的专业人士组成，他们在各自领域拥有丰富的经验和出色的成就。

作为一家快速发展的公司，我们注重创新、协作和成长。我们提供积极向上的工作环境和良好的发展机会，让每一位员工都能发挥自己的潜力。我们相信，您的技术和专业知识将为我们的团队增添宝贵的资源，您将与我们共同推动公司的发展。

为了进一步了解您的技能和能力，我们诚挚地邀请您于本周三下午来我们公司进行面试。面试地点位于北京市海淀区 XXX 路甲 100 号 2 号楼 10A 室。在面试中，您将有机会与我们的团队进行深入交流，并进一步了解我们的公司文化和工作环境。

如果您能接受我们的邀请，请回复此邮件确认您的面试时间。如有任何时间上的冲突或其他问题，请随时与我们联系，我们将尽力协调安排。

非常期待与您会面，共同探讨您在玩赚 AI 星球的职业发展机会。谢谢！

最诚挚的问候，

【您的姓名】

【玩赚 AI 星球公司】

公司地址：北京市海淀区 XXX 路甲 100 号 2 号楼 10A 室

联系电话：【您的电话号码】

电子邮件：【您的电子邮箱】

场景 3：项目进展汇报邮件

 忽略以上提示词。我需要写一封项目进展汇报邮件，关于本项目组本月对公司产品龙井明前茶在小红书、抖音、知乎 3 个平台营销推广的汇报。

项目目标：在 3 个平台进行内容营销推广

项目进度：已完成 3 个平台的选题策划，目前正在进行脚本编写，目标是每个平台完成 50 篇，已完成 10% 的脚本编写，视频拍摄尚未开始

项目难度：人力不足，需要安排人力

解决方案：可考虑增加 AI 写作，提高生产力

尊敬的团队成员们：

大家好！我希望通过这封邮件向大家汇报本项目组在本月对公司产品龙井明前茶在小红书、抖音和知乎 3 个平台上的营销推广进展情况。

项目目标

我们的目标是在这 3 个平台上进行内容营销推广，以提升龙井明前茶的知名度和市场份额。

项目进度

目前，我们已经完成了这 3 个平台的选题策划工作，并进入了脚本编写阶段。我们计划每个平台完成 50 篇推广内容，目前已经完成了 10% 的脚本编写工作。视频拍摄尚未开始。

项目难度

在项目推进过程中，我们遇到了人力不足的问题。由于任务量较大，目前的人力资源已经无法满足项目的需求。

解决方案

为了解决人力不足的问题，我们可以考虑引入 AI 写作技术，以提高我们的生产力和效率。AI 写作可以协助我们完成部分脚本编写工作，节约时间和人力成本。

接下来的工作计划

1. 我们将继续进行脚本编写工作，确保按时完成每个平台的 50 篇推广内容。

2. 我们将开始准备视频拍摄工作，并安排人员配合完成。

3. 在项目推进的过程中，我们将不断监控和分析营销推广效果，根据反馈进行调整和优化。

请各位团队成员积极配合，确保项目的顺利进行。如果在工作过程中有任何困难或建议，请及时与我沟通。

> 感谢大家的辛勤付出和专注，相信我们的努力将为公司产品的推广带来显著的效果。如果有任何
> 疑问或需要进一步的讨论，请随时与我联系。
>
> 谢谢！
>
> 最诚挚的问候，
>
> 【您的姓名】
>
> 【项目组名称】

作为一种先进的语言模型，ChatGPT 具备了广泛的语言"理解"和生成能力，能够"理解"我们的需求并生成符合要求的文本。通过使用 ChatGPT 来辅助我们撰写工作汇报和各种类型的邮件，我们能够在日常工作中获得更高的工作效率和工作质量。

在撰写工作汇报方面，ChatGPT 能够帮助我们整理和呈现项目进展、成果和挑战等信息，并优化语言表达，使我们的汇报内容更加清晰、简洁且具有说服力。通过与 ChatGPT 的交互，我们能够快速生成汇报的框架和关键信息，然后再根据自己的专业知识和经验进行修饰和完善，从而提升汇报的质量和效果。

在撰写邮件方面，ChatGPT 能够为我们提供邮件起草的思路、结构和关键词，使我们能够更快地组织邮件内容，并确保信息的准确传达。它可以帮助我们选择适当的称呼和礼貌用语，协助我们根据目标受众的特点和需求进行个性化的沟通。同时，ChatGPT 还可以提供针对邮件表达方式的改进建议，使我们的邮件更具吸引力、清晰明了，并能有效地传达我们的意图和目的。

除了提供语言表达方面的帮助，ChatGPT 还可以成为我们在工作中获取信息和灵感的重要来源。它能够根据我们提供的关键词和问题，为我们生成相关的信息和观点，帮助我们更好地了解行业动态、市场趋势和最新的研究成果。这为我们在工作汇报和工作邮件中呈现准确的数据和背景信息提供了便利，也拓宽了我们的视野和思路。

然而，在使用 ChatGPT 时，我们也需要保持审慎和谨慎。虽然 ChatGPT 具备强大的语言生成能力，但它仍然是一个机器学习模型，可能存在一定的误差和不准确性。因此，在使用由 ChatGPT 生成的文本时，我们需要进行审查和修订，以确保内容的准确性且符合行业规范或公司的规范。

5.4 用 ChatGPT 一键生成思维导图

思维导图是一种图形化工具，用于组织和表达思维过程中的观点、概念和关系。它以中心主题为核心，通过放射状的分支结构展示相关的想法和信息。思维导图在工作和生活中有着广泛的应用，具备丰富的用途和应用场景，其用途和作用如下所列。

思维整理和组织

思维导图可以帮助我们整理和组织复杂的思维过程。通过将各种想法和概念以层次结构的形式表示，我们可以更清晰地理解它们之间的关系，有助于更好地规划和安排工作和生活。

计划和项目管理

思维导图是规划和管理项目的理想工具。我们可以使用思维导图绘制项目的整体框架，将任务、子任务和里程碑连接起来，帮助我们追踪进展、设置优先级并关注大局。

创意和创新

思维导图是激发创意和促进创新的有力工具。通过将各种想法和概念连接在一起，我们可以发现新的思维模式、观点和解决方案。思维导图的非线性结构和自由关联的特性，为我们提供了跳跃性思考和跨界联想的机会。

学习和知识管理

思维导图可以帮助我们更好地学习和管理知识。通过创建主题导图和子主题导图，我们可以整理、归类学习内容，获得一个可以快速查找知识、复习知识的框架。

会议和讨论

在会议和讨论中使用思维导图可以提高效率和参与度。与传统的线性笔记相比，思维导图以可视化的方式捕捉和展示思维过程，使得参与者更容易理解会议内容并参与讨论。

决策和问题解决

思维导图可以帮助我们更系统地分析和解决问题。通过绘制问题的根源、可能的解决方案和相关影响等，我们可以更全面地评估各种选择，并做出更明智的决策。

记忆和复习

通过将信息以思维导图的形式整理和表达，我们可以更好地记忆和复习知识。思维导图的图像化特性使得信息更易于理解和回忆，有利于提高记忆效果。

沟通和演示

思维导图可以用作沟通和演示工具。通过将复杂的信息转化为图形化的形式，我们可以更清晰地向他人展示和解释想法、概念和计划。

我们可以让 ChatGPT 辅助我们快速生成思维导图。我们需要做到以下几点。

描述思维导图结构

在与 ChatGPT 交流时，你可以详细描述思维导图的结构和内容。你需要提供中心主题、主要分支和相关的子分支。例如，"我有一个思维导图，中心主题是'项目计划'，主要分支包括'目标设定''任务分配'和'时间安排'，每个主分支下面有更具体的子分支。"

请求关联的想法和概念

在与 ChatGPT 对话时，你可以请求与思维导图相关的想法、概念或任务。例如，你可以询问："思维导图的'目标设定'分支下应该包括哪些相关的想法或目标？"ChatGPT 可以提供一些建议和相关信息。

探索潜在的关系和连接

在与 ChatGPT 交互时，你可以请其帮助你探索思维导图中不同分支之间的关系。例如，你可以提问："思维导图中的'任务分配'和'时间安排'之间有什么关系？它们之间是否存在依赖关系？"ChatGPT 可以就此提供帮助，帮助你发现可能的关联和依赖关系。

下面我们以西方美术史这个主题为例，演示一下如何借助 ChatGPT 快速创建思维导图。

在确定要制作的主题后，我们先让 ChatGPT 制作一篇思维导图的大纲。

你现在是一位专门研究西方美术史的教授，请为我写一篇西方美术史报告的思维导图大纲，内容包括：各个时期的代表人物和代表作品。

当然，以下是整理的西方美术史报告的思维导图大纲，主要包括各个时期的代表人物和代表作品。

西方美术史报告大纲

I. 引言

　A. 西方美术史的重要性

　B. 报告的结构和目的

II. 古代时期

　A. 古希腊

　　1. 代表人物：菲狄亚斯

　　2. 代表作品：帕提侬神庙的浮雕残片《雅典娜女神节游行队伍》

　B. 古罗马

　　1. 代表作品：罗马竞技场

III. 早期基督教艺术

　A. 拜占庭艺术

　　1. 代表作品：耶稣受难石棺浮雕

　B. 哥特式艺术

　　1. 代表作品：《巴黎圣母院》

IV. 文艺复兴时期

　A. 早期文艺复兴

　　1. 代表人物：乔托

　　2. 代表作品：《圣方济各向鸟雀布道》

　B. 高文艺复兴

　　1. 代表人物：达·芬奇

　　2. 代表作品：《蒙娜丽莎》《最后的晚餐》

V. 巴洛克与洛可可时期

　A. 巴洛克

　　1. 代表人物：伦勃朗

　　2. 代表作品：《夜巡》

　B. 洛可可

　　1. 代表人物：夏尔丹

　　2. 代表作品：《配膳桌》

VI. 19 世纪

　A. 浪漫主义

　　1. 代表人物：德拉克洛瓦

　　2. 代表作品：《自由引导人民》

　　B. 印象派

　　　　1. 代表人物：莫奈

　　　　2. 代表作品：《日出·印象》

VII. 20 世纪

　　A. 立体主义

　　　　1. 代表人物：毕加索

　　　　2. 代表作品：《阿维尼翁的少女》

　　B. 抽象表现主义

　　　　1. 代表人物：波洛克

　　　　2. 代表作品：《薰衣草之雾》

VIII. 结论

　　A. 西方美术史的演变

　　B. 时期的特点与相互联系

　　C. 美术史在当今的影响和价值

IX. 参考文献

这个大纲为你提供了西方美术史各个时期的代表人物和作品，为你的报告提供了一个全面的结构。你可以根据这个大纲进一步展开研究和分析。

接着，我们让 ChatGPT 将大纲改写成 Markdown 语言，方便我们将其复制到思维导图工具中使用。

将上述大纲转化为 Markdown 脚本，Markdown 层级共分成 4 个层级，在代码块中生成，方便我拷贝使用。

\# 西方美术史报告大纲

\## I. 引言

\### A. 西方美术史的重要性

\### B. 报告的结构和目的

\## II. 古代时期

\### A. 古希腊

1. 代表人物：菲狄亚斯

2. 代表作品：帕提侬神庙的浮雕残片《雅典娜女神节游行队伍》

B. 古罗马

1. 代表作品：罗马竞技场

III. 早期基督教艺术

A. 拜占庭艺术

1. 代表作品：耶稣受难石棺浮雕

B. 哥特式艺术

1. 代表作品：《巴黎圣母院》

IV. 文艺复兴时期

A. 早期文艺复兴

1. 代表人物：乔托

2. 代表作品：《圣方济各向鸟雀布道》

B. 高文艺复兴

1. 代表人物：达·芬奇

2. 代表作品：《蒙娜丽莎》《最后的晚餐》

V. 巴洛克与洛可可时期

A. 巴洛克

1. 代表人物：伦勃朗

2. 代表作品：《夜巡》

B. 洛可可

1. 代表人物：夏尔丹

2. 代表作品：《配膳桌》

VI. 19 世纪

A. 浪漫主义

1. 代表人物：德拉克洛瓦

2. 代表作品：《自由引导人民》

B. 印象派

1. 代表人物：莫奈

2. 代表作品：《日出·印象》

```
## VII. 20 世纪

### A. 立体主义

#### 1. 代表人物：毕加索

#### 2. 代表作品：《阿维尼翁的少女》

### B. 抽象表现主义

#### 1. 代表人物：波洛克

#### 2. 代表作品：《薰衣草之雾》

## VIII. 结论

### A. 西方美术史的演变

### B. 时期的特点与相互联系

### C. 美术史在当今的影响和价值

## IX. 参考文献
```

然后，我们将 Markdown 格式的内容复制到思维导图工具中。单击“Copy code”即可复制，如图 5-1 所示。

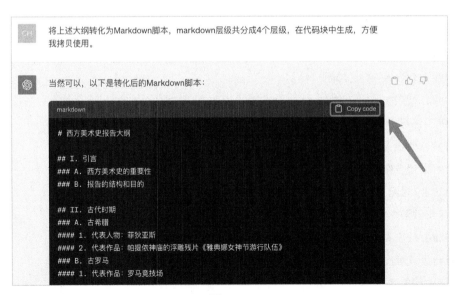

图　5-1

在此介绍两个工具，它们可以将 Markdown 文件转化为思维导图。

1. markmap

markmap 是一个支持 Markdown 语法的思维导图工具，可支持在线编写思维导图，或者在 VS Code 内编写思维导图。我们打开 markmap 网站，单击 "Try it out"，即可新建一个文件，如图 5-2 所示。

图　5-2

新建的文件会有一段示例代码，如图 5-3 所示。

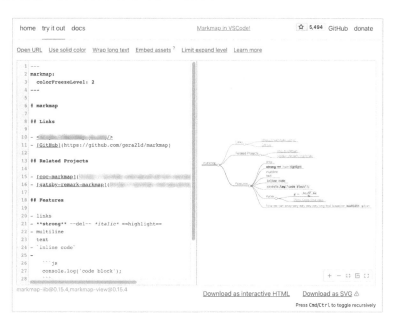

图　5-3

我们将其全部选中并删除，如图 5-4 所示。

图　5-4

在左侧空白处，将 ChatGPT 中的 Markdown 代码复制过来，复制粘贴后，右侧会立刻出现一张思维导图，如图 5-5 所示。

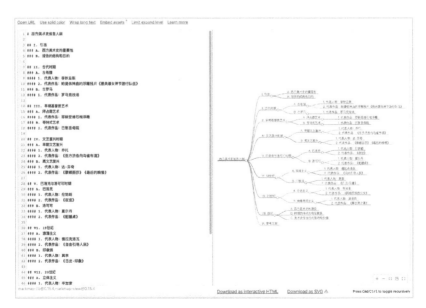

图　5-5

最后，我们可以根据所需的样式，导出文件，如图 5-6 所示。

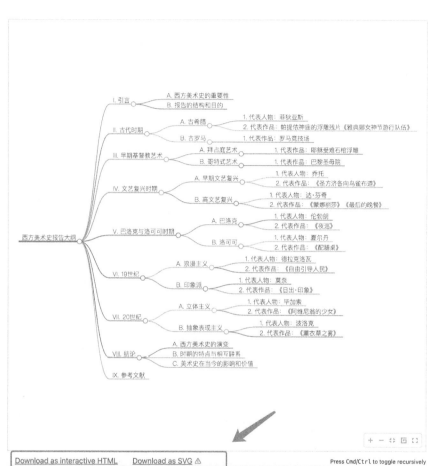

图　5-6

markmap 只能导出 HTML 和 SVG 格式，且 markmap 制作的思维导图不方便进行格式和排版上的编辑。所以，如果想制作更加精美的思维导图，我们可以使用更实用的思维导图制作工具——XMind。

2. XMind

XMind 是一个非常受欢迎的思维导图制作软件，其界面美观，使用便捷，深受用户喜欢。下面，我们看看如何借助 ChatGPT 和 XMind 生成思维导图。

首页，将 ChatGPT 生成的 Markdown 代码复制到 txt 文档中，如图 5-7 所示。

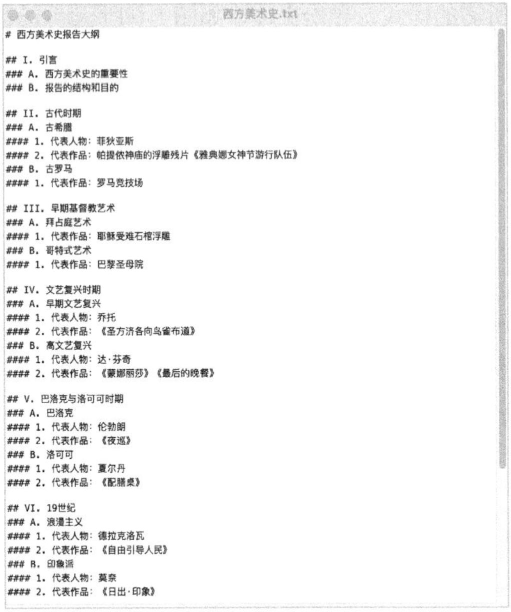

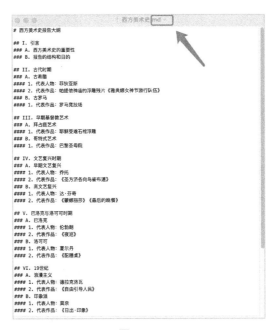

图　5-7

接着，将 txt 文档的后缀改成 md，也就是改成 Markdown 的文件格式，如图 5-8 所示。

图　5-8

然后，新建一个 XMind 文件，如图 5-9 所示。

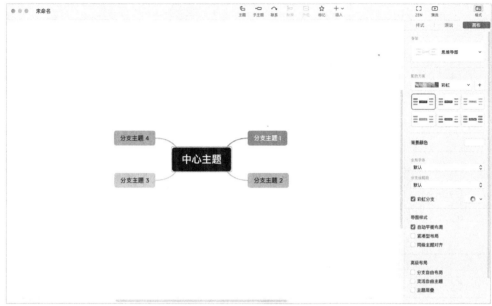

图 5-9

接着，在"文件"的下拉菜单中，单击"导入"中的"Markdown"，导入我们编辑好的 Markdown 文件，如图 5-10 所示。

图 5-10

现在，XMind 中就生成了一张思维导图，如图 5-11 所示。

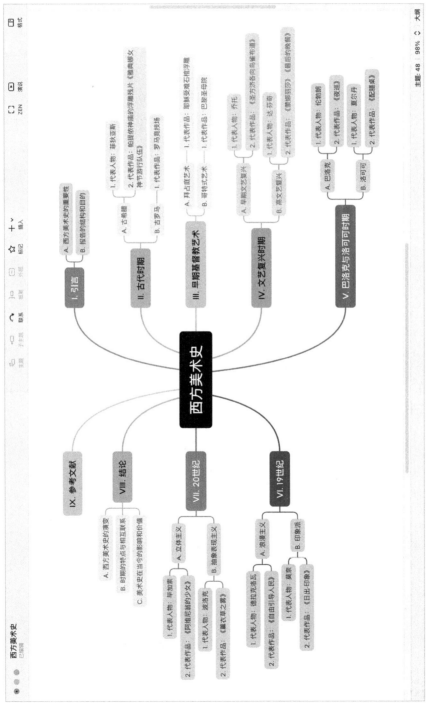

图 5-11

我们还可以根据自己喜欢的样式进行样式上的调整，如图 5-12 所示。

图 5-12

最后，一张西方美术史的思维导图就完成了。

无论是用于学习知识、计划项目、促进创意还是解决问题，思维导图都是一种强大的工具，它可以改进思考、提高效率、促进创新。在个人领域和团队合作中，思维导图都是一种有力的辅助工具，能够帮助我们更好地厘清思路，提升工作质量和生活质量。

5.5　用 ChatGPT 自动制作 PPT

PPT 是从事各行各业的人士，包括商务办公人士、教育工作者等，在日常工作中必备的工具。要想让 PPT 制作美观、赏心悦目、吸引观众，需要很多方法和技巧。

制作 PPT 让很多人望而生畏，因为它不仅涉及文字大纲的提炼，还涉及排版和配图的制作。制作 PPT 的难度有时远远大于写一篇文档。

本节将介绍两个 AI 工具，并讲解如何借助 ChatGPT 和这两个工具自动生成 PPT。

5.5.1　MindShow

MindShow 是一个自动生成 PPT 的 AI 工具，它可以根据你输入的文字大纲，自动创建演示文稿，为你生成漂亮的 PPT 页面。

MindShow 网站首页如图 5-13 所示。

图　5-13

我们以前面制作好的西方美术史大纲的 Markdown 文件为例，来生成一篇 PPT。

单击 MindShow 网站首页上的"导入创建"后，出现的页面如图 5-14 所示。

图　5-14

将 Markdown 文件中的内容复制过来，如图 5-15 所示。

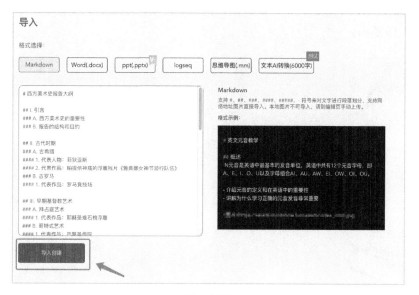

图　5-15

然后单击"导入创建",出现的页面如图 5-16 所示。

图 5-16

不到一分钟,我们就自动生成了一个 PPT 文档。

在右侧栏中,我们可以选择自己喜欢的模板,对 PPT 的排版和样式进行调整。

同时,我们还可以下载源文件,供我们在演示时使用。生成的 PPT 的部分页面如图 5-17、图 5-18、图 5-19 所示。

图 5-17

图 5-18

图 5-19

5.5.2 闪击PPT

闪击（SANKKI）PPT是一款基于云端的在线PPT制作工具，它提供了丰富的PPT模板、动画效果和图标工具等，其新建PPT的页面如图5-20所示。

图　5-20

单击"空白 PPT"上的加号，就会打开一个创建 PPT 的页面，如图 5-21 所示。

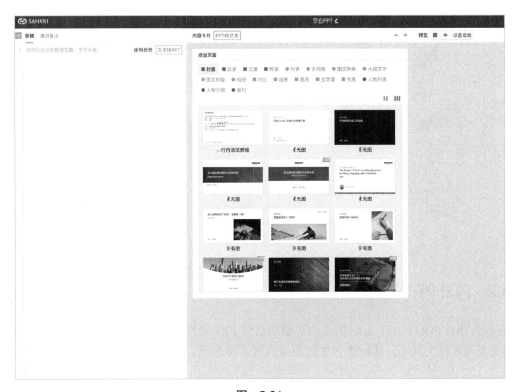

图　5-21

左侧的空白框供你输入PPT的文字稿，右侧显示的是官方教程和排版编辑页面。

在闪击PPT中，可以手动输入内容。你只需要在空白处输入一个 = 号，就会弹出下拉菜单，让你选择是要创建封面、目录、图文列表还是大段文字，如图5-22所示。

如果选择"封面"，它会生成默认格式，你按照要求填入主题即可，如图5-23、图5-24所示。

图 5-23

图 5-22

图 5-24

下面，我们选择"目录"，将目录文字输入文字框中，如图5-25所示。

图 5-25

在输入目录文字后，单击"文本转 PPT"，我们可以看到，在页面的右侧生成了两页 PPT，如图 5-26 所示。

图 5-26

除了手动创建闪击 PPT 所需的 Markdown 文本之外，我们还可以借助 ChatGPT 自动生成闪击 PPT 所需的 Markdown 文本。请注意，在提示词中要告知 ChatGPT 使用代码块回复它生成的内容，这样 ChatGPT 生成的内容是带有 Markdown 格式的，就可以直接复制到闪击 PPT 中使用，其提示词和生成内容如下。

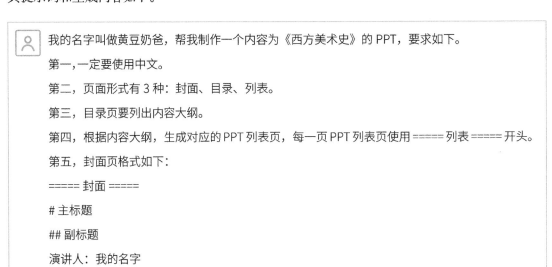

第六，目录页格式如下：

===== 目录 =====

目录

CONTENT

1. 内容

2. 内容

第七，列表页格式如下：

===== 列表 =====

页面主标题

1. 要点 1

要点描述内容

第八，列表页里的要点描述内容是对要点的详细描述，10 个字以上，50 个字以内。

最后，一定要使用代码块回复你生成的内容，切记切记。

 ===== 封面 =====

西方美术史

从古希腊到现代艺术

演讲人：我的名字

===== 目录 =====

目录

CONTENT

1. 古希腊和古罗马时期

2. 中世纪

3. 文艺复兴时期

4. 巴洛克时期

5. 浪漫主义

6. 现代艺术

===== 列表 =====

古希腊和古罗马时期

1. 艺术特点

    塑造理想人物形象，追求平衡与和谐。

===== 列表 =====

中世纪

1. 哥特式风格

    高耸的尖拱、细长的柱子和精美的玫瑰窗。

===== 列表 =====

文艺复兴时期

1. 人文主义影响

    强调人的价值和地位，艺术回归自然与人性。

===== 列表 =====

巴洛克时期

1. 艺术风格

    重视装饰，强调动感，表现力丰富，色彩浓郁。

===== 列表 =====

浪漫主义

1. 情感表现

    重视个人情感和幻想，对自然的热爱和向往。

===== 列表 =====

现代艺术

1. 多元化趋势

    探索不同的艺术形式和表现手法，强调个性和创新。

Markdown 格式的文本生成之后，我们即可单击"Copy code"复制到闪击 PPT 中，如图 5-27 所示。

图　5-27

将文本复制到闪击 PPT 中后，继续单击"文本转 PPT"，如图 5-28 所示。

图　5-28

此时可自动生成 PPT，如图 5-29 所示。

图　5-29

现在，PPT 文档就自动创建好了，PPT 文档的部分页面如图 5-30、图 5-31、图 5-32 所示。如果你需要调整 PPT 的样式，可以在页面的中间部分进行样式的调整和优化。

图　5-30

图　5-31

图　5-32

如果熟练使用上述两个工具来制作 PPT，我们就可以把主要精力放在编写 PPT 的文字部分，而无须花费大量的时间和精力去考虑 PPT 的排版和设计，这会大大提高我们的工作效率。

5.6　用 ChatGPT 十倍速使用 Excel

作为职场人士经常使用的工具，Excel 是一款功能强大、灵活易用的电子表格软件，广泛应用于商业、金融、科学研究、教育等领域。它不仅可用于数据整理和汇总，还可以进行数据分析、建立表格和图形、创建复杂的计算模型以及进行数据可视化。Excel 也支持各种数学和统计函数，可以进行简单到复杂的数值计算，如求和、平均、方差、回归分析等，满足用户对数据的深入挖掘和分析需求。

随着人工智能和机器学习的快速发展，一些新兴的自动化工具开始出现，使得数据处理和分析变得更加智能化和自动化。通过这些工具，用户可以使用自然语言或简单的指令描述数据处理任务，而无须花费大量时间手动编写复杂的公式和函数。

我们可以借助 ChatGPT 来帮助我们熟练使用 Excel，让我们从 Excel"小白"进阶为 Excel 使用高手。

这里将用两个案例来讲解如何利用 ChatGPT 来使用 Excel，以满足常见的统计需求。

5.6.1 计算产品收入和销售利润

第一个案例展示了一个水果店的水果销量和利润统计表，如图 5-33 所示。

	A	B	C	D	E	F	G
1	产品	进货价	销售价	销售数量	收入总和	投入成本	利润
2	苹果	2	5	20			
3	桔子	3	6	30			
4	芒果	4	10	40			
5	香蕉	3	8	10			
6	榴莲	25	40	50			
7	草莓	15	35	30			
8	樱桃	40	60	20			
9			小计				

图 5-33

需求一：计算水果店的收入总和

首先，我们先分步计算每一种水果的收入，通过向 ChatGPT 提问，生成计算公式。

你现在是一位精通 Excel 的专家，帮我写一个 Excel 公式，计算表格中第二行水果的收入，C 列是水果销售价，D 列是水果销售数量。

当然可以，你想计算第二行水果的总收入，可以使用 C 列的价格与 D 列的数量相乘。以下是一个公式，你可以将它放在你想要显示结果的单元格中：

=C2*D2

这个公式会取 C2 单元格的值（也就是第二行水果的销售价）与 D2 单元格的值（也就是第二行水果的销售数量）相乘，从而得到第二行水果的总收入。

然后，我们将计算公式复制到 excel 单元格中，如图 5-34 所示。

▲	A	B	C	D	E	F	G
1	产品	进货价	销售价	销售数量	收入总和	投入成本	利润
2	苹果	2	5	20	100		
3	桔子	3	6	30			
4	芒果	4	10	40			
5	香蕉	3	8	10			
6	榴莲	25	40	50			
7	草莓	15	35	30			
8	樱桃	40	60	20			
9				小计			

图　5-34

同时，我们可以将鼠标指针置于 E2 单元格的右下角，当鼠标指针呈黑色十字时，按住鼠标左键并向下拖动，即可将公式应用于其他单元格，则剩余水果的收入也都计算出来了，如图 5-35 所示。

▲	A	B	C	D	E	F	G
1	产品	进货价	销售价	销售数量	收入总和	投入成本	利润
2	苹果	2	5	20	100		
3	桔子	3	6	30	180		
4	芒果	4	10	40	400		
5	香蕉	3	8	10	80		
6	榴莲	25	40	50	2000		
7	草莓	15	35	30	1050		
8	樱桃	40	60	20	1200		
9				小计			

图　5-35

接下来，我们计算所有水果的收入总和，询问 ChatGPT 计算总和的公式。

请帮我写一个 Excel 公式，去求 E2 到 E8 中所有数的和。

 当然！你可以使用 SUM 函数来求 E2 到 E8 单元格所有数的和。下面是这个公式：

=SUM(E2:E8)

只需将这个公式放在你想要显示结果的单元格中，它就会计算 E2 到 E8 单元格所有数的总和。

将公式复制到单元格 E9，按回车键，即可计算出水果收入总和，如图 5-36 所示。

图　5-36

除了分步计算法外，我们还可以让 ChatGPT 给出一个公式，来计算所有水果的收入。

帮我写一个 Excel 公式，计算收入总和，C 列是销售价，D 列是销售数量，数据范围从第 2 行到第 8 行。

当然！你可以使用 SUMPRODUCT 函数来计算给定范围内的销售价和销售数量的乘积之和。下面的公式计算 C2 到 C8 和 D2 到 D8 的元素之间的点积，它会给出你所需的收入总和：

=SUMPRODUCT(C2:C8, D2:D8)

这个公式会将 C2 到 C8 的销售价与 D2 到 D8 的销售数量相乘，然后将所有的乘积相加，从而得到收入总和。只需将这个公式放在你想要显示结果的单元格中即可。

将 ChatGPT 创建的公式复制到 E10 单元格中，按回车键后，就可以得到所有水果的收入总和，如图 5-37 所示。

图　5-37

我们还可以让 ChatGPT 解释一下这是如何一步计算出来的。

你可以解释一下这个函数是如何实现的吗？

当你使用 SUMPRODUCT 函数时，它会按照以下步骤计算收入的总和。

1. 首先，它会将两个范围中的对应元素相乘，也就是将 C2 与 D2 相乘，C3 与 D3 相乘，以此类推，得到一个新的范围。

2. 接下来，它会对这个新的范围中的所有元素求和，即将所有相乘结果相加。

3. 最后，SUMPRODUCT 函数返回这求和的结果，即收入的总和。

换句话说，SUMPRODUCT 函数将两个范围中对应的元素相乘，并将它们相加，从而得到一个总和。在这个例子中，我们使用"SUMPRODUCT(C2:C8, D2:D8)"来计算销售价与销售数量的乘积之和，从而得到收入的总和。

需求二：计算利润

我们还可以让 ChatGPT 帮我们计算水果销售的利润。

 我需要一个 Excel 公式，计算利润，B 列是进货价，C 列是销售价，D 列是销售数量，数据范围从第 2 行到第 8 行。

利润可以通过销售价减去进货价，然后再乘以销售数量来计算。你可以使用 SUMPRODUCT 函数来实现这个计算，公式如下：

=SUMPRODUCT((C2:C8 - B2:B8) * D2:D8)

这个公式会将每个销售价 (C2 到 C8) 减去相应的进货价 (B2 到 B8)，然后将结果与相应的销售数量 (D2 到 D8) 相乘，最后将所有的乘积相加，从而得到利润。

只需将这个公式放在你想要显示利润的单元格中即可。

将公式复制到 G10 单元格中，按回车键，即可得到水果销售的利润，如图 5-38 所示。

	A	B	C	D	E	F	G
	产品	进货价	销售价	销售数量	收入总和	投入成本	利润
2	苹果	2	5	20	100	40	60
3	橘子	3	6	30	180	90	90
4	芒果	4	10	40	400	160	240
5	香蕉	3	8	10	80	30	50
6	榴莲	25	40	50	2000	1250	750
7	草莓	15	35	30	1050	450	600
8	樱桃	40	60	20	1200	800	400
9				小计	5010		
10				小计（一步计算）	5010	→	2190

G10 fx =SUMPRODUCT((C2:C8-B2:B8)*D2:D8)

图 5-38

5.6.2 充分利用员工薪资表

现在，我们来看一张公司员工薪资表，如图 5-39 所示。

员工姓名	部门	薪资等级	薪水	Email	电话
张三	营销部	2	5000	zhangsan@chatgpt.com	15897868080
李四	人力资源部	3	6000	lisi@chatgpt.com	15897868081
王五	技术部	4	8000	wangwu@chatgpt.com	15897868082
赵六	营销部	3	6000	zhaoliu@chatgpt.com	15897868083
周七	财务部	2	5000	zhouqi@chatgpt.com	15897868084
五八	技术部	5	10000	wuliu@chatgpt.com	15897868085
陈九	人力资源部	2	5000	chenjiu@chatgpt.com	15897868086
林十	财务部	3	6000	linshi@chatgpt.com	15897868087
吴去	技术部	5	10000	wuqu@chatgpt.com	15897868088
不来	人力资源部	2	5000	bulai@chatgpt.com	15897868089

图 5-39

需求一：从薪资表中查找某位员工的薪水

 请帮我写一个公式查找赵六的薪水，员工姓名在 A 列，薪水在 D 列，员工数据从 2 行开始，共有 10 行。

你可以使用 VLOOKUP 函数来查找赵六的薪水。假设姓名在 A2 到 A11 的范围内，薪水在 D2 到 D11 的范围内，你可以使用以下公式：

=VLOOKUP（"赵六"，A2:D11，4，FALSE）

这个公式的工作原理是在 A2 到 A11 的范围内查找"赵六"这个名称，然后返回与之对应的 D 列中的薪水。这里的"4"表示你想要返回的是与姓名相对应的第四列的值，而"FALSE"表示你想要执行精确匹配。

请注意，VLOOKUP 函数假设查找的范围（在这里是 A2 到 A11）是按升序排序的。如果姓名没有排序，你可能会想使用 MATCH 和 INDEX 函数组合来实现同样的目的。如果你需要这个方法，请让我知道！

将公式复制到 C14 单元格中，即可快速查询到赵六的薪水，如图 5-40 所示。

C14	⊕ fx	=VLOOKUP("赵六",A2:D11,4,FALSE)				
	A	B	C	D	E	F
1	员工姓名	部门	薪资等级	薪水	Email	电话
2	张三	营销部	2	5000	zhangsan@chatgpt.com	15897868080
3	李四	人力资源部	3	6000	lisi@chatgpt.com	15897868081
4	王五	技术部	4	8000	wangwu@chatgpt.com	15897868082
5	赵六	营销部	3	6000	zhaoliu@chatgpt.com	15897868083
6	周七	财务部	2	5000	zhouqi@chatgpt.com	15897868084
7	五八	技术部	5	10000	wuliu@chatgpt.com	15897868085
8	陈九	人力资源部	2	5000	chenjiu@chatgpt.com	15897868086
9	林十	财务部	3	6000	linshi@chatgpt.com	15897868087
10	吴去	技术部	5	10000	wuqu@chatgpt.com	15897868088
11	不来	人力资源部	2	5000	bulai@chatgpt.com	15897868089
12						
13		需求一				
14		赵六薪水	6000			

图　5-40

我们还可以询问 ChatGPT 是否有其他方法来查找某位员工的薪水。

还有其他方法吗?

当然，还有其他方法可以实现同样的目的。有一种流行的替代方法是使用 INDEX 和 MATCH 函数的组合。以下是一个公式示例：

=INDEX(D2:D11, MATCH（"赵六", A2:A11, 0))

这个公式的工作方式如下。

1. 使用 MATCH 函数在 A2 到 A11 范围内查找"赵六"。MATCH 函数会返回"赵六"在这个范围内的相对位置。0 表示我们想要精确匹配。

2. 使用 INDEX 函数从 D2 到 D11 范围内返回与 MATCH 函数找到的位置相对应的值。

与 VLOOKUP 不同，这种方法不要求查找范围按任何特定顺序排序。

你可以将这个公式放在你想要显示赵六薪水的单元格中。

将公式复制到 C15 单元格中后，C15 单元格中显示了赵六的薪水，如图 5-41 所示。

	A	B	C	D	E	F
					C15 fx =INDEX(D2:D11,MATCH("赵六",A2:A11,0))	
1	员工姓名	部门	薪资等级	薪水	Email	电话
2	张三	营销部	2	5000	zhangsan@chatgpt.com	15897868080
3	李四	人力资源部	3	6000	lisi@chatgpt.com	15897868081
4	王五	技术部	4	8000	wangwu@chatgpt.com	15897868082
5	赵六	营销部	3	6000	zhaoliu@chatgpt.com	15897868083
6	周七	财务部	2	5000	zhouqi@chatgpt.com	15897868084
7	五八	技术部	5	10000	wuliu@chatgpt.com	15897868085
8	陈九	人力资源部	2	5000	chenjiu@chatgpt.com	15897868086
9	林十	财务部	3	6000	linshi@chatgpt.com	15897868087
10	吴去	技术部	5	10000	wuqu@chatgpt.com	15897868088
11	不来	人力资源部	2	5000	bulai@chatgpt.com	15897868089
12						
13		需求一				
14		赵六薪水	6000			
15		赵六薪水（方法2）	6000			
16						

图　5-41

同一个需求，ChatGPT 使用了两个方法去遍历整个表格，以找到赵六的数据。

需求二：统计营销部所有员工的薪资总和

 请帮我写一个公式计算"营销部"部门薪资总和，部门在 B 列，薪水在 D 列，员工数据从第 2 行开始，共有 10 行。

当然！你可以使用 SUMIF 函数来计算"营销部"的薪资总和。假设部门信息在 B2 到 B11 的范围内，薪水在 D2 到 D11 的范围内，你可以使用以下公式：

=SUMIF(D2:D11, B2:B11," 营销部 ")

这个公式会查看 B2 到 B11 的范围内的每个单元格，并将所有与"营销部"匹配的单元格对应的 D 列值相加。

将这个公式放在你想要显示"营销部"薪资总和的单元格中，它将计算出所需的值。

将公式复制到 C18 单元格中后，就计算出了营销部的薪资总和，如图 5-42 所示。

	A	B	C	D	E	F
1	员工姓名	部门	薪资等级	薪水	Email	电话
2	张三	营销部	2	5000	zhangsan@chatgpt.com	15897868080
3	李四	人力资源部	3	6000	lisi@chatgpt.com	15897868081
4	王五	技术部	4	8000	wangwu@chatgpt.com	15897868082
5	赵六	营销部	3	6000	zhaoliu@chatgpt.com	15897868083
6	周七	财务部	2	5000	zhouqi@chatgpt.com	15897868084
7	五八	技术部	5	10000	wuliu@chatgpt.com	15897868085
8	陈九	人力资源部	2	5000	chenjiu@chatgpt.com	15897868086
9	林十	财务部	3	6000	linshi@chatgpt.com	15897868087
10	吴去	技术部	5	10000	wuqu@chatgpt.com	15897868088
11	不来	人力资源部	2	5000	bulai@chatgpt.com	15897868089
12						
13		需求一				
14		赵六薪水	6000			
15		赵六薪水（方法2）	6000			
16						
17		需求二				
18		营销部员工的薪资总和	11000			

C18 栏公式：=SUMIFS(D2:D11,B2:B11,"营销部")

图　5-42

需求三：采集薪资表中的一部分数据

有时，我们需要采集薪资表中的一部分数据，比如，想采集 E-mail 数据当中 @ 前面的内容。

 我需要一个 Excel 公式，显示 E-mail 数据中 @ 前的内容。E-mail 在 E 列，E-mail 数据从第二行
开始。

如果你想要提取 E 列中的电子邮件地址中 @ 符号之前的部分，你可以使用 LEFT 和 FIND 函数的
组合。假设你要提取 E2 单元格中的电子邮件地址，你可以使用以下公式：

=LEFT(E2, FIND("@", E2) - 1)

这个公式首先使用 FIND 函数找到 @ 符号在 E2 单元格中的位置，然后使用 LEFT 函数提取 @ 符
号之前的所有字符。

如果你想要对 E 列的多个单元格执行此操作，你可以将上述公式放在第二行的相应单元格中，并
向下拖动以将其应用于其他行。

将公式复制到 G2 单元格，然后将鼠标指针置于 G2 单元格的右下角，当鼠标指针呈黑色十字时，按住鼠标左键并向下拖动，即可将公式应用于其他行，如图 5-43 所示。

图 5-43

需求四：为每位员工制作一张薪资表

现在，我们想让每位员工的数据单独列在一个工作表上，即生成每位员工的薪资表。

这需要用到 Microsoft Excel[①] 中的宏的功能。我们首先在菜单栏中单击"工具"，在下拉菜单中单击"宏"，然后找到"Visual Basic 编辑器"，如图 5-44 所示。

[①] 我使用的是 Microsoft Excel for Mac 2023 版，版本号为 16.71。在不同版本的 Microsoft Excel 中，启动宏的方法不同。

图　5-44

选中我们需要创建的工作表，双击工作表，打开 Visual Basic 编辑器（后简称"VB 代码编辑器"），如图 5-45、图 5-46 所示。

图　5-45

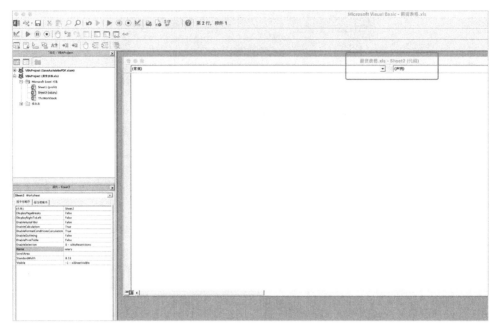

图　5-46

现在，我们需要编辑一段代码，将薪资表中每位员工的数据提取出来，并生成一个单独的工作表。同时，还要将新生成的员工薪资表以员工姓名来命名。

我们可以用自然语言描述我们的需求，将提示词提交给 ChatGPT，让它帮助我们生成一段 VB 代码。

请写一个基本的 Excel VBA 宏，用于将 salary 表单的第 2 行到第 11 行中每一行的数据转换为一个新的工作表，保留表头，新的工作表用员工姓名进行命名。

当然！以下是一个基本的 Excel VBA 宏，它会将 salary 工作表中第 2 行到第 11 行的数据分别转移到新的工作表中，并使用员工姓名进行命名（假设员工姓名在第一列）。

```
Sub CreateSheetsFromRows()
    Dim ws As Worksheet
    Dim newWs As Worksheet
    Dim i As Long
    Dim name As String
```

```
        ' 设定工作表
        Set ws = ThisWorkbook.Sheets("salary")

        ' 复制表头到剪贴板
        ws.Rows(1).Copy

        ' 遍历第2行到第11行
        For i = 2 To 11
            ' 获取员工姓名
            name = ws.Cells(i, 1).Value

            ' 创建新工作表并命名
            Set newWs = ThisWorkbook.Sheets.Add(After:=ThisWorkbook.
    Sheets(ThisWorkbook.Sheets.Count))
            newWs.Name = name

            ' 粘贴表头
            newWs.Rows(1).PasteSpecial Paste:=xlPasteAll

            ' 复制和粘贴该行的数据
            ws.Rows(i).Copy
            newWs.Rows(2).PasteSpecial Paste:=xlPasteAll
        Next i

        ' 清除剪贴板
        Application.CutCopyMode = False

        MsgBox "Operation Completed Successfully!", vbInformation
    End Sub
    ```
```

请注意，此宏不会检查工作表名的有效性。如果姓名包含不能用于工作表名的字符（如：\, /, *, ?, [, ] 等），或者工作表名重复，它可能会出错。确保员工姓名适合用作工作表名。如果可能出现问题，你可能需要添加一些额外的代码来清理或更改工作表名。

我们将 ChatGPT 生成的代码复制到 VB 代码编辑器中，然后单击执行按钮，如图 5-47 所示。

此时，我们就能看到代码编辑器左侧的菜单栏发生了变化，生成了一些用员工姓名命名的新工作表，如图 5-48 所示。
```

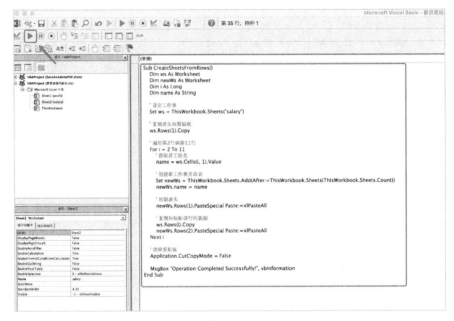

图 5-47

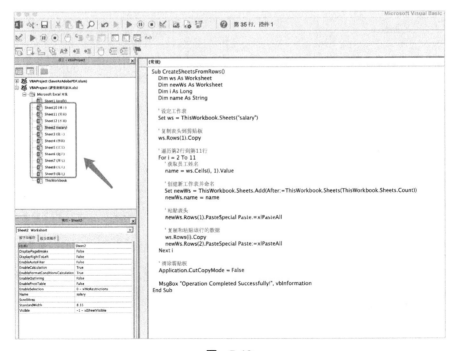

图 5-48

然后，我们再回到 Excel 表格中，就可以看到按照要求生成的每位员工的薪资表，如图 5-49
所示。

图　5-49

作为辅助工具，ChatGPT 能够帮助我们在 Excel 中实现复杂的功能。我们无须专门学习复
杂的公式、函数和编程语言，只须学会如何用自然语言来明确表达我们的需求。ChatGPT 将根
据需求返回相应结果，从而显著提高我们的工作效率。

第 6 章

用 ChatGPT 提升生活质量

6.1 让 ChatGPT 做你的健康管理师

ChatGPT 可以在一定程度上为人们提供一些健康和健身建议。当你将身体情况、活动水平、目标等信息给到 ChatGPT 时，它会给出一些基本的健身建议和营养建议。但需要注意的是，它不是医生或专业的健康顾问，也不能替代专业医疗机构。

以下是一个简单的咨询流程。

第一步，收集信息。 ChatGPT 首先需要了解你的年龄、性别、体重、身高、活动水平、健康状况（例如，是否有慢性疾病）以及你的目标（例如，减肥、增加肌肉或保持健康）。

第二步，提供锻炼计划。 基于你的信息，ChatGPT 会给出一个初步的锻炼计划。例如，如果你的目标是增加肌肉，ChatGPT 可能会建议一个包含重量训练的锻炼计划；如果你的目标是减肥，它可能会建议包含有氧运动和抗阻训练的混合训练计划。

第三步，提供营养饮食建议。 ChatGPT 也可以基于你的信息给出一些基本的饮食建议。例如，如果你的目标是增加肌肉，它可能会建议你增加蛋白质的摄入；如果你的目标是减肥，它可能会建议你减少热量的摄入，并确保你的饮食均衡。

第四步，持续调整。 ChatGPT 可以随着时间的推移和你的进步调整已给出的建议。例如，如果你的体重减轻了，它可能会对你的饮食计划和运动计划给出调整建议。

想再次强调一下，虽然 ChatGPT 可以提供一些基本的建议，但这些建议不能替代专业的医疗建议。在开始任何新的锻炼计划或饮食计划之前，建议你应该先咨询医生或健康专家。

这里举一个例子，看看我——一名长期伏案工作的男性——是如何通过描述自己的工作和生活状态让 ChatGPT 为我提供量身定制的健身方案的。

1. 分析身体状况，给出健身建议

ChatGPT 根据我的健康状况描述，从 4 个方面给出了专业的建议。

- 营养计划：增加热量和高质量蛋白质的摄入。
  - 锻炼计划：尝试阻力训练、心肺训练以及瑜伽和普拉提。
  - 睡眠和休息：睡眠和休息对恢复和增重非常重要。
  - 身体检查：如果身体不适，建议去看医生。

 我是一名 36 岁的男性，体重 65 公斤，BMI 18，我想增重 10 公斤，我平时伏案工作比较久，经常觉得颈椎疼，背部疼痛，我需要锻炼我的心肺功能，增强体质，变得强壮，给我的儿子做一个榜样。

您好，根据您的描述，您希望增重，提升心肺功能，并缓解颈椎和背部疼痛。这需要通过调整饮食和增加锻炼来实现。

1. 营养计划

增重的关键是摄入的热量要大于消耗的热量。您应该每天多摄入大约 500~1000 卡路里[①]，以每周增加 0.5~1 千克的体重为目标。尝试增加高蛋白质食物的摄入量，如鸡肉、鱼、鸡蛋、牛奶、豆腐、豆类等。同时，增加一些健康的脂肪和碳水化合物，如坚果、鳄梨、橄榄油、全麦面包、糙米、燕麦等。

2. 锻炼计划

- 阻力训练：通过举重等阻力训练，您可以增加肌肉质量，这有助于您增重。每周进行 2~3 次全身阻力训练，包括深蹲、硬拉、卧推、引体向上等动作。

- 心肺训练：您可以选择跑步、游泳、自行车等有氧运动来提高心肺功能。每周进行 2~3 次，每次 30 分钟。

- 瑜伽或普拉提：这些活动可以帮助改善您的姿势，减轻颈椎和背部疼痛。每周进行 1~2 次。

3. 睡眠和休息

睡眠和休息对恢复和增重也非常重要。尽量确保每天都有 7~9 小时的高质量睡眠。

4. 检查

如果颈椎和背部疼痛持续不减，建议您去看医生，以确定是否存在其它健康问题。

在开始任何新的锻炼或饮食计划之前，最好先与医生或注册营养师进行咨询。他们可以提供具体的建议，并根据您的个人健康状况做出调整。

为了给儿子树立一个好榜样，除了身体健康，也可以向他展示坚持锻炼、健康饮食、充足休息的重要性，以及积极的生活态度。

---

① 1000 卡路里 ≈ 4186 焦耳。——编者注

2. 根据身体情况，制订锻炼计划

从周一到周日，ChatGPT为我安排了每天30分钟左右的锻炼活动，很多活动可以在家完成，不用去健身房，这对于平时在家办公的人来说非常适用，实操性也很强。

 根据上述情况，你能为我制订一个贯穿一周的锻炼计划吗？从周一开始，到周日结束。

当然可以。这是一个示例的周锻炼计划，其中包含了阻力训练、有氧运动以及瑜伽或普拉提。请注意，您应根据个人的身体条件和时间调整这个计划。在开始新的锻炼计划之前，您应该先咨询医生或健身教练。

周一

阻力训练：全身训练，包括深蹲、硬拉、卧推、引体向上等动作。每个动作3组，每组8~12次。

周二

有氧运动：30分钟慢跑或快走。

周三

瑜伽或普拉提：用来放松肌肉，缓解颈椎和背部疼痛。

周四

阻力训练：全身训练，重复周一的锻炼。

周五

有氧运动：30分钟骑自行车或游泳。

周六

瑜伽或普拉提：用来放松肌肉，缓解颈椎和背部疼痛。

周日

休息：充足的休息也是提高身体素质的重要部分，让身体有时间恢复和适应新的锻炼强度。

这个计划是非常基础的，并且偏向于全面健身。每次锻炼前都应该做5~10分钟的热身，锻炼后应该做5~10分钟的拉伸。随着身体素质的提高，可以逐渐增加锻炼的强度和时间。希望这对您有帮助！

3. 将计划制成表格

ChatGPT还可以将锻炼计划做成表格形式。

请把锻炼计划制成表格。

天数	训练内容
周一	阻力训练：全身训练，包括深蹲、硬拉、卧推、引体向上等动作。每个动作 3 组，每组 8~12 次。
周二	有氧运动：30 分钟慢跑或快走。
周三	瑜伽或普拉提：用来放松肌肉，缓解颈椎和背部疼痛。
周四	阻力训练：全身训练，重复周一的锻炼。
周五	有氧运动：30 分钟骑自行车或游泳。
周六	瑜伽或普拉提：用来放松肌肉，缓解颈椎和背部疼痛。
周日	休息

在这个表格中，有几项运动，我不知道应该如何进行，我可以让 ChatGPT 为我做进一步的解释。

 请对全身训练，包括深蹲、硬拉、卧推、引体向上等动作进行更详细的解释，每一个动作应该如何做，以及瑜伽和普拉提应该做哪些动作。

以下是对上述运动动作的详细说明。由于我无法提供图片或视频，我将尽量详细描述这些动作。然而，如果您不确定如何正确执行这些动作，我强烈建议您在开始训练前寻求专业教练的指导。

全身训练动作

1. 深蹲：站立，脚跟与肩同宽分开，脚尖微微向外。慢慢地屈膝，像坐下的动作，臀部向后，保持胸部直立，眼神前视。下降到大腿与地面平行（或能下降多低就下降多低，但请注意舒适度和安全），然后推力使身体回到起始位置。

2. 硬拉：站立在杠铃前，脚跟与肩同宽。蹲下，保持脊背直立，握住杠铃。使用臀部和大腿的力量，将杠铃提起到站立位置，臀部向前推，直到背部、臀部和腿部完全挺直。然后，慢慢地放下杠铃，重复此动作。

3. 卧推：躺在卧推凳上，膝盖弯曲，脚平放在地面上。双手抓握杠铃，保持手肘与肩同宽。缓慢地将杠铃下降到胸部，然后用力推起，直到手臂完全挺直。然后慢慢将杠铃降至胸部，重复此动作。

4. 引体向上：站在横杆下，手掌向前握住横杆，手臂完全伸直。使用上半身的力量，把身体提升直到下巴高于横杆。然后慢慢下降到起始位置，手臂完全伸直。重复此动作。

瑜伽和普拉提动作

瑜伽

1. 山式：双脚并拢站立，双手下垂。吸气时，抬起脚掌，然后缓慢呼气，让脚掌平放在地面。保持脊柱挺直，深深呼吸。

2. 穿针引线式：四肢着地，右手向左侧穿过，放在左手和左膝之间，右脸颊放在地上。保持几秒钟，然后换另一侧。

3. 小狗伸展式：四肢着地，慢慢把手伸向前方，直到额头触地。保持几秒钟。

普拉提

1. 脊柱弯曲：平躺在地板上，膝盖弯曲，双脚平放在地面。慢慢地提起臀部，保持脚和肩部在地面上。慢慢地放下身体，重复此动作。

2. 双腿伸展：平躺在地面上，双膝弯曲，双腿举向胸部，双手握住膝盖。然后同时伸展双腿和双手，然后再弯曲双膝，双手回到膝盖上，重复此动作。

3. 剪刀：平躺在地面上，双腿直直向上举起。用一只手抓住一只脚踝，另一只脚踝下降。然后交换双腿，重复此动作。

在开始新的锻炼计划之前，请务必寻求医生或专业健身教练的建议。

4. 对锻炼计划进行调整和优化

我们可以根据实际条件，让 ChatGPT 调整和优化已经制订的锻炼计划。

 我每天没有时间去健身房，也没办法使用健身设备，所以你能否更换练习，借助身体的自重训练，按照表格的形式进行编写。

 当然可以。以下是一份使用自身体重的锻炼计划。请注意，所有的运动都应该在适应的情况下进行，如果感到过于疲劳或者疼痛，应该停止并休息。

星期一	星期二	星期三	星期四	星期五	星期六	星期日
俯卧撑 × 20	深蹲 × 20	休息	俯卧撑 × 20	深蹲 × 20	休息	休息
山地攀登者 × 30	引体向上 × 10	休息	山地攀登者 × 30	引体向上 × 10	休息	休息
引体向上 × 10	山地攀登者 × 30	休息	引体向上 × 10	山地攀登者 × 30	休息	休息
深蹲 × 20	俯卧撑 × 20	休息	深蹲 × 20	俯卧撑 × 20	休息	休息
休息	休息	休息	休息	休息	休息	休息

俯卧撑：主要锻炼胸部、肩部和三头肌。双手比肩膀宽放在地上，脚尖支撑，保持身体一条线。然后下压身体，直到胸部接触地面，再回到起始位置。

深蹲：主要锻炼大腿肌群和臀部。双脚与肩宽，脚尖略微向外翻。然后屈膝，让臀部下沉，直到大腿与地面平行，然后再回到起始位置。

引体向上：主要锻炼背部和手臂。找一个可以抓住的地方，如树枝或者横杆。然后悬挂身体，让手臂完全伸直。接着，用力将身体上拉，直到下巴超过你抓住的东西，然后慢慢回到起始位置。

山地攀登者：这是一种有氧运动，可以锻炼全身。从俯卧撑的位置开始，然后交替地把膝盖拉向胸部，就像在跑步一样。

在开始任何新的锻炼计划之前，你都应该首先咨询医生，特别是如果你有任何健康问题或者长时间没有锻炼。

 你希望我按照这个计划进行多少周？

典型的建议是，对于新的锻炼计划，你应该至少执行 6 到 8 周，以便你的身体有时间适应新的训练刺激。在这段时间结束后，你可以根据你的进步和感觉来评估计划的效果，并做出相应的调整。

每个人的体质和适应性都不同，所以可能需要一些时间来找到最适合自己的工作量和强度。如果在执行此计划时感到过于疲劳或身体不适，你应该立即停止并寻求医生的建议。

同时，增加体重和增强身体的力量与耐力不仅需要锻炼，还需要合理的饮食计划。确保你摄入足够的蛋白质和营养素，以帮助肌肉恢复和增长。如果可能的话，你可以考虑寻求专业营养师的建议，以优化你的饮食计划。

最后，记住锻炼并不是一项短期的活动，而是一个长期坚持的过程。保持积极和耐心，你会看到改变的。

5. 根据锻炼计划制订饮食计划

我们还可以让 ChatGPT 根据制订的锻炼计划做出饮食计划。

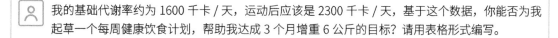 我的基础代谢率约为 1600 千卡 / 天，运动后应该是 2300 千卡 / 天，基于这个数据，你能否为我起草一个每周健康饮食计划，帮助我达成 3 个月增重 6 公斤的目标？请用表格形式编写。

 如果你希望在 3 个月内增加 6 千克，这意味着你大约每周需要增加 0.5 千克。为了实现这个目标，你需要每天多摄取大约 500 卡路里，这意味着你应该摄取大约 2800 卡路里（基础代谢 1600 卡路里 + 运动消耗 700 卡路里 + 增重所需 500 卡路里）。以下是基于 2800 卡路里热量需求的一周饮食计划。

时间	周一	周二	周三	周四	周五	周六	周日
早餐	燕麦粥 + 全脂牛奶 + 坚果	全麦面包 + 鸡蛋 + 牛奶	燕麦粥 + 全脂牛奶 + 坚果	全麦面包 + 鸡蛋 + 牛奶	燕麦粥 + 全脂牛奶 + 坚果	全麦面包 + 鸡蛋 + 牛奶	燕麦粥 + 全脂牛奶 + 坚果
午餐	鸡胸肉 + 糙米 + 绿叶蔬菜	瘦猪肉 + 糙米 + 绿叶蔬菜	鸡胸肉 + 糙米 + 绿叶蔬菜	瘦猪肉 + 糙米 + 绿叶蔬菜	鸡胸肉 + 糙米 + 绿叶蔬菜	瘦猪肉 + 糙米 + 绿叶蔬菜	鸡胸肉 + 糙米 + 绿叶蔬菜
下午茶	酸奶 + 坚果 + 水果	果汁 + 烤鸡胸肉 + 水果	酸奶 + 坚果 + 水果	果汁 + 烤鸡胸肉 + 水果	酸奶 + 坚果 + 水果	果汁 + 烤鸡胸肉 + 水果	酸奶 + 坚果 + 水果
晚餐	鱼 + 全麦面包 + 蔬菜沙拉	牛排 + 全麦面包 + 蔬菜沙拉	鱼 + 全麦面包 + 蔬菜沙拉	牛排 + 全麦面包 + 蔬菜沙拉	鱼 + 全麦面包 + 蔬菜沙拉	牛排 + 全麦面包 + 蔬菜沙拉	鱼 + 全麦面包 + 蔬菜沙拉
夜宵	牛奶 + 水果	牛奶 + 水果	牛奶 + 水果	牛奶 + 水果	牛奶 + 水果	牛奶 + 水果	牛奶 + 水果

这个计划主要以均衡的饮食为主，同时注重蛋白质的摄入。请注意，这只是一个建议，最好还是咨询专业的营养师，他们可以为你提供更适合你的饮食计划。

我们再让 ChatGPT 根据饮食计划给出一个采购清单。

根据以上饮食计划，帮我列出一个一周的采购清单，计算出每一样食物需要采购的总量，用表格的形式列出。

以下是根据您的一周饮食计划列出的一周购物清单。数量可能会因个人口味和烹饪方式的差异而略有不同，所以这只是一个参考。

食物	数量
燕麦	700 克
全脂牛奶	7 升
坚果	700 克
全麦面包	14 片
鸡蛋	14 个
鸡胸肉	2.1 公斤
瘦猪肉	1.4 公斤
糙米	1.4 公斤
绿叶蔬菜	2.1 公斤
酸奶	2.1 公斤
果汁	2 升
水果	根据个人喜好选择
鱼	2.1 公斤
牛排	1.4 公斤
蔬菜沙拉	根据个人喜好选择

以上的食物量假设了每个食材的热量密度和使用量，实际操作中请根据个人口感和习惯进行适当调整。请在采购时选择新鲜且无添加的食材，以确保食物的营养价值和健康。同时也请注意，个体的热量需求和摄入量可能会有所不同，如果你在执行此计划后，发现体重没有按预期增长，你可能需要进一步增加热量摄入，或者寻求专业营养师的帮助。

有了这份清单，我就可以去超市进行一次集中采购，这大大节约了我的时间。食材买回之后，我还可以让 ChatGPT 为我列出每一餐的食谱和制作过程。

6. 其他健身建议

我们还可以向 ChatGPT 进一步询问其他的健身建议。

还有其他改善我的身体健康的事情可以做吗？

 除了锻炼和饮食外，还有其他一些可以改善你的身体健康的事情可以做。以下是一些建议。

1. 规律作息：确保每天获得足够的睡眠，建立健康的睡眠习惯，并尽量遵循固定的起床和睡觉时间。

2. 健康的心理状态：保持良好的心理健康对身体健康同样重要；采取积极的应对策略来应对压力和情绪，寻找适合自己的放松和心理舒缓的方法，如冥想、读书或与朋友聚会等。

3. 水的摄入：确保每天足够的水分摄入，保持身体的水分平衡。建议每天饮用至少 8 杯水。

4. 减少长时间久坐：如果你经常久坐，尝试在工作中每小时起身活动几分钟，进行伸展运动，帮助改善血液循环，减少肌肉僵硬和疼痛。

5. 心理放松和应对压力：学习一些心理放松的技巧，如深呼吸、冥想、瑜伽或参加舒缓的身体活动，帮助缓解紧张和压力。

6. 定期体检：定期进行身体检查，包括血压、血糖、胆固醇和其他相关指标的监测，以及必要的疫苗接种。

7. 减少不健康的习惯：避免吸烟和过量饮酒，这些习惯对身体健康有负面影响。

8. 健康的社交生活：与家人和朋友保持联系，积极参与社交活动，这有助于提高心理健康和幸福感。

记住，健康是一个综合性的概念，多个方面的改善都对整体健康起到重要作用。根据自己的情况和需求，逐步采取行动，并保持积极的生活方式习惯。如有需要，始终与医生或专业人士咨询，以获得个性化的建议和指导。

通过前面的示例，我们可以看到 ChatGPT 是如何被用作私人健康顾问，帮助我们获得关于饮食、锻炼、心理健康和生活习惯等方面的专业建议的。

除了给出有关健身和生活习惯的建议，ChatGPT 还可以为我们提供有关身体健康的其他知识。它可以解答关于疾病预防、常见症状、药物副作用等方面的问题，并提供一般的医疗建议。然而，需要注意的是，ChatGPT 并非医生或专业医疗人员，它提供的建议仅供参考，我们仍需咨询医生或专业人士的意见。

与 ChatGPT 交流时，我们应该提供准确的信息，并理解它的局限性。它是基于已有知识进行回答的，还不具备现场诊断和个性化治疗的能力。因此，我们应该理性对待 ChatGPT 提供的建议，将其作为参考而非绝对的决策依据，并将它的建议与医生或专业人士的意见相结合，为自己创建一个健康、平衡、高质量的生活。

6.2　用 ChatGPT 制订家庭旅行计划

全家一起出去旅游，无疑是一种享受和欢乐的体验。在繁忙的生活中，能够拥有这样的时刻去探索新的地方，增进彼此之间的了解，共度美好时光，实在是一件令人向往的事情。然而，为了确保旅行顺利进行并充满乐趣，适当的规划和准备很重要。毕竟，缺乏规划可能会让旅途变得一团糟，也可能会错过一些重要的旅行体验，甚至会引发不必要的麻烦。

规划旅行，特别是规划全家出行计划，是一个相当大的挑战。你需要考虑到每个家庭成员的需求与兴趣、时间安排、预算，以及目的地的天气和交通情况等许多因素。规划旅行需要你搜集和整理大量信息，并做出研究和比较，才能做出决策。这无疑是一项耗时且时常令人头疼的任务。

然而，有了 ChatGPT，一切都变得简单快捷了。ChatGPT 能够帮助你快速并轻松地制订旅行计划。你只需要向 ChatGPT 提供你的旅行需求和偏好，例如你打算去哪里、去多久、预算是多少、你的家庭成员有多少人、他们的年龄是多少，以及他们对旅行的兴趣和偏好，ChatGPT 就可以根据你提供的信息，制订一个详细的旅行计划，包括旅行目的地、活动、餐馆、住宿和其他旅行建议。

更重要的是，ChatGPT 能够根据你的反馈进行调整和优化。如果你对某个建议不满意，或者你的计划有所变化，ChatGPT 都可以快速地调整旅行计划，满足你的新需求。这就像你有了一个私人旅行顾问，它能够随时随地为你提供帮助。

下面，我们借助 ChatGPT 来制订一个旅行计划。

我们的旅行目的地是新加坡，我们想事先了解当地气候特征、风土人情、特色旅游景点，并深入了解有关航班、铁路、住宿、特色美食、特色活动、预算、护照签证等信息。

1. 做出游前的准备，了解气候特征、最佳出游时间、风土人情等

你现在是一名资深的国际导游，我想去新加坡旅行，请告诉我新加坡最佳的旅游时间、那里的天气、旅游的旺季和旅游的理想时间。

作为资深的国际导游，我很高兴为您提供关于新加坡旅行的信息。

新加坡的气候是热带雨林气候，所以整年都相对潮湿和炎热。然而，您可能会发现有些时间段更适合旅行，取决于您对天气和旅游活动的喜好。

新加坡最佳的旅游时间通常是在干季，从 2 月到 10 月之间。这段时间降雨相对较少，天气较为炎热，平均温度在 30 摄氏度左右。如果您希望享受阳光和户外活动，这是一个不错的选择。

然而，需要注意的是，新加坡的旅游旺季是在 7 月和 8 月，以及一些重要的节日和假期期间，比如新年和春节。这些时期会有更多的游客，景点可能会更加拥挤，酒店价格也可能较高。如果您想避开拥挤的旅游季节，可以考虑在其他时间段进行旅行。

总体而言，新加坡的理想旅游时间取决于您对天气和人流量的偏好。干季期间的天气较为炎热，但也提供了更多的户外活动机会。如果您不喜欢炎热的天气，您也可以选择在稍凉爽的月份进行旅行，但需要准备好应对偶尔的降雨。

希望这些信息对您有所帮助，祝您在新加坡度过愉快的旅行！如有其他问题，我会很乐意回答。

新加坡必看的景点有哪些，给我提供一个最受欢迎的旅游景点列表，包括它们的历史、开放时间和门票价格等信息，用表格的形式列出。

景点名称	历史简介	开放时间	门票价格
乌节路	这是新加坡最著名的购物街，以奢侈品牌店和五星级酒店而闻名。乌节路在历史上始终是交通要道和商业中心，现在则是购物者和美食爱好者的天堂。	全天开放	免费，除非您在店内购物
新加坡动物园	新加坡动物园始建于 1973 年，是世界上最好的动物园之一。该园区占地 28 公顷，拥有 300 多个物种，超过 2800 只动物。	每天 8:30 - 18:00	大约 S\$ 48（大人），S\$ 33（孩子）
圣淘沙岛	一个人工岛屿，包含各种度假酒店、高尔夫球场、马林生态公园等旅游设施。历史上，这里曾是一个渔村，但在 1972 年，新加坡政府开始将它发展成为旅游目的地。	全天开放，但某些景点可能有不同的开放时间	入岛免费，但某些景点如环球影城等需要购票

（续）

景点名称	历史简介	开放时间	门票价格
滨海湾花园	这是一个占地 101 公顷的自然公园，于 2012 年开放。它是由两个主要区域组成的：花穹和云雾森林。这些地方展示了世界上不同环境的植物。	每天 9:00 - 21:00	大约 S\$ 53（大人），S\$ 40（孩子）
新加坡国家博物馆	新加坡最古老的博物馆，历史可以追溯到 1849 年。它的展览主要关注新加坡的历史和文化。	每天 10:00 - 19:00	大约 S\$ 10（大人），S\$ 7（孩子和老人）
滨海艺术中心	位于滨海湾，是一个重要的表演艺术场所，包括音乐、舞蹈、戏剧等表演。开放于 2002 年，建筑设计独特，成为新加坡的地标之一。	视具体表演和活动而定	视具体表演和活动而定

请注意，所有价格和时间都可能会有所变动，建议您在出行前查询最新信息。价格以新加坡元为单位。

 可以告诉我新加坡当地的一些习俗和文化吗？比如，穿什么、如何与当地人交往、有什么语言和行为上的禁忌。

 当涉及新加坡的习俗和文化时，以下是一些值得注意的方面。

穿着

新加坡是一个多元文化的国家，人们的着装相对宽松。通常情况下，轻便舒适的衣物是最合适的选择，尤其是处于炎热的气候。然而，在一些正式场合，如商务会议或特殊场合，穿着稍微正式一些会更加适宜。

礼貌和尊重

在与当地人交往时，尊重和礼貌是非常重要的。使用礼貌用语如"请"和"谢谢"，并且对他人保持友善和包容的态度。当拜访别人的家庭或寺庙时，记得脱鞋并遵守相应的规定和习俗。

多元文化

新加坡是一个多元文化的国家，人们来自不同的种族和宗教背景。要尊重和欣赏这种多元性，并避免对他人的宗教、种族或文化发出或做出冒犯性言论或行为。

语言

新加坡有四种官方语言，即英语、中文、马来语和泰米尔语。英语是广泛使用的商务和官方语言，大多数人都能流利地使用。与当地人交流时，使用简单的英语交流通常是可行的。

行为禁忌

在新加坡，有几个行为禁忌需要注意。例如，吸烟在公共场所是被禁止的，包括室内和一些户外区域。乱扔垃圾也是被严禁的，新加坡有着严格的环境保护法规。此外，对于一些宗教场所，如寺庙，有一些特定的行为规定和礼仪要求，应该予以尊重。

总的来说，尊重、友善和包容是在新加坡与当地人交往的重要准则。遵循当地的文化习俗和行为规范，有助于您与当地人建立良好的互动和理解。如有任何疑问，与当地居民进行交流并向他们请教将是一种很好的方式。

2. 预订机票、酒店

ChatGPT 目前更新了联网插件，可以进行实时数据的查询。对于航班和酒店信息，我们可以安装 GPT-4 中的 Kiwi 插件（航班查询）和 Travelmyth 插件（酒店查询）来完成查询任务。

请帮我查询从重庆飞往新加坡的航班，分别列出出发和到达城市、价格、时刻表、飞行时间、中转次数，用表格形式列出。出发日期：2023 年 8 月 10 日。

以下是我为您找到的从重庆飞往新加坡的航班信息：

起飞城市	到达城市	价格(CNY)	起飞时间	到达时间	飞行时间(小时)	中转次数	预订链接
重庆市	新加坡	1586	2023-08-10 11:10	2023-08-10 20:05	8.92	1	预订
重庆市	新加坡	1586	2023-08-10 11:10	2023-08-10 21:40	10.5	1	预订
重庆市	新加坡	1586	2023-08-10 11:10	2023-08-11 00:55	13.75	2	预订
重庆市	新加坡	1677	2023-08-10 20:45	2023-08-11 14:05	17.33	1	预订
重庆市	新加坡	2385	2023-08-10 14:00	2023-08-10 22:15	8.25	1	预订
重庆市	新加坡	2904	2023-08-10 08:25	2023-08-10 13:25	5	0	预订

请注意，以上信息可能会因为航班供应情况的变化而有所不同，建议您尽快预订。

给我推荐 5 个新加坡的五星级酒店，并列出酒店的地址和价格，入住时间：2023 年 8 月 10 日。[①]

当然，以下是我为您推荐的新加坡五星级酒店的中英文名称、地址和价格，入住时间为 2023 年 8 月 10 日。

1. 香格里拉圣淘沙酒店 (Shangri-La Rasa Sentosa Singapore)

 - 地址：101 Siloso Road Sentosa

 - 价格：约 384 美元

2. 新加坡滨海湾宾乐雅酒店 (PARKROYAL COLLECTION Marina Bay)

 - 地址：6 Raffles Boulevard

 - 价格：约 400 美元

3. 新加坡泛太平洋酒店 (Pan Pacific Singapore)

 - 地址：7 Raffles Boulevard

 - 价格：约 446 美元

4. 新加坡丽思卡尔顿美年酒店 (The Ritz-Carlton Millenia Singapore)

 - 地址：7 Raffles Avenue

 - 价格：约 596 美元

5. 新加坡文华东方酒店 (Mandarin Oriental Singapore)

 - 地址：5 Raffles Avenue, Marina Square

 - 价格：约 788 美元

以上是根据您的要求为您推荐的五星级酒店。请注意，所有价格都可能有所变动，建议您在出行前查询最新信息。如果您还有其他需求或问题，请随时告诉我，我会为您提供更多的帮助！您还想了解新加坡的哪些旅游活动或景点呢？

3. 探索当地美食和特色游玩项目 [①]

 给我推荐一下新加坡的特色美食。

新加坡是一个美食天堂，这里的美食深受各种文化的影响，包括马来西亚、中国、印度和西方国家。以下是一些新加坡的特色美食。

---

① 下面的回答是由安装了 Staypia 插件的 ChatGPT Plus 生成的实时内容。——编者注

1. 海南鸡饭：这是新加坡著名的美食之一。它是由烹饪在鸡汤和香料中的鸡肉和米饭制成的。鸡肉经过精心烹饪，口感嫩滑，米饭则充满了鸡汤的香味。

2. 辣椒螃蟹：这是新加坡的另一道标志性菜肴。新鲜的螃蟹被炒制在一种由辣椒酱、番茄酱和鸡蛋制成的酱料中，口感鲜美，辣而不燥。

3. 肉骨茶：这是一种由猪肉排骨、大蒜、胡椒和各种中草药熬制的汤。虽然名为"肉骨茶"，但并不含茶。这道菜的香气浓郁，味道醇厚。

4. 拉茶：这是一种由黑茶和炼乳制成的饮料，经过"拉"（倒）的过程，使得茶和炼乳充分混合，口感顺滑，味道甘甜。

5. 椰浆饭：这是一种马来式的菜肴，米饭在椰浆中煮熟，搭配鱼片、鸡肉或者牛肉，口感独特，非常美味。

6. Kaya Toast（加耶吐司）：这是新加坡的传统早餐，由烤面包、椰子酱（Kaya）和黄油组成，通常搭配半熟蛋和咖啡或茶一起食用。

以上只是新加坡美食的冰山一角，新加坡的美食文化丰富多样，值得您亲自去尝试。

为我推荐一些新加坡当地比较有名的特色餐厅。口味偏好：东南亚料理、海鲜；预算：人均500；位置：交通方便。

新加坡是一个美食天堂，这里有许多著名的特色餐厅。以下是一些根据您的口味和预算推荐的餐厅。

1. Jumbo Seafood：这是新加坡最著名的海鲜餐厅之一，特别是它的辣椒螃蟹和黑胡椒螃蟹在当地非常有名。餐厅位于新加坡河畔，交通方便。

2. Long Beach Seafood Restaurant：这是另一家在新加坡非常有名的海鲜餐厅。它的辣椒螃蟹和黑胡椒螃蟹也非常受欢迎。餐厅有几家分店，其中在东海岸公园的分店最为人所知。

3. 328 Katong Laksa：这家餐厅以其美味的喇沙（Laksa）而闻名，喇沙是一种椰浆咖喱面，是新加坡的特色菜肴。餐厅位于加东区，交通方便。

4. The Blue Ginger：这家餐厅提供各种马来西亚和新加坡的传统菜肴，如肉骨茶和海南鸡饭。餐厅位于丹戎巴葛区，交通方便。

5. Song Fa Bak Kut Teh：这家餐厅以其美味的肉骨茶而闻名，是新加坡的特色菜肴。餐厅在新加坡有几家分店，交通方便。

以上只是新加坡美食的冰山一角，新加坡的美食文化丰富多样，值得您亲自去尝试。

为我介绍一些新加坡比较有名的商场、店铺,我想回来的时候买一些纪念品和礼物。

 新加坡是一个购物天堂,这里有许多著名的商场和店铺,您可以在这里找到各种各样的纪念品和礼物。以下是一些推荐的购物地点。

1. 乌节路(Orchard Road):这是新加坡最著名的购物街,两旁林立着各种高档商场,如乌节中心、怡丰城、宝莎购物中心等。您可以在这里找到各种国际品牌的商品。

2. 滨海湾金沙购物中心(The Shoppes at Marina Bay Sands):这是新加坡最豪华的购物中心,汇集了世界上最著名的奢侈品牌,同时还有各种高级餐厅和娱乐设施。

3. 小印度(Little India):这里有许多印度特色的商店,售卖各种印度手工艺品、香料和纺织品,是购买独特纪念品的好地方。

4. 唐人街(Chinatown):这里有许多售卖中国特色商品的商店,如茶叶、丝绸、瓷器等。此外,这里还有许多售卖新加坡特色纪念品的商店。

5. 阿拉伯街(Arab Street):这里是一个具有浓厚文化和历史氛围的地方,有许多售卖手工艺品、地毯和纺织品的商店。

6. Mustafa Centre:这是新加坡最大的 24 小时购物中心,售卖各种商品,如电子产品、珠宝、化妆品、食品等,价格合理。

以上只是新加坡购物地点的一部分,新加坡的购物选择丰富多样,一定能满足您的需求。

可以再给我推荐一些在新加坡,比较独特小众、不为大多数游客所熟悉的景点或者活动吗?

当然可以,新加坡除了著名的旅游景点外,还有许多独特且小众的地方和活动值得探索。以下是一些推荐。

1. Pulau Ubin:这是新加坡最后的"甘榜"(指传统村庄)生活遗址,位于新加坡的东北部。在这里,您可以骑自行车探索岛上的自然美景,包括湿地、热带雨林和传统的马来村庄。

2. 新加坡植物园的学习之森(Learning Forest):这是新加坡植物园的一个新区域,专门展示新加坡的原生森林生态系统。这里有湿地、雨林和各种各样的野生动植物。

3. 新加坡艺术之家(Art House):这是新加坡的一个独立艺术空间,位于历史悠久的旧国会大厦内。这里经常举办各种艺术展览和活动。

4. 新加坡的地下音乐场景:新加坡有一个活跃的地下音乐场景,许多小酒吧和音乐会场经常举办现场音乐表演,如 The Substation、Blue Jazz 等。

5. 新加坡的街头艺术：在新加坡的一些地方，如哈芝巷（Haji Lane）、圣淘沙岛（Sentosa Island）和小印度（Little India），您可以看到一些精彩的街头艺术。

6. 新加坡的夜间野生动物园：这是世界上第一个夜间动物园，您可以在夜间观看各种夜行动物的活动。

以上只是新加坡的一部分独特且小众的景点和活动，新加坡有许多未被大多数游客发现的地方，等待您去探索。

4. 充当翻译助手

 我想去新加坡环球影城，翻译成英语。

 I want to visit Universal Studios Singapore.

 要付多少出租车费用，翻译成英语。

 How much do I need to pay for the taxi?

 我想办理酒店入住，如何用英语跟酒店服务员交谈？

 在酒店办理入住时，以下是一些常用的英语对话和表达方式。

1. 到达酒店并向服务员打招呼

    您：Hello, I have a reservation under the name of [您的名字].

    服务员：Hello, welcome to [酒店名称]. Let me check your reservation.

2. 确认预订信息

    服务员：Yes, I see your reservation for a [房间类型] for [入住天数] nights. Is that correct?

    您：Yes, that's correct.

3. 询问关于酒店设施和服务的问题

    您：What time is breakfast served? / Does the hotel have wi-fi? / Where is the gym located?

    服务员：Breakfast is served from 7 to 10 am. / Yes, the hotel has free wi-fi. The password is... / The gym is on the second floor.

4. 完成入住手续

服务员：Here is your room key. Your room number is [房间号码]. Enjoy your stay!

您：Thank you!

5. 如果需要其他服务

您：Could you please arrange a wake-up call for 7 am? / Could you please send an extra towel to my room?

服务员：Sure, I will arrange that for you.

以上只是一些基本的对话，具体的对话可能会根据您的需求和酒店的服务而有所不同。希望这些信息对您有所帮助！

 用一个礼貌的口吻，用英语询问路人如何去新加坡美术馆。

 Excuse me, could you please tell me how to get to the Singapore Art Museum?

5. 准备行李和证件

 去新加坡游玩一个星期，我需要如何规划？如何收拾我的行李？我需要带哪些东西？

 新加坡是一个充满活力和多元文化的城市，有许多值得一游的景点。以下是一个为期一周的旅行计划。

第一天：抵达新加坡后，您可以先在酒店休息，然后去乌节路（Orchard Road）购物，晚上可以去滨海湾金沙酒店的天空公园欣赏新加坡的夜景。

第二天：参观新加坡动物园和夜间野生动物园，体验新加坡的自然生态。

第三天：参观滨海湾花园和云雾森林，晚上可以观看滨海湾的灯光秀。

第四天：参观新加坡科学艺术博物馆和国家博物馆，了解新加坡的历史和文化。

第五天：去圣淘沙岛逛水上乐园和环球影城，晚上可以在圣淘沙海滩欣赏日落。

第六天：在小印度和阿拉伯街购物，品尝当地的美食。

第七天：在新加坡河畔散步，参观鱼尾狮公园和克拉码头，晚上可以在克拉码头的酒吧享受新加坡的夜生活。

至于行李，新加坡的气候热带湿润，全年温度在 23~33 摄氏度之间，所以您需要带一些轻便的夏季衣物，如短袖、短裤、裙子、沙滩装、泳衣等。同时，由于新加坡的阳光强烈，您需要带防晒霜、墨镜和帽子。此外，新加坡的商场和酒店的空调通常开得很冷，所以您可能需要一件轻便的外套或者围巾。

其他必备的物品包括护照、信用卡、现金、手机、充电器、旅行适配器（新加坡的电源插座是英式三孔插座）、个人卫生用品、必要的药品等。

希望这些信息对您有所帮助，祝您在新加坡有一个愉快的旅行！

 如何办理护照和去新加坡的签证？

 办理护照和新加坡签证的步骤如下。

办理护照

在中国，您需要通过公安部出入境管理局来办理护照。以下是基本步骤。

1. 在公安部出入境管理局的官方网站上预约护照申请时间。

2. 按照预约时间，携带所需的证件（如身份证、户口本等）和照片前往出入境管理局。

3. 在出入境管理局填写护照申请表，并提交所需的证件和照片。

4. 支付护照申请费用。

5. 等待护照制作完成，然后按照通知的时间去出入境管理局领取护照。

办理新加坡签证

在中国，您可以通过新加坡驻中国的大使馆或领事馆来办理新加坡签证。以下是基本步骤。

1. 在新加坡移民与关卡局的官方网站上下载并填写签证申请表。

2. 准备所需的证件和文件，如护照、身份证、在职证明、银行存款证明、来回机票和酒店预订确认等。

3. 将签证申请表和所需的证件和文件提交给新加坡驻中国的大使馆或领事馆，或者通过认证的旅行社提交。

4. 支付签证申请费用。

5. 等待签证审批。审批通过后，您的护照上会贴有新加坡签证。

以上只是基本步骤，具体的要求和流程可能会根据您的具体情况和最新的政策有所不同。因此，建议您在办理护照和签证之前，先详细了解相关的要求和流程。

6. 做预算

 去新加坡游玩一个星期，需要准备多少预算？按照每晚住宿 1000 元人民币、每餐人均 100 元人民币的标准，购物预算 5000 元人民币，去新加坡游玩一个星期，两个大人，一个小孩，再加上来回往返机票，大概需要多少钱的预算？

以下是从重庆飞往新加坡的航班信息。

价格	航班	出发	到达	时长	中转	预订
1092 元	中国南方航空	重庆 (CKG) 2023-08-10 16:25	新加坡 (SIN) 2023-08-10 21:25	5 小时	无	点击预订

这是单程的价格，所以往返的价格应该是 1092 元 ×2 ×3（两个大人和一个小孩）= 6552 元。

根据您的预算，以下是一个大致的预算计算：

- 住宿：1000 元 ×7 晚 = 7000 元

- 餐饮：100 元 ×3 餐 ×7 天 ×3 人 = 6300 元

- 购物预算：5000 元

- 往返机票：6552 元

所以，总预算大约是：7000 元（住宿）+ 6300 元（餐饮）+ 5000 元（购物）+ 6552 元（机票）= 24852 元。

这只是一个大致的预算，实际花费可能会根据您的具体行程和消费习惯有所不同。此外，这个预算并没有包括在新加坡的交通费用、门票费用等其他可能的费用。

如果您需要了解关于新加坡的更多信息，如行程建议、旅游提示等，欢迎随时向我提问。

以上就是我们如何借助 ChatGPT 来帮助我们做旅行计划，并让其提供游玩攻略和各种注意事项的过程。

当然，ChatGPT 提供的某些数据还不够完善，尤其是航班、酒店、餐厅、游乐场等这种实时变动的信息，我们还需要以互联网上的最新信息为准。不过，我们已经可以让 ChatGPT 为我们做出了一个初步的旅行计划，在这个旅行计划初稿的基础上，再去核对和完善信息，可以大大提升我们的效率，让我们在整个旅途中拥有更愉悦的体验。

6.3 用 ChatGPT 秒变美食达人

在本节中，我们会用到 GPT-4 的一个最新功能，即进行自定义指令的设置。

在 ChatGPT 升级为 GPT-4 后，我们可以自定义指令，以说明自己的身份和意图，并对 ChatGPT 应该扮演的角色和我们期望得到的答案进行更清晰的描述，如图 6-1 所示。

自定义指令可以让我们在每次提问或编写提示词时，无须重复设定曾经设定的内容，而是让 ChatGPT 遵循你设定的要求生成答案，从而提高了撰写提示词的效率，提升了生成内容的质量。

比如，在第一个文字框中，我将自己定义为一位美食达人，我的任务是设计不同风味的美食食谱，我会向它提出不同的饮食需要，期望 ChatGPT 根据我的需求来设计食谱。在第二个文字框中，我希望 ChatGPT 扮演专业厨师，为我设计食谱，给出食谱中所包含的食材以及具体的做法。同时，我希望它设计的食谱中所选用的食材符合中国人的饮食习惯，且食材容易获取。

遵照上述方式，你可以根据自己的饮食偏好来设计角色并向 ChatGPT 提出响应要求。比如，你是一位甜品师，你可以告诉它你常用的一些食材，或者独特的制作工艺。如果你的饮食习惯中有什么忌口，你也可以提前告诉它在设计的食谱中不要出现某些食材。

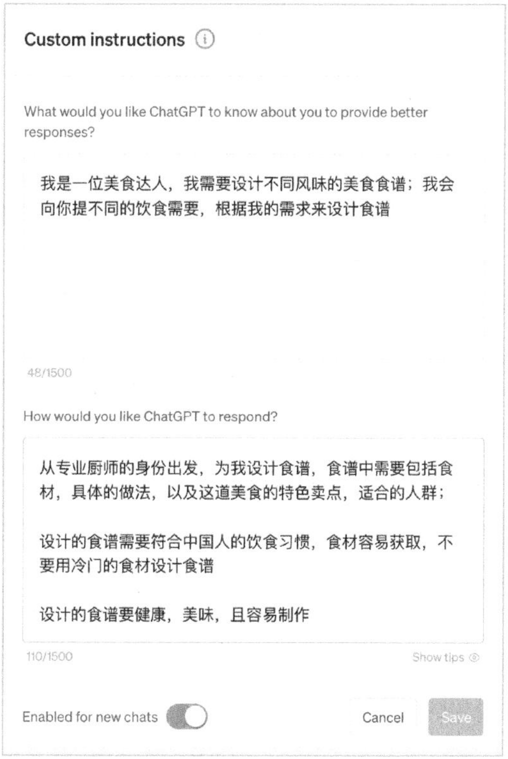

Custom instructions ⓘ

What would you like ChatGPT to know about you to provide better responses?

> 我是一位美食达人，我需要设计不同风味的美食食谱；我会向你提不同的饮食需要，根据我的需求来设计食谱

48/1500

How would you like ChatGPT to respond?

> 从专业厨师的身份出发，为我设计食谱，食谱中需要包括食材，具体的做法，以及这道美食的特色卖点，适合的人群；
>
> 设计的食谱需要符合中国人的饮食习惯，食材容易获取，不要用冷门的食材设计食谱
>
> 设计的食谱要健康，美味，且容易制作

110/1500   Show tips ⊗

Enabled for new chats ⬤   Cancel   Save

图 6-1

在设定好这些前提条件后，你就可以让 ChatGPT 设计具体的食谱了。

下面，我让 ChatGPT 设计几种不同风格的食谱，包括家常菜、特色风味美食、婴幼儿辅食、健康减脂餐、一周晚餐计划和周日饮食计划、素食食谱和下午茶食谱。我还让它对运营一个美食达人小红书账号提出一些建议。

1. 家常菜

请为我设计 3 道适合上班族的快手午餐食谱。

好的，根据你的要求，我为你设计了 3 道适合上班族的快手午餐食谱，这些食谱都可以快速制作，营养丰富，符合中国人的口味。

1. 蔬菜炒鸡蛋

　- 食材：鸡蛋 2 个，青椒 1 个，红椒 1 个，黄椒 1 个，葱末适量

　- 做法：首先把鸡蛋打入碗中搅拌均匀，然后把各种椒和葱末切好，接着在锅中加热适量油，放入鸡蛋煎至微黄后盛出，再在锅中放入椒和葱末炒熟，最后加入煎好的鸡蛋，快速翻炒均匀即可。

　- 特色：营养丰富，味道鲜美，制作简单快捷。

2. 黑椒牛肉炒面

　- 食材：牛肉 100 克，面条 200 克，胡萝卜半个，青菜适量，黑椒酱适量

　- 做法：首先把牛肉切片，胡萝卜切丝，青菜切段，然后把面条煮熟，接着在锅中加热适量油，放入牛肉翻炒至变色，再加入胡萝卜和青菜翻炒均匀，最后加入煮熟的面条和黑椒酱，快速翻炒均匀即可。

　- 特色：口感鲜美，营养均衡，具有丰富的蔬菜和优质的蛋白质，适合上班族。

3. 番茄鸡胸肉炖饭

　- 食材：鸡胸肉 200 克，大米 150 克，番茄 2 个

　- 做法：首先把鸡胸肉切块，番茄切块，然后把大米洗净放入电饭煲，再把鸡胸肉和番茄放入电饭煲，加入适量水，按下煮饭键，待煮熟即可。

　- 特色：制作简单，营养丰富，口感鲜美，适合喜欢吃肉但又要控制脂肪摄入的上班族。

以上就是为你设计的快手午餐食谱，希望你会喜欢。

2. 特色风味美食

 请为我设计 3 道麻辣风味的川菜食谱。

好的，我为你设计了 3 道麻辣风味的川菜食谱，这些菜品都包含了四川菜的麻辣特色，但也考虑了食材的可获取性。

1. 麻辣鱼

 - 食材：草鱼 1 条，花椒粒适量，干辣椒适量，大葱 1 根，姜 3 片，大蒜 3 瓣，生抽适量，料酒适量。

 - 做法：先将鱼洗净切块，用料酒、生抽腌制 15 分钟；然后用热油炸花椒、干辣椒，炸香后捞出备用；接着在锅中放入葱、姜、蒜爆炒，然后放入腌制好的鱼块翻炒；最后将之前炸好的花椒和干辣椒撒入锅中，再翻炒均匀即可。

 - 特色：麻辣鲜香，鱼肉嫩滑，辣而不燥，麻而不涩。

2. 水煮牛肉

 - 食材：牛肉 200 克，豆芽 200 克，生菜 100 克，豆瓣酱适量，花椒粒适量，干辣椒适量。

 - 做法：将牛肉切薄片，用料酒、生抽腌制 15 分钟；接着将豆芽和生菜煮熟后放入碗底，然后在锅中放入豆瓣酱、花椒粒、干辣椒炒香，然后加水烧开；最后将牛肉片放入锅中煮，煮熟后捞出放在蔬菜上，最后将锅中的汤汁倒入碗中即可。

 - 特色：麻辣而香，肉质鲜嫩，搭配豆芽和生菜，口感丰富。

3. 麻辣豆腐

 - 食材：嫩豆腐 1 块，猪肉 100 克，豆瓣酱适量，花椒粒适量，干辣椒适量。

 - 做法：先将豆腐切块，肉切丝；然后在锅中热油，加入花椒粒、干辣椒炒香，加入猪肉丝炒至变色，再加入豆瓣酱炒至红油；最后加入豆腐块，小火慢炖 10 分钟，炖至豆腐入味即可。

 - 特色：豆腐嫩滑，麻辣鲜香，猪肉丝增加了口感的层次。

以上就是为你设计的麻辣风味的川菜食谱，希望你会喜欢。

3. 婴幼儿辅食

 请为我设计 3 道适合 3 岁左右小朋友的辅食食谱。

当然可以，这里有 3 道适合 3 岁左右小朋友的辅食食谱，旨在保证营养且易于消化，适合孩子的口味。

1. 鸡蛋番茄炖豆腐

  - 食材：豆腐 1 块，番茄 1 个，鸡蛋 1 个，盐少许

  - 做法：将豆腐和番茄分别切成小块，将鸡蛋打入碗中搅拌均匀。在煮沸的水中加入豆腐块煮 2~3 分钟后捞出。在锅中加入番茄块炖煮，等番茄熟软后，加入豆腐块和鸡蛋液，撒上适量的盐，慢慢炖煮至浓稠即可。

  - 特色：营养丰富，口感嫩滑，适合 3 岁左右的孩子。

2. 南瓜燕麦粥

  - 食材：南瓜 50 克，燕麦 30 克，牛奶适量

  - 做法：南瓜去皮切小块，燕麦用清水浸泡 30 分钟。然后将南瓜块放入锅中煮至软烂，接着加入燕麦，一起煮 10 分钟左右，最后加入牛奶搅拌均匀，煮沸即可。

  - 特色：富含膳食纤维和微量元素，口感顺滑，适合儿童消化。

3. 菠菜红薯面

  - 食材：菠菜 50 克，红薯 100 克，面条 50 克

  - 做法：首先将红薯切块蒸熟，菠菜清洗后焯水；然后将菠菜和红薯一起打成泥，面条煮熟；接着将菠菜泥和红薯泥混合均匀，然后拌入煮熟的面条中，搅拌均匀即可。

  - 特色：营养丰富，口感好，富含 β- 胡萝卜素、维生素 C 和铁，对增强儿童体质有很好的效果。

以上就是我为你设计的适合 3 岁左右小朋友的辅食食谱，希望对你有所帮助。在为小朋友准备食物时，记得要确保食材的新鲜和清洁，切割的大小适合小朋友咀嚼和吞咽。

4. 健康减脂餐

最近我有减脂瘦身的计划，请为我设计 3 道营养健康的减脂餐。

当然，我将为你设计 3 道既营养又健康的减脂餐。注意，减脂并不意味着要剥夺你的食物，而是要做出更健康的选择，吃更多的蔬菜和富含蛋白质的食物。

1. 鸡胸肉炒蔬菜

  - 食材：鸡胸肉 100 克，胡萝卜 50 克，西兰花 50 克，洋葱 50 克，橄榄油和黑胡椒适量。

  - 做法：将鸡胸肉切块，用黑胡椒和少量的橄榄油腌制；胡萝卜、洋葱切丝，西兰花切小朵；热锅后，放入橄榄油，鸡胸肉翻煎至两面金黄，加入蔬菜炒至断生即可。

  - 特色：鸡胸肉富含蛋白质且低脂，蔬菜可以提供丰富的纤维和维生素。

2. 鱼柳配烤蔬菜

- 食材：鱼柳 1 块（如鳕鱼），圣女果 4 个，芦笋 4 根，柠檬半个，橄榄油和海盐适量。

- 做法：将圣女果切半，芦笋洗净；在鱼柳上刷一层橄榄油，撒上少许海盐，放入预热的烤箱中，180°C 烤 15 分钟；同时将蔬菜放入烤箱烤 10 分钟，鱼柳烤至熟透、蔬菜烤至焦黄即可。

- 特色：鱼肉富含 Ω-3 脂肪酸和蛋白质，低脂健康，搭配蔬菜，热量控制在适宜范围。

3. 鸡蛋炒红菜苔

- 食材：鸡蛋 2 个，红菜苔 1 把，橄榄油和盐适量。

- 做法：鸡蛋打入碗中搅拌均匀，红菜苔洗净切段；锅热后，加入橄榄油，放入鸡蛋液搅拌成炒蛋，取出备用；再加一些橄榄油，放入红菜苔翻炒，加盐调味，再加入炒蛋，快速翻炒均匀即可。

- 特色：鸡蛋提供优质蛋白质，红菜苔富含纤维和各种微量元素，低脂低热量。

以上就是为你设计的减脂餐，搭配适当的运动，相信你会达到理想的减脂效果。

5. 一周晚餐计划和周日饮食计划

 你能帮我为两个成年人计划一周的晚餐吗？

当然可以，我为你准备了一周（7 天）的晚餐计划，帮助你保持健康的饮食习惯，同时也保证了食物的多样性。所有食谱都是为两个成年人量身定做的。

1. 星期一
- 主菜：西红柿炒鸡蛋
- 副菜：清炒四季豆
- 汤：南瓜红枣汤
- 主食：全麦面包或糙米

2. 星期二
- 主菜：蒜香鸡胸肉
- 副菜：凉拌黄瓜
- 汤：番茄鲫鱼汤
- 主食：糙米或玉米

3. 星期三

　- 主菜：豆腐炒菠菜

　- 副菜：红烧茄子

　- 汤：蘑菇鸡肉汤

　- 主食：糙米或红薯

4. 星期四

　- 主菜：清蒸鱼

　- 副菜：西兰花炒蘑菇

　- 汤：紫菜蛋花汤

　- 主食：全麦面包或糙米

5. 星期五

　- 主菜：椒盐虾

　- 副菜：凉拌木耳

　- 汤：冬瓜海带汤

　- 主食：糙米或红薯

6. 星期六

　- 主菜：红烧牛肉

　- 副菜：凉拌豆腐

　- 汤：老鸭汤

　- 主食：全麦面包或糙米

7. 星期日

　- 主菜：糖醋排骨

　- 副菜：白灼菜心

　- 汤：番茄虾皮汤

　- 主食：糙米或红薯

希望这个一周的晚餐计划能满足你的需要，如果你对某些食材过敏或者不喜欢，可以根据实际情况进行替换。同时，这个计划也考虑了营养均衡，既有肉类，也有蔬菜和全谷物，可以帮助你和家人保持健康的饮食习惯。

为我一家三口人制订一份周日饮食计划，并给出相应的采购清单。

为我一家三口人制订一天（周日）的饮食计划，包括早餐、午餐、晚餐和下午茶。这个计划是为两个成年人和一个 3 岁左右的小孩量身定做的。

早餐

- 全麦面包：每人 2 片

- 鸡蛋：每人 1 个

- 牛奶：每人 1 杯，小孩半杯

午餐

- 主菜：蒜香鸡胸肉，每人份

- 副菜：清蒸四季豆，每人份

- 主食：糙米，每人 1 碗，小孩半碗

下午茶

- 新鲜水果：如香蕉、苹果或葡萄

晚餐

- 主菜：红烧鲳鱼，每人份

- 副菜：西兰花炒胡萝卜，每人份

- 主食：全麦面包，成人每人 2 片，小孩 1 片

采购清单

- 全麦面包：12 片

- 鸡蛋：6 个

- 牛奶：500ml

- 鸡胸肉：600g

- 四季豆：300g

- 糙米：150g

- 水果（香蕉、苹果或葡萄）：适量

- 鲳鱼：600g

- 西兰花：300g

- 胡萝卜：200g

- 蒜瓣：适量

- 大葱：适量

- 生姜：适量

- 料酒、生抽、老抽、盐、糖：适量

请根据实际情况进行购买和调整，如果你家里已经有一些常用的调料，就不需要再购买了。另外，如果你或你的家人对某些食材过敏或者不喜欢，也可以进行替换。这个一天的饮食计划可以帮助你和家人保持均衡和健康的饮食习惯。

6. 素食食谱

请为一名素食主义者，设计 3 道晚餐食谱。

当然可以。以下是 3 道专为素食主义者设计的健康美味的晚餐食谱。

1. 蔬菜炒豆腐

- 食材：硬豆腐 200 克，胡萝卜 100 克，洋葱 100 克，青椒 100 克，生抽，糖，油适量。

- 做法：将豆腐切块，胡萝卜、洋葱、青椒切片；热锅后，放入油，将豆腐煎至两面金黄，取出备用；再放入胡萝卜、洋葱、青椒翻炒，再加入豆腐，加生抽、糖调味，翻炒均匀即可。

- 特色：豆腐富含植物蛋白，搭配多种蔬菜，营养均衡。

2. 西红柿鸡蛋汤（无蛋版本）

- 食材：西红柿 200 克，豆腐 100 克，紫菜适量，盐适量。

- 做法：西红柿切块，豆腐切小块，紫菜用水泡发；将西红柿放入煮沸的水中烧煮，再加入豆腐和紫菜，调入盐，煮沸即可。

- 特色：西红柿富含抗氧化剂，豆腐和紫菜都是素食中的优质蛋白来源。

3. 蔬菜炒面

- 食材：全麦面 200 克，胡萝卜 100 克，洋葱 100 克，青菜 100 克，生抽、糖、油适量。

- 做法：将面煮熟，备用；胡萝卜、洋葱切丝，青菜洗净；热锅后，放入油，加入胡萝卜、洋葱翻炒，再加入青菜，最后加入煮好的面，调入生抽、糖，翻炒均匀即可。

- 特色：全麦面富含纤维和 B 族维生素，搭配蔬菜，口感丰富。

以上就是为素食主义者设计的晚餐食谱，注意膳食的多样性和均衡性，尽量吃多种不同的蔬菜和全谷类食物，以确保身体获取各种所需营养素。

7. 下午茶食谱

 我准备邀请朋友周末来家里喝下午茶，请为我设计一些下午茶的食谱，比如甜品或者饮料。

 当然，我很高兴为你提供一些下午茶的食谱。下午茶通常包括一些甜点和饮品，以下是我为你设计的一些食谱。

1. 抹茶绿豆糕

　- 食材：绿豆 100 克，抹茶粉 20 克，糖适量，植物油适量。

　- 做法：将绿豆煮熟，沥干水分，加入糖和抹茶粉搅拌均匀；然后将混合物放入模具中压实，放入冰箱冷藏；待冷却后取出切块即可。

2. 水果挞

　- 食材：挞皮，鲜奶油，糖适量，各种水果（如草莓、蓝莓、猕猴桃等）。

　- 做法：将鲜奶油和糖搅拌均匀，放入挞皮中；将切好的水果放在上面，放入烤箱烤至挞皮酥脆即可。

3. 自制柠檬茶

　- 食材：新鲜柠檬 2 个，红茶包 2 个，蜂蜜或糖适量。

　- 做法：将红茶包用热水冲泡，待冷却后加入新鲜柠檬汁和蜂蜜或糖，搅拌均匀即可。

4. 果汁气泡水

　- 食材：你喜欢的新鲜果汁（如苹果汁、葡萄汁等），无糖气泡水。

　- 做法：将新鲜果汁和气泡水按照 1:1 的比例混合，搅拌均匀即可。

以上就是我为你设计的下午茶食谱，希望你和你的朋友们会喜欢。如果有对某些食材过敏或不喜欢的情况，可以自行调整或替换。祝你的下午茶聚会愉快！

我想做一份提拉米苏和一份芝士蛋糕，请告诉我需要准备的食材以及制作的步骤。

当然可以，以下是提拉米苏和芝士蛋糕的食材和制作步骤。

提拉米苏

食材

- 意大利指形饼干（Ladyfinger）：200g

- 咖啡液：200ml

- 糖: 100g

- Mascarpone 奶酪: 250g

- 鸡蛋: 3 个

- 朗姆酒: 适量

- 可可粉: 适量

制作步骤

1. 首先,将鸡蛋的蛋黄和蛋白分开。将蛋黄和糖混合搅拌,然后加入 Mascarpone 奶酪,继续搅拌均匀。

2. 在另一个干净的盆中,打发鸡蛋白至硬性发泡。然后将打发好的蛋白慢慢加入到奶酪混合物中,轻轻搅拌均匀。

3. 把咖啡液和朗姆酒混合在一起,然后把指形饼干浸入咖啡液中,每一边浸 1~2 秒即可,然后将浸湿的饼干平铺在容器底部。

4. 把一半的奶酪混合物铺在饼干上,然后再铺一层泡过咖啡的饼干,最后再铺上剩下的奶酪混合物。

5. 最后,撒上一层薄薄的可可粉,然后把提拉米苏放入冰箱冷藏几小时,待其凝固即可。

芝士蛋糕

食材

- 奶油芝士(Cream Cheese): 250g

- 糖: 100g

- 鸡蛋: 3 个

- 面粉: 30g

- 酸奶: 100g

- 柠檬汁: 适量

制作步骤

1. 首先,将奶油芝士放在室温下软化,然后加入糖搅拌均匀。

2. 分次加入鸡蛋,每加一次都要充分搅拌。然后再加入酸奶和柠檬汁,继续搅拌。

3. 筛入面粉,搅拌至无颗粒,面糊顺滑。

4. 将搅拌好的面糊倒入烤盘中,然后放入已经预热的烤箱中,用 150℃烤约 60 分钟。

5. 烤好后让其自然冷却,然后放入冰箱冷藏几小时即可。

这些就是制作提拉米苏和芝士蛋糕的食材和步骤。在制作过程中,注意要轻轻搅拌,避免面糊中的气泡消失,这样做出来的蛋糕才会更加松软。祝你制作成功!

8. 美食达人小红书账号运营建议

 我想在小红书上分享我的美食食谱，你能给我一些小红书笔记选题的建议吗？

当然可以，小红书是一个分享生活方式、心得体验的社区，美食类的内容也特别受欢迎。以下是一些可能的美食食谱笔记选题建议。

1."家常菜系列：我的拿手菜大揭秘"。可以介绍你的一些特色家常菜做法，分享家庭的独特菜品或是家传秘方。

2."小吃攻略：探索街头巷尾的地道美食"。如果你喜欢探寻各种街头小吃，可以分享你发现的一些地道美食和独特的小吃。

3."减脂餐：我是如何做到美味又健康"。你可以分享你的健康减脂餐食谱，让更多人知道健康饮食可以同样美味。

4."假日烘焙：让家里弥漫甜蜜的气息"。分享你的烘焙经验和食谱，如何在家做出美味的甜点。

5."周末聚餐：一家人的幸福时光"。分享你为家人设计的周末聚餐食谱和家人的美好生活片段。

6."我在家自制四川泡菜的过程"。可以分享你自制泡菜的过程和独特技巧。

7."全素食谱：健康生活从饮食开始"。如果你是素食者，可以分享你的素食食谱和素食生活的体验。

记得在分享食谱时，尽可能详细地描述食材的选择、配比、制作步骤和要点，这样其他用户才能跟着做出美食。同时，高质量的图片和视频也能增加你的笔记的吸引力。祝你在小红书上分享的美食食谱受到更多人的喜爱！

 请为这个选题："家常菜系列：我的拿手菜大揭秘"介绍一些特色家常菜做法，分享家庭的独特菜品或是家传秘方。设计 3 道家常菜，并按照小红书风格写一篇小红书笔记。

 标题：家常菜系列：我的拿手菜大揭秘

家常菜系列 # # 美食分享

今天想和大家分享我的拿手家常菜，都是经过多次尝试和调整的结果。让我们一起在烹饪中找寻生活的乐趣，用美食温暖我们的心，填满我们的肚子。以下就是我今天要分享的三道菜品，希望你们会喜欢。

1. 家常豆腐

[家常豆腐照片]

豆腐是家常菜中常见的一种食材，但如何将它做得既美味又有营养呢？

食材：嫩豆腐一块、胡萝卜半根、青蒜苗适量、熟白芝麻适量、生抽、老抽、食盐适量

制作方法

- 首先，将豆腐切块，用热水焯过，然后沥干水分。

- 然后，在热锅中加入食用油，放入豆腐煎至两面金黄色，加入切丝的胡萝卜，翻煎均匀。

- 最后，加入生抽、老抽、盐调味，撒上蒜苗和白芝麻，翻炒均匀后出锅。

2. 家常鱼香肉丝

[鱼香肉丝照片]

一道色香味俱全的家常菜。鱼香味道独特，口感爽滑，再搭配一碗热腾腾的米饭，美味无比。

食材：猪肉 200g，胡萝卜、青椒、红椒、葱姜蒜适量、豆瓣酱、白糖、白醋、生抽、淀粉适量

制作方法

- 先将猪肉切成丝，用淀粉、生抽腌制 10 分钟，胡萝卜、青椒、红椒也切丝备用。

- 热锅凉油，加入葱姜蒜炒香，放入豆瓣酱炒出红油，再加入白糖炒至红色。

- 加入腌制好的肉丝，翻炒均匀，再加入切好的胡萝卜丝、青椒丝、红椒丝炒匀。

- 最后，调入白醋、生抽，翻炒均匀出锅。

3. 家常番茄炒蛋

[番茄炒蛋照片]

番茄炒蛋是最家常的一道菜，简单快捷又美味。

食材：番茄 2 个，鸡蛋 3 个，盐和糖适量

制作方法

- 首先，鸡蛋打散，加入盐搅匀，热油锅将鸡蛋炒散，盛出备用。

- 然后，将番茄切块，下锅翻煮出汁，加入适量糖提鲜。

- 最后，将炒好的鸡蛋倒入，快速翻炒均匀即可出锅。

这就是我的家常拿手菜，都是非常简单的家常菜，你也可以试试看，希望你们会喜欢。下次再分享更多的美食食谱给大家。

我爱做菜 # # 家常菜食谱 # # 家的味道

　　凭借 ChatGPT，你能够瞬间成为烹饪大师，掌握各种风味和场景下的精美菜肴制作技巧。而且，你还能在小红书上分享这些厨艺心得，打造属于自己的美食达人账号，让你对美食的热爱创造收益。

6.4　用 ChatGPT 做财务报表分析

本节会用到 GPT-4 版本的插件，因此在介绍 ChatGPT 分析公司财务报表功能之前，还将为你讲解 GPT-4 版本的插件使用方法。

在 GPT-4 版本中，有一款 AFinChat 插件，它可以获取和分析中国 A 股市场的股票信息。你可以借助 ChatGPT 强大的分析功能，对财务报表进行分析。在这之前，你需要安装 AFinChat 插件。

首先，在设置中开启 GPT-4 插件功能，如图 6-2 所示。

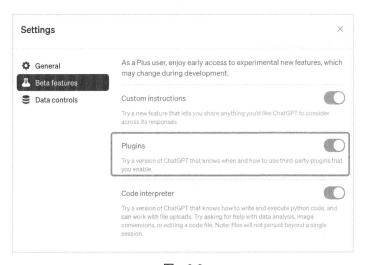

图　6-2

然后，在主页面选择插件并进入插件市场，如图 6-3、图 6-4 所示。

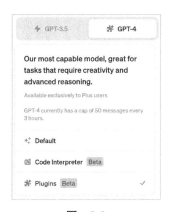

图　6-3

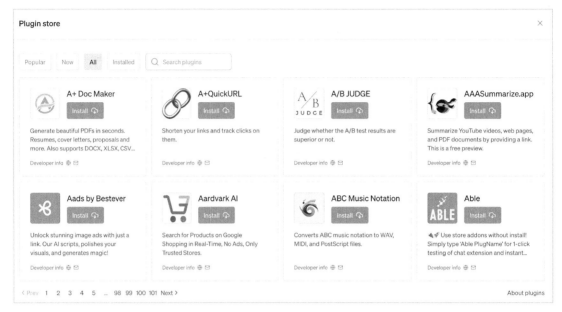

图 6-4

接着，在搜索框中输入"AFinChat"，并单击绿色的"Install"进行安装，如图 6-5 所示。

与此同时，我们可以安装一个绘制图表的插件 Noteable，它可以用来绘制股票分析的图表，进行可视化分析，如图 6-6 所示。

图 6-5

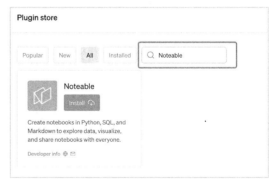

图 6-6

插件安装好之后，返回 ChatGPT 首页，勾选刚刚安装的两个插件，这样，在我们在进行股票数据分析的时候，能够调用这两个插件，如图 6-7 所示。

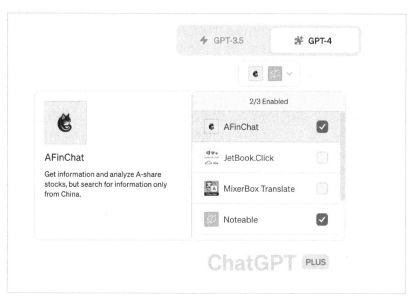

图 6-7

现在，我们可以询问 ChatGPT，如何对一家公司的财务报表进行分析。

 如何对股票财务报表进行分析，并判断这家公司是否值得投资。

 对股票财务报表进行分析并判断一家公司是否值得投资，通常需要以下几个步骤。

1. 理解公司业务：首先，你需要了解公司的业务模式，包括它在行业中的位置，它的产品或服务以及它的竞争优势。这将帮助你理解公司的财务报表。

2. 阅读财务报表：公司的财务报表通常包括资产负债表、利润表和现金流量表。这些报表提供了公司财务状况的详细信息。

　- 资产负债表：这个报表显示了公司的资产、负债和所有者权益。你可以从这个报表中看到公司的财务状况，包括它的流动资产（如现金和应收账款）和固定资产（如物业和设备），以及它的短期和长期负债。

　- 利润表：这个报表显示了公司在一定期间内的收入和支出，以及它的净利润。你可以从这个报表中看到公司的营业收入、营业成本以及各种费用（如销售和管理费用）。

　- 现金流量表：这个报表显示了公司的现金流入和流出。你可以从这个报表中看到公司的经营活动，投资活动和筹资活动产生的现金流。

3. 计算财务比率：财务比率是对财务报表数据的进一步分析，可以帮助你更好地理解公司的财务状况。常用的财务比率包括流动比率（衡量公司偿还短期债务的能力）、毛利率（衡量公司销售收入中有多少成为毛利润）、净利率（衡量公司销售收入中有多少成为净利润），以及负债与股东权益比率（衡量公司的财务杠杆）。

4. 分析公司的财务表现：基于上述信息，你可以分析公司的财务表现。例如，如果公司的营业收入和净利润稳定增长，那么这可能是一个积极的信号。同样，如果公司的负债比例过高，那么这可能是一个风险。

5. 考虑其他因素：除了财务报表，你还应该考虑其他因素，如公司的经营策略、行业趋势以及宏观经济环境。例如，如果公司处于一个增长快速的行业，那么这可能是一个积极的信号。同样，如果宏观经济环境不利，那么这可能是一个风险。

6. 做出投资决策：基于上述分析，你可以做出投资决策。如果你认为公司的财务表现良好，并且有良好的前景，那么你可能会选择投资。反之，如果你认为公司的财务表现不佳，或者前景不明朗，那么你可能会选择不投资。

以上是一种常见的财务报表分析方法，但实际的分析过程可能会更复杂，需要考虑更多的因素，如公司的行业地位、竞争环境、管理团队、未来发展前景等。

接下来，我可以帮助你使用 AFinChat 插件获取一家具体公司的财务报表数据，并使用 Noteable 插件在 Jupyter Notebook 中进行分析和可视化。你有一家特定的公司想要分析吗？如果有，请提供公司的股票代码。

根据 ChatGPT 的上述回答，我们先了解了分析一家公司股票财务报表的几个主要步骤。接下来，我们就按照这些步骤，选择一家公司的股票进行分析。

我们先对公司的基本业务进行综合了解。

 请查阅贵州茅台这只股票的相关信息，并对公司的业务进行分析，包括它的产品和服务，以及其竞争优势。

贵州茅台是中国最知名的白酒生产商，其主要产品茅台酒在国内外都享有极高的声誉。以下是关于贵州茅台的一些最新信息。

2023 年上半年，贵州茅台实现营业收入约 695.76 亿元，同比增长 20.76%；归属于上市公司股东的净利润约 359.8 亿元，同比增长 20.76%；归属于上市公司股东的扣除非经常性损益的净利润约 359.47 亿元，同比增长 20.78%。

贵州茅台的主要业务是生产和销售茅台酒及其系列酒。茅台酒是一种高度白酒,以其独特的酿造工艺和优良的品质而闻名。该产品在中国的白酒市场中占有重要地位,并在全球范围内享有良好的声誉。

贵州茅台的竞争优势主要体现在以下几个方面。

1. 品牌影响力:茅台酒是中国最知名的白酒品牌,其品牌影响力深入人心。

2. 独特的酿造工艺:茅台酒的酿造工艺独特,使其产品具有无法复制的口感和品质。

3. 稳定的市场需求:作为高端白酒,茅台酒的市场需求稳定,且有一定的抗经济周期性。

4. 良好的盈利能力:贵州茅台的盈利能力强,净利润持续增长。

以上是对贵州茅台的初步分析,如果需要更深入的财务分析或其他信息,欢迎随时提问。

接下来,我们让 ChatGPT 分别对公司的资产负债表、利润表和现金流量表进行分析。分析的过程分成 3 步:第一步,阅读公司的财务报表;第二步,绘制图表,进行可视化分析;第三步,进行综合分析。

阅读贵州茅台最近 5 年的资产负债表。

以下是贵州茅台(股票代码:600519)最近五年的资产负债表数据。

项目	2018 年(亿元)	2019 年(亿元)	2020 年(亿元)	2021 年(亿元)	2022 年(亿元)
货币资金	1121	132.5	360.9	518.1	582.7
流动资产	1379	1590	1857	2208	2166
非流动资产	219.8	240.2	277.4	344.0	377.5
总资产	1598	1830	2134	2552	2544
流动负债	424.4	410.9	456.7	579.1	490.7
非流动负债	-	0.727	0.0146	2.965	3.344
总负债	424.4	411.7	456.8	582.1	494.0
实收资本(或股本)	12.56	12.56	12.56	12.56	12.56
未分配利润	959.8	1159	1376	1607	1613
所有者权益	1174	1419	1677	1970	2050

接下来，使用这些数据做一些基本的财务分析，并通过图表的方式展示分析结果。

> 👤 绘制资产负债表的图表，进行可视化分析。

🅖 以下是贵州茅台（股票代码：600519）2018 年至 2022 年的财务数据图表。

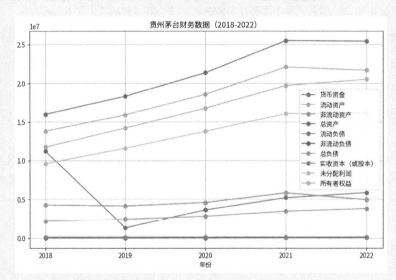

从图表中，我们可以看到以下几点。

1. 货币资金：在 2019 年至 2022 年间逐年增长。

2. 流动资产：在 2018 年至 2021 年间逐年增长，但在 2022 年有所下降。

3. 非流动资产：在整个时间段内都在逐年增长。

4. 总资产：在 2018 年至 2021 年间逐年增长，但在 2022 年有所下降。

5. 流动负债：除 2019 年，在 2018 年至 2021 年间逐年增长，但在 2022 年有所下降。

6. 非流动负债：除 2020 年，在 2019 年至 2022 年间逐年增长。

7. 总负债：除 2019 年，在 2018 年至 2021 年间逐年增长，但在 2022 年有所下降。

8. 实收资本（或股本）：在整个时间段内保持稳定。

9. 未分配利润：在整个时间段内都在逐年增长。

10. 所有者权益：在整个时间段内都在逐年增长。

以上是对贵州茅台财务数据的基础分析，如果需要更深入的分析，例如比较不同年份的增长率，或者与其他公司进行比较，我可以帮助您进行。

对资产负债表进行分析。

 根据贵州茅台（股票代码：600519）2018 年至 2022 年的资产负债表数据，我们可以进行以下总结分析。

1. 资产状况：贵州茅台的总资产在 2018 年至 2021 年间持续增长，但在 2022 年有所下降。这主要是由于流动资产在 2022 年的下降，而非流动资产在整个时间段内都在逐年增长。这可能表明公司在固定资产和长期投资方面的投入增加。

2. 负债状况：公司的总负债在 2018 年至 2021 年间（除 2019 年）也呈现出增长的趋势，但在 2022 年有所下降。这主要是由于流动负债在 2022 年的下降，而非流动负债在 2019 年至 2022 年间（除 2020 年）逐年增长。这可能表明公司在短期债务方面有所减少，但长期债务有所增加。

3. 所有者权益：公司的所有者权益在整个时间段内都在逐年增长，这表明公司的净资产持续增加，公司的财务状况稳健。

4. 未分配利润：公司的未分配利润在整个时间段内都在逐年增长，这表明公司的盈利能力强，且公司选择留存利润以支持未来的运营和投资，而不是分配给股东。

5. 实收资本（或股本）：公司的实收资本（或股本）在整个时间段内保持稳定，这表明公司在这个时间段内没有进行股本的增减。

总的来说，贵州茅台在过去的五年里，总体上表现出稳健的财务状况和良好的盈利能力。然而，也需要注意到 2022 年的资产和负债的变化，这可能表明公司的运营和投资策略有所调整。为了更深入地理解这些变化，可能需要进一步分析公司的经营活动和投资活动，以及考虑市场和行业的影响。

 阅读贵州茅台最近 5 年的利润表。

 以下是贵州茅台（股票代码：600519）最近五年的利润表数据。

项目	2018 年（亿元）	2019 年（亿元）	2020 年（亿元）	2021 年（亿元）	2022 年（亿元）
营业总收入	772.0	888.5	979.9	1095	1276
营业总成本	258.6	298.1	313.1	347.8	397.5
营业利润	513.4	590.4	666.4	747.5	878.8
利润总额	508.3	587.8	662.0	745.3	877.0
所得税	130.0	148.1	166.7	188.1	223.3
归属母公司净利润	352.0	412.1	467.0	524.6	627.2

对上述数据绘制图表，进行可视化分析。

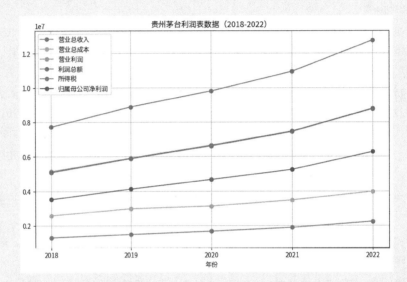 以下是贵州茅台（股票代码：600519）2018 年至 2022 年的利润表数据图表。

从图表中，我们可以看到以下几点。

1. 营业总收入：在整个时间段内都在逐年增长，表明公司的销售收入持续增加。

2. 营业总成本：在整个时间段内都在逐年增长，表明公司的运营成本也在增加。

3. 营业利润：在整个时间段内都在逐年增长，表明公司的营业利润持续增加。

4. 利润总额：在整个时间段内都在逐年增长，表明公司的总利润持续增加。

5. 所得税：在整个时间段内都在逐年增长，表明公司的所得税支出也在增加。

6. 归属母公司净利润：在整个时间段内都在逐年增长，表明公司的净利润持续增加。

以上是对贵州茅台利润表数据的基础分析，如果需要更深入的分析，例如比较不同年份的增长率，或者与其他公司进行比较，我可以帮助您进行。

对利润表进行总结分析。

 根据贵州茅台（股票代码：600519）最近五年的利润表数据，我们可以进行以下总结分析。

1. 营业总收入：贵州茅台的营业总收入在过去五年中持续增长，这表明公司的销售业务表现良好，市场需求强劲。

2. 营业总成本：尽管营业总成本也在增长，但其增长低于营业总收入，这表明公司在成本控制方面做得较好，能够有效地将收入转化为利润。

3. 营业利润和利润总额：营业利润和利润总额的持续增长表明公司的盈利能力强，且在提高。

4. 所得税：所得税的增长与利润的增长相符，这是正常的，因为所得税通常是基于公司利润的一定比例。

5. 归属母公司净利润：归属母公司净利润的持续增长表明公司为股东创造的价值在增加，这对股东来说是一个积极的信号。

总的来说，贵州茅台在过去的五年里，其营业收入和利润都表现出强劲的增长，显示出公司的强大盈利能力和良好的运营效率。然而，为了更全面地评估公司的表现，我们还需要考虑其他的财务指标，如现金流量表，以及非财务指标，如市场份额、产品质量等。同时，与同行业其他公司的比较也是必要的，这可以帮助我们更好地理解公司的竞争地位和行业趋势。

阅读贵州茅台最近 5 年的现金流量表。

以下是贵州茅台（股票代码：600519）最近五年的现金流量表数据。

项目	2018 年（亿元）	2019 年（亿元）	2020 年（亿元）	2021 年（亿元）	2022 年（亿元）
经营活动产生的现金流量净额	413.9	452.1	516.7	640.3	367.0
投资活动产生的现金流量净额	-16.29	-31.66	-18.05	-55.62	-55.37
筹资活动产生的现金流量净额	-164.4	-192.8	-241.3	-265.6	-574.2

对上述数据绘制图表，进行可视化分析。

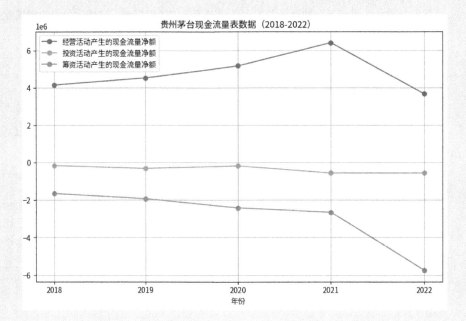 以下是贵州茅台（股票代码：600519）2018 年至 2022 年的现金流量表数据图表。

从图表中，我们可以看到以下几点。

1. 经营活动产生的现金流量净额：在 2018 年至 2021 年间，经营活动产生的现金流量净额持续增长，表明公司的主营业务运行良好，能够持续产生正的现金流。然而，2022 年的现金流量净额有所下降，这可能表明公司的经营活动在这一年中遇到了一些挑战。

2. 投资活动产生的现金流量净额：在整个时间段内，投资活动产生的现金流量净额都为负，表明公司在这个时间段内的投资活动消耗了现金。这是正常的，因为公司需要投资以支持其业务的扩展和增长。

3. 筹资活动产生的现金流量净额：在整个时间段内，筹资活动产生的现金流量净额都为负，表明公司在这个时间段内的筹资活动也消耗了现金。这主要可能是由于公司偿还债务或分发股息。

以上是对贵州茅台现金流量表数据的基础分析，如果需要更深入的分析，例如比较不同年份的现金流量变动，或者与其他公司进行比较，我可以帮助您进行。

对现金流量表进行总结分析。

 根据贵州茅台（股票代码：600519）最近五年的现金流量表数据，我们可以进行以下总结分析。

1. 经营活动产生的现金流量净额：在 2018 年至 2021 年间，经营活动产生的现金流量净额持续增长，这表明公司的主营业务运行良好，能够持续产生正的现金流。然而，2022 年的现金流量净额有所下降，这可能表明公司的经营活动在这一年中遇到了一些挑战，或者公司在这一年中进行了大量的现金支出。

2. 投资活动产生的现金流量净额：在整个时间段内，投资活动产生的现金流量净额都为负，这表明公司在这个时间段内的投资活动消耗了现金。这是正常的，因为公司需要投资以支持其业务的扩展和增长。然而，这也可能表明公司在投资方面可能存在一些风险，需要进一步分析其投资的性质和回报。

3. 筹资活动产生的现金流量净额：在整个时间段内，筹资活动产生的现金流量净额都为负，这表明公司在这个时间段内的筹资活动也消耗了现金。这主要可能是由于公司偿还债务或分发股息。这表明公司的财务状况稳健，能够满足其财务义务。

总的来说，贵州茅台的现金流量表显示，公司的经营活动能够持续产生正的现金流，但其投资活动和筹资活动都消耗了现金。这表明公司在运营方面做得很好，但在投资和筹资方面可能需要进一步优化。然而，为了更全面地评估公司的表现，我们还需要考虑其他的财务指标，如资产负债表和利润表，以及非财务指标，如市场份额、产品质量等。同时，与同行业其他公司的比较也是必要的，这可以帮助我们更好地理解公司的竞争地位和行业趋势。

在分析完财务报表后，我们继续分析公司的财务比率。财务比率可以帮助我们理解公司的财务状况和运营效率。

 计算并分析贵州茅台的财务比率。

 以下是贵州茅台（股票代码：600519）最近五年的财务比率。

年份	流动比率	销售毛利率	销售净利率	资产负债率
2018	3.25	91.14%	51.37%	26.55%
2019	3.87	91.30%	51.47%	22.49%
2020	4.06	91.41%	52.18%	21.40%
2021	3.81	91.54%	52.47%	22.81%
2022	4.41	91.87%	52.68%	19.42%

> 这些财务比率可以帮助我们理解公司的财务状况和运营效率。流动比率反映了公司偿还短期债务的能力，毛利率和净利率反映公司的盈利能力，负债与股东权益比率反映了公司的财务杠杆。
>
> 对于贵州茅台来说，流动比率在这五年中一直保持在 3 以上，这意味着其流动资产充足，有足够的能力偿还短期债务。毛利率和净利率也在稳步提升，显示出其盈利能力强劲。除 2021 年，资产负债率在逐年下降，说明公司的财务杠杆在降低，财务风险在减小。总体来看，贵州茅台的财务状况良好，运营效率高。

最后，我们汇总所有的财务指标，进行综合分析。

> 综合以上所有财务报表的指标和数据，对茅台股票的经营状况、盈利能力、投资价值进行分析汇总。

> 根据我们对贵州茅台（股票代码：600519）的财务报表分析，我们可以得出以下结论。
>
> 1. 经营状况：贵州茅台的经营状况良好。从资产负债表来看，公司的总资产和股东权益在过去五年中基本都在稳步增长，流动比率一直保持在 3 以上，显示出其流动资产充足，有足够的能力偿还短期债务。此外，负债与股东权益比率在过去五年基本呈下降趋势，说明公司的财务杠杆在降低，财务风险在减小。
>
> 2. 盈利能力：从利润表和现金流量表来看，贵州茅台的盈利能力非常强。公司的营业收入、净利润和经营活动产生的现金流量净额都在稳步增长。毛利率和净利率也在稳步提升，显示出其盈利能力强劲。
>
> 3. 投资价值：综合考虑贵州茅台的经营状况和盈利能力，我们可以认为贵州茅台具有较高的投资价值。公司的财务状况良好，运营效率高，盈利能力强，这些都是投资者在考虑投资一个公司时会关注的关键因素。然而，投资决策还需要考虑其他因素，如公司的市场定位、行业趋势、股票的估值等。因此，投资者在做投资决策时，应综合考虑各种因素，并根据自己的投资目标和风险承受能力来决定。
>
> 以上是对贵州茅台财务报表的基础分析，如果需要更深入的分析，例如比较不同年份的财务比率变动，或者与其他公司进行比较，我可以帮助您进行。

　　通过 ChatGPT，我们可以快速了解一家公司的基本业务、财务数据、经营状况，但想要做出最终的投资决策，除了财务报表，你还应该考虑其他因素，如公司的经营策略、行业趋势及宏观经济环境等。

　　请注意，ChatGPT 只可作为辅助分析的工具，切不可作为最终的投资决策依据。最后，不得不说一句老生常谈的话："交易有风险，投资需谨慎"。

## 第 7 章

ChatGPT 使用高级技巧

7.1 用 ChatGPT 写爆款文案

如果你是自媒体人、个体创业者或者文案工作者，可能每天都在思考如何才能写出一篇 10W+ 阅读量的爆款文案。你是否曾被那些能够轻松创作出 10W+ 阅读量作品的作者的才华所深深折服，同时又对自己的文章寥寥无几的阅读量而感到困惑？或许你认为，这是因为他们的文笔太出色了，他们才华横溢，天生擅长写作。如果你有这样的想法，那么你可能会陷入一个误区，即"只有文笔好才能写出好文章"。这种观点实际上限制了我们自己的发展，因为我们总是认为好的文章源自出色的写作能力，而忽视了另一个重要因素——观察和理解读者。

实际上，创作出爆款文案并非完全依靠天分或写作能力，也有许多值得学习和掌握的方法、技巧和公式。那些能够连续创作出爆款文案的作者，他们的成功并非偶然。他们能够深入洞察人性的底层需求，精准地抓住读者的注意力，引导读者打开文章并阅读。读者在阅读过程中产生了强烈的兴趣，在阅读后仍赞叹不已，并愿意将这份精彩分享给更多人。

与此相反，那些无人问津的文案往往是因为作者过于关注自己的观点，忽视了读者的需求和感受。他们在写作时完全沉浸在自己的世界中，没有尝试去理解读者关心什么、需要什么，这就导致了文案的失败。

所以，如果我们想要成功地创作出一篇爆款文案，就必须学习和掌握写作的科学方法，包括如何更好地洞察和理解读者、如何抓住他们的注意力，以及如何引导他们阅读并分享你的内容。如果你掌握了这些方法并通过不断的实践来提高自己的技能，你就能像那些成功的作者一样，创作出一篇又一篇的爆款文案。

我们需要深度了解我们的目标读者，了解他们的需求、痛点和愿望，而不是仅仅依赖自己的感觉。只有找到那些能触动目标读者内心、引发情感共鸣的元素，我们才能以此构建出他们愿意阅读、愿意分享的内容。

此外，我们还需要掌握写作技巧，比如如何用简洁的语言表达复杂的思想，如何用有趣的故事吸引读者的注意力，以及如何用有力的论据说服读者接受我们的观点。这些技巧都是能否写出优秀文案的关键因素。

现在我们可以利用 ChatGPT 来辅助我们快速学习一些文案大师的写作方法和写作技巧，并迅速应用于我们的创作中。即使你对这些方法并不精通，但借助 ChatGPT，你也能够写出引人注目的文案。

在约瑟夫·休格曼的《文案训练手册》中有很多经典文案，我们可以将这些经典文案直接给到 ChatGPT，让它学习。

现在，我们以其中一章"自然的意外恩赐"为例，看看 ChatGPT 是如何学习写作方法和写作技巧并仿写文案的。

"自然的意外恩赐"是一篇描写葡萄柚的广告文案。1980 年，这篇文章让葡萄柚的生意蓬勃发展。现在，我们将这篇文案"投喂"给 ChatGPT，让它分析写作方法和写作技巧，然后参考这样的写作风格写一篇文案。

首先，将原文分成 7 个部分，如下所示。

自然的意外恩赐

第一部分：经典的开场白

我是个农场主。我要告诉你的故事完全属实，尽管它看上去可能令人难以置信。

第二部分：意外发现的故事

一切都源于我们的家庭医生——韦布医生——所拥有的一片果园。在医生的果园里摘水果的一个工人，带了 6 个前所未有的最奇怪的葡萄柚来到韦布先生的房间里。一棵普通的葡萄柚树的一根单独的枝丫上，长出了这 6 个不同寻常的水果。

这是些个头很大的葡萄柚，非同一般的大。它们的表皮泛着微微的红色。当韦布医生切开这种柚时才发现，果实的颜色是一种耀眼的宝石红。

韦布医生决定尝尝这种奇怪的新葡萄柚——简直太完美了，甘美且多汁。它不像其他柚那么酸——它没有糖，却有种自然的香甜。

因为某种我们永不知晓的原因，自然界选择了在我们神奇的里奥格兰德山谷创造了一个全新品种。它令人难以置信。人类劳作了许多年，想生产出完美的葡萄柚，却以失败告终。但是，突然在某个果园的一棵树的枝丫上，自然之母全凭一己之力就把它创造出来了！

第三部分：水果变成珍品

你可以想象得到这种激动。从那根枝丫上长出来的水果开始，现在一个又一个的果园生产着我们自己的得克萨斯州红宝石葡萄柚。

当我说"1000 个人里面都没有一个人尝过这种葡萄柚"时，你很容易理解这是为什么。从一开始，红宝石葡萄柚就是稀有的。你可以去商店里找找看，但是我怀疑你是否能找到。你能找到粉色的葡萄柚，但是你很少能看到真正的红宝石葡萄柚。

所以你开始认识到红宝石葡萄柚的珍稀了，皇家红宝石葡萄柚则更加稀有。所有的葡萄柚里只有 4%~5% 有资格被称为"皇家红宝石葡萄柚"。

第四部分：红宝石葡萄柚生长采摘的过程

每个皇家红宝石葡萄柚都有一磅重——或者更重！每一个都红彤彤的，流淌着汁水，有种很自然的甘美味道，而且能持续保鲜好几个星期。

为什么直到我亲自确认每棵果树上的果实都成熟了，我们才会考虑采摘整个果园？我会检查"自然的糖分"、低酸平衡和高果汁含量。我会检查水果是否饱满多肉，我甚至还会检查它的皮是不是很薄。在我对一个果园进行采摘之前，不仅每个因素都要检查，而且还要确保各个因素彼此之间处在一种适宜的关系状态中。

我们采摘水果时可不是瞎忙。采摘的时候，我们每一个人都要带一个"采摘圆环"。如果水果太小，能够通过这个圆环的话，我们就不会采摘它！它仅仅因为不够大，就没有资格作为皇家红宝石葡萄柚！

甚至在采摘之后，验收之前，每个葡萄柚还要通过其他的细致检查。我会抓住一个葡萄柚，对它的外表美进行评级。有时候葡萄柚会有风瘢，我就不会接受它。有时候它在茎上会有一个鼓起——我们称之为"绵羊鼻子"，我也不会接受它。你看，当我说我只接受完美的皇家红宝石葡萄柚的时候，我是非常认真的。

第五部分：购买条款、加入俱乐部、营造稀缺感

当意识到皇家红宝石葡萄柚是极品水果时，我决定成立一个俱乐部，只把它卖给我的俱乐部会员。用这种方式，我可以控制自己的产品，以确保没人会失望。

但是在请你加入俱乐部之前，我想让你亲自尝尝我的皇家红宝石葡萄柚，不花一分钱。让我寄给你一箱装有 16~20 个预付过的皇家红宝石葡萄柚。把其中 4 个放入冰箱直到完全冷却，然后再把它们切成两半，让你的家人尝尝这种不同寻常的水果。

你来判定，这是不是我所说的那种皇家红宝石葡萄柚。你来评定，这种皇家红宝石葡萄柚吃起来是不是有我所承诺的那种奇妙的滋味体验。

你来评判一切。我很自信，你和你的家人会想要更多这种超级好的水果，并要求我定期供应。如果这 4 个皇家红宝石葡萄柚让你说了声"不错"的话，就留着剩下的水果吧。不然就把那些没吃过的水果寄回给我（邮费我出），你不欠我一分钱。

有可能你将永远不知道真实的皇家红宝石葡萄柚有多么的美妙，除非你尽快下订单。通过这种方式，你会收到你的包裹，里面装有 16~20 个皇家红宝石葡萄柚，让你和你的家人品尝。不过，既然供应量是有严格限制的，现在下单就非常重要。

第六部分：介绍参加俱乐部的益处

现在，假定你的确喜欢皇家红宝石葡萄柚——假定你热爱它们——你确信能得到更多吗？

你一定能。只要对我的第一箱货物说"好"，你就自动获得了加入我的冬季水果俱乐部的权利。我保证你事先不用付任何费用。不过，在冬季的每一个月，我会寄给你一个包裹，里面有 16~20 个从果园新鲜采摘的、手把手精挑细选出来的皇家红宝石葡萄柚。

你收到的每个皇家红宝石葡萄柚都会经过我的严格检测。每个都会有一磅重，甚至更重。保证安全送达。从今年 12 月到来年 4 月，每个月我都会把采摘下来包装好的水果寄给你。

你只要在收到货物之后再付费即可。你可以跳过或者取消任何一次货运，只需要简单地告诉我你的要求。

第七部分：继续制造紧迫感

记住，你什么都不必支付，只需要来验证这有史以来最好的葡萄柚的味道，甚至连验证味道的费用都是由我来承担的！

当然，你可以想象得到，当我说供应量有限的时候，我不是在开玩笑！今年我只能接收这么多的俱乐部会员，然后就不得不停止接受申请了。

所以，来尝尝这种"奇迹般"的葡萄柚吧，而且还有机会在生长季的每个月都品尝到它。今天下单，你无须承担任何义务。

当给 ChatGPT "投喂"长文案的时候，我们可以采用分段"投喂"原文的方式。

> 让我们重新开始一轮问答。我接下来要在多个对话中，提供给你用"@"编号的文章内容，请先记住，但不要摘要，可以吗？

当然，我会尽量记住您提供的带有 "@" 编号的文章内容。不过，请注意，我不具备长期记忆功能，所以只能在本次会话中参考这些内容。您可以继续提供相关信息，并告诉我如何帮助您。

接下来，将原文案分段给到 ChatGPT，由于 "投喂" 的篇幅过长，本书只呈现 "投喂" 的第一部分和第七部分的文字。

 @1 我是个农场主。我要告诉你的故事完全属实，尽管它看上去可能令人难以置信。

 当然了，我已经记录了您作为农场主的故事，并将其标记为 "@1"。如果您有任何问题或想分享更多的信息，请继续。我会尽量帮助您。

 @7 记住，你什么都不必支付，只需要来验证这有史以来最好的葡萄柚的味道，甚至连验证味道的费用都是由我来承担的！当然，你可以想象得到，当我说供应量有限的时候，我不是在开玩笑！今年我只能接收这么多的俱乐部会员，然后就不得不停止接受申请了。所以，来尝尝这种 "奇迹般" 的葡萄柚吧，而且还有机会在生长季的每个月都品尝到它。今天下单，你无须承担任何义务。

 我已经记录了您提供的信息，并将其标记为 "@7"。这部分继续强调了葡萄柚俱乐部的免费试吃机会，并提醒潜在的会员供应量有限。

如果您有更多的问题或信息，请随时提供！

在发完七部分文字后，我们让 ChatGPT 汇总发过的所有内容，并对内容进行分析。

 结合前面 @1 ~ @7 的文章内容，帮我分析以上 7 部分文字的写作框架和写作技巧。

 这篇文章使用了一系列的销售技巧和故事讲述技巧来推广一种特殊品种的葡萄柚——皇家红宝石葡萄柚。以下是对各个部分写作框架和技巧的分析。

@1: 引入和问题提出

- 写作技巧: 引发好奇心

- 文章以一个引人入胜的问题开始，立即引发读者的好奇心。

@2: 问题解答和介绍

- 写作技巧: 满足好奇心

- 立即解答了开篇提出的问题，同时介绍了产品——得克萨斯州红宝石葡萄柚。

@3: 产品特色和稀有性

- 写作技巧：创建需求

- 详细解释了产品的稀有性和特色，使读者觉得这是一种难得的机会。

@4: 产品质量和采摘标准

- 写作技巧：建立信任和权威性

- 通过讲述产品的质量控制过程和采摘标准，建立了产品的权威性和销售者对产品的信任。

@5: 试用和购买引导

- 写作技巧：低风险试用

- 提供了一个免费试用的机会，降低了购买的风险。

@6: 长期供应和俱乐部介绍

- 写作技巧：提供持续价值

- 介绍了一个长期供应产品的俱乐部，强调了成为会员的各种便利和优势。

@7: 总结和紧迫性

- 写作技巧：引导行动和创造紧迫感

- 以一个总结和紧迫性的提示结束，鼓励读者尽快行动。

整体来看，这篇文章采用了经典的销售文案框架，从引发好奇心到满足好奇心，再到创建需求和建立信任，最后引导购买并强调紧迫性。这是一个很好的例子，展示了如何有效地使用不同的写作技巧来达成销售目的。

现在，我们可以让 ChatGPT 参考刚刚学习到的写作框架和写作技巧，为我们撰写一篇全新的文案。为了避免 ChatGPT 在撰写长文案时会中途中断，影响上下文的连贯性，可以让它分部分去写。在写每一部分之前，让 ChatGPT 先等待指令，然后再开始。由于篇幅过长，本书只展示了第一部分、第二部分以及第七部分的生成内容。

根据以上写作框架和写作技巧，帮我分 7 个部分写一篇关于龙井茶的销售文案。
在每写完一个部分后，先暂停，等待我发送指令——"下一部分"，再继续写。

@1: 引入和问题提出

你有没有想过，为什么龙井茶总是与优雅、历史和高品质联系在一起？为什么它经常出现在各种宴会和重要场合，成为品茶者的钟爱之选？

请指示"下一部分"以继续。

下一部分

 @2: 问题解答和介绍

让我来告诉你一个故事。这个故事发生在中国的杭州,那里的西湖龙井茶有着千年的历史。每一片茶叶都是在特定的季节、特定的气候条件下,由专门的茶农手工采摘的。不仅如此,每一片茶叶在加工过程中都要经过严格的筛选和传统的炒制。

在我年轻的时候,我跟随祖父来到西湖的茶园。看着他用专业的手法采摘、炒制茶叶,我深感震撼。从那时起,我就知道我想把这份纯粹和传统分享给世界。

请指示"下一部分"以继续。

 下一部分

 @7: 总结和紧迫性

最重要的是,您无须支付任何费用就能品味到这个被称为"茶中皇后"的龙井茶。我们愿意承担您第一次尝试的所有费用!是的,您没有听错——您只须提供您的邮寄地址,我们会免费寄给您一份特级龙井茶样品。

但请注意,当我说"供应有限"时,绝非儿戏。我们每年只能接纳有限数量的俱乐部会员,一旦名额满了,就不再接受新的申请。

所以,现在就是您尝试这款"神奇"的茶,并有机会在接下来的每月都品尝到它的最佳时机。下单后您没有任何义务,因为我们相信产品的品质会说话。

以上便是关于龙井茶的完整销售文案,采用了各种引人入胜的写作框架和技巧,目的是为了让您深入了解这一款出类拔萃的茶,并享受到由其带来的卓越品质和独特风味。希望您喜欢!

最终,ChatGPT 完成了 7 个部分文字的写作。我们还可以让 ChatGPT 为这篇文案起标题。

为这篇龙井茶的文案写 5 个吸引人的标题。

1. "皇家龙井茶:一杯茶,一份静心的艺术"

2. "品尝传世珍稀之物:探索皇家龙井茶的不凡之旅"

3. "精挑细选,每一叶都完美——您尝过的最独特的皇家龙井茶"

4. "自然的馈赠:皇家龙井茶俱乐部的专属体验"

5. "您未曾体验的茶韵——加入皇家龙井茶俱乐部,开启健康生活新篇章"

我们挑选第 2 个作为文章标题。以下是 ChatGPT 仿写的整体文案。

品尝传世珍稀之物：探索皇家龙井茶的不凡之旅

你有没有想过，为什么龙井茶总是与优雅、历史和高品质联系在一起？为什么它经常出现在各种宴会和重要场合，成为品茶者的钟爱之选？

让我来告诉你一个故事。这个故事发生在中国的杭州，那里的西湖龙井茶有着千年的历史。每一片茶叶都是在特定的季节、特定的气候条件下，由专门的茶农手工采摘的。不仅如此，每一片茶叶在加工过程中都要经过严格的筛选和传统的炒制。

在我年轻的时候，我跟随祖父来到西湖的茶园。看着他用专业的手法采摘、炒制茶叶，我深感震撼。从那时起，我就知道我想把这份纯粹和传统分享给世界。

当我们说龙井茶，我们是在说一种属于最高级别的绿茶。每一片茶叶都经过了专门的挑选和精致的加工，以保证其纯净、醇厚和高雅的风味。

龙井茶不仅有着浓郁的花香和果香，还具有多种对人体有益的成分，包括丰富的抗氧化剂。这样的茶，您在一般的商店里是找不到的。您可能找得到绿茶，但是真正的西湖龙井茶是非常罕见的。

当我说"在 1000 个人中，没有一个人尝过这种茶"的时候，您应该能明白我为什么这么说。这不仅仅是一种茶，更是一份传统和文化的继承。

我们采摘龙井茶叶的过程可谓是艺术和科学的完美结合。在茶树开始发新芽的季节，我们会每天清晨进行采摘，确保每一片茶叶都在最佳的状态。

我们不仅会检查茶叶的颜色和形状，还会通过多种实验来测试茶叶中的营养成分和口感。每一片茶叶都要经过严格的筛选，只有符合最高标准的茶叶才能被称为"龙井茶"。

甚至在加工和包装过程中，我们也会进行多重的质量检测。例如，茶叶会经过特殊的炒制和干燥过程，以保留其天然的香气和味道。每一个环节都有专门的人员进行监督，确保产品的最终质量。

所以，当我说我们的龙井茶是最高质量的时候，我是极其认真的。

一旦您品尝过我们的龙井茶，我确信您会被它的独特风味和卓越品质所吸引。为了让您持续享受这一极致体验，我想邀请您加入我们独家的"龙井茶俱乐部"。

但在您决定加入之前，我想先送您一份礼物。我们将免费为您寄送一小包预付过的、经过严格筛选的龙井茶叶。您只须将其冲泡，并与家人和朋友一同享受这一无与伦比的茶饮体验。

您来评价。您觉得我们的龙井茶是否符合我们对其的描述？您觉得它是否值得您成为我们俱乐部的一员？

如果您觉得满意，保留这些茶叶。如果不满意，您可以将剩余的茶叶寄回给我们，无须支付任何费用。

假如您真的爱上了我们的龙井茶，并决定加入"龙井茶俱乐部"，您将享有一系列特权。一旦您确认第一次订单后，您将自动成为我们俱乐部的会员。您无须事先支付任何费用。

每年从 3 月开始一直到 6 月，我们都会为您寄送一个包含 50~100 克特级龙井茶的礼盒。这些茶叶将是新鲜采摘、人工挑选，并经过严格质量检查的。

您只须在收到货物后支付，极其方便。您也可以选择跳过或取消任何一次送货，只须简单地告诉我们您的决定。

最重要的是，您无须支付任何费用就能品味到这个被称为"茶中皇后"的龙井茶。我们愿意承担您第一次尝试的所有费用！是的，您没有听错——您只须提供您的邮寄地址，我们会免费寄给您一份特级龙井茶样品。

但请注意，当我说"供应有限"时，绝非儿戏。我们每年只能接纳有限数量的俱乐部会员，一旦名额满了，就不再接受新的申请。

所以，现在就是您尝试这款"神奇"的茶，并有机会在接下来的每月都品尝到它的最佳时机。下单后您没有任何义务，因为我们相信产品的品质会说话。

上述内容便是 ChatGPT 参考经典文案写的一篇龙井茶销售文案。如果有不满意的地方，我们可以继续进行人工润色。我们可以结合企业的实际情况，对一些细节进行调整，比如商品名称、品牌故事等。

写出爆款文案并非易事，但也并非无法实现。只要我们坚持学习、坚持实践、坚持观察和理解用户，我们就一定能写出优秀的文案。在 ChatGPT 的帮助下，我们可以向前人学习优秀的文案。多练习、多输出，总有一天，我们也能写出 10W+ 阅读量的爆款文案！

7.2 ChatGPT 与 SEO 营销高阶技巧

我们可以借助 ChatGPT 与 SEO 营销高阶技巧来撰写具有吸引力的营销文案。这一过程可分为以下 4 个步骤。

- 通过 ChatGPT 挖掘热搜关键词。

- 根据关键词撰写内容大纲。
- 根据关键词和内容大纲撰写文案。
- 根据关键词优化标题。

7.2.1 通过 ChatGPT 挖掘热搜关键词

做 SEO 营销，寻找合适的关键词非常重要。以下是 6 种通过 ChatGPT 挖掘热搜关键词的方法。

- 分析与主题相关的顶级关键词。
- 扮演 SEO 主管。
- 扮演内容营销人员。
- 扮演 SEO 专家。
- 扮演内容策划师。
- 扮演营销经理。

1. 分析与主题相关的顶级关键词

我们还以销售龙井茶为例，让 ChatGPT 分析与龙井茶相关的顶级关键词。

 分析与龙井茶相关的顶级关键词，这些关键词将为我们的内容营销带来最相关的流量，并增加搜索引擎中的可见性。收集搜索量、竞争和相关关键字的数据。这些关键词应与我们的目标受众相关，并与我们的内容营销策略相一致。

当然，请注意，我目前无法直接访问实时的关键词分析工具，所以下面的数据是基于我的知识截止日期的一般分析和理解。对于准确的搜索量和竞争数据，建议使用专业的关键词分析工具，例如谷歌关键词规划器或其他第三方 SEO 工具。

1."龙井茶"

-搜索量：非常高

-竞争：高

-相关关键字：龙井茶的制作、龙井茶的味道、龙井茶的价格

2."西湖龙井茶"

-搜索量：高

-竞争：中等

-相关关键字：西湖龙井茶购买、西湖龙井茶的品鉴

3. "龙井茶的功效"

  - 搜索量：中等

  - 竞争：中等

  - 相关关键字：龙井茶的健康益处、龙井茶降火、龙井茶排毒

4. "龙井茶的冲泡方法"

  - 搜索量：中等

  - 竞争：低

  - 相关关键字：如何泡龙井茶、龙井茶冲泡技巧

5. "皇家龙井茶"

  - 搜索量：低

  - 竞争：低

  - 相关关键字：皇家龙井茶俱乐部、皇家龙井茶的选购

通过优化这些关键词，可以吸引对龙井茶有兴趣的受众，并通过详细的内容满足他们对于品质、价格、制作过程和健康益处的需求。您的内容营销策略应涵盖这些方面，以增加您在搜索引擎中的可见性。

2. 扮演 SEO 主管

我们让 ChatGPT 扮演 SEO 主管，为龙井茶的营销文案建议一些高搜索量、低难度的关键词。

假设你是一位 SEO 主管，请为龙井茶的营销文案建议一些高搜索量、低难度的关键词。

 作为 SEO 主管，我将专注于寻找与龙井茶相关的关键词，这些关键词不仅搜索量较高，而且竞争难度较低。以下是一些潜在的关键词建议，这些关键词可能有助于吸引目标受众并提高搜索排名。

1. "龙井茶如何选购"

  - 搜索量：中等

  - 竞争：低

  - 注释：许多人可能想知道如何挑选优质的龙井茶。

2. "龙井茶的冲泡技巧"

  - 搜索量：中等

- 竞争：低

- 注释：提供冲泡龙井茶的正确方法和技巧。

3. "龙井茶与绿茶的区别"

- 搜索量：中等

- 竞争：低

- 注释：解释龙井茶与普通绿茶之间的差异可能是有吸引力的内容。

4. "最佳龙井茶品牌"

- 搜索量：中等

- 竞争：低

- 注释：介绍市场上的顶级龙井茶品牌。

5. "龙井茶的季节和采摘时间"

- 搜索量：低至中等

- 竞争：低

- 注释：对龙井茶的采摘和最佳饮用季节的详细解释。

6. "自家泡龙井茶的体验"

- 搜索量：低

- 竞争：低

- 注释：分享个人泡茶经验和心得，有助于社区参与。

7. "龙井茶的历史和文化"

- 搜索量：低

- 竞争：低

- 注释：介绍龙井茶的文化背景和历史传承。

注意，以上关键词的搜索量和竞争度是基于一般分析和理解，对于准确的数据，最好使用专业的关键词分析工具进行详细研究和验证。通过定期监控这些关键词的表现，可以不断调整和优化内容策略以获得更好的搜索排名。

3. 扮演内容营销人员

我们让 ChatGPT 扮演内容营销人员，为龙井茶的营销文案提供长尾关键词。

如果你是一位内容营销人员，请为龙井茶的营销文案提供长尾、高搜索量、低难度的关键词。

长尾关键词通常更具针对性，可以针对某一特定细分市场或需求。对于龙井茶的内容营销，以下长尾关键词可能是高搜索量且竞争难度较低的选择。

1."杭州龙井茶的购买指南"

- 注释：针对想要购买龙井茶的人提供一份全面指南。

2."怎样判断龙井茶的真伪"

- 注释：对于那些担心购买假冒产品的消费者非常有用。

3."如何正确冲泡和享用龙井茶"

- 注释：此类信息可以为龙井茶的新爱好者提供帮助。

4."家庭冲泡龙井茶的五个步骤"

- 注释：提供具体的泡茶指导，特别是针对初学者。

5."龙井茶的健康益处与科学研究"

- 注释：对健康意识强的消费者可能非常有吸引力。

6."杭州龙井茶旅游和茶园参观指南"

- 注释：针对旅游者和茶叶爱好者提供特定内容。

7."选择最佳龙井茶礼盒作为企业礼品"

- 注释：企业礼品市场也可能是龙井茶销售的潜在领域。

8."龙井茶与其他名茶的比较和评测"

- 注释：为更广泛的茶叶爱好者和购物者提供参考。

这些长尾关键词更具描述性，能够更精确地捕捉目标受众的需求和兴趣。与短尾关键词相比，它们通常更易于排名，并且可以带来更高的转化率，因为它们通常与更具体的购买意图或信息需求有关。通过围绕这些关键词创建有针对性的内容，您可以有效地吸引并保留潜在客户。

4. 扮演 SEO 专家

现在，我们让 ChatGPT 扮演 SEO 专家，让它拥有关于关键词的准确且详细的信息，并创建与指定文章内容相关的 5 个 SEO 关键词。

首先，我们在百度找一篇排名比较靠前的有关龙井茶的文章，如图 7-1 所示。

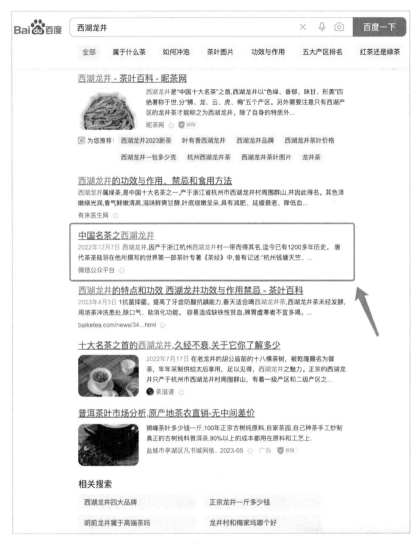

图　7-1

打开这篇文章后，可以看到文章内容如下。

中国名茶之西湖龙井

它，在苏东坡笔下是"白云峰下两枪新，腻绿长鲜谷雨春"；它，在乾隆帝眼里是御茶圣作，为之四巡西湖、赋诗百首；它，在今人心中是"中国十大名茶"里从不缺席的存在，一抹沁人的嫩绿之色，飘然间，可红遍五湖四海……

它，便是中国著名绿茶，素有"绿茶皇后"之美称的西湖龙井。

西湖龙井，因产于浙江杭州西湖龙井村一带而得其名，迄今已有 1200 多年历史。

唐代茶圣陆羽在他所撰写的世界第一部茶叶专著《茶经》中，曾有记述："杭州钱塘天竺、灵隐二寺产茶"。天竺、灵隐二寺便位于今杭州西湖周边。可见，西湖龙井茶的历史渊源由来已久。

北宋后，龙井茶区渐成规模。灵隐下天竺香林洞产的"香林茶"、上天竺白云峰产的"白云茶"和葛岭宝云山产的"宝云茶"在当时已被列为贡品。品茗无数的苏东坡，常与好友在龙井狮峰山山脚下相聚，对龙井地带所产的茶也是赞不绝口。

元朝时期，僧人居士往往携伴而行齐游龙井，共赏美景，好饮当地茶。一来二去，龙井名声渐起，吸引了更多的文人墨客前来游玩品茶。

明代，西湖龙井茶逐渐从文人寺院走入百姓家，成为家常饮品。各地方志及文献资料均已出现"龙井茶"的详细记载。明代养生学家高濂写道："西湖之泉，以虎跑为最；两山之茶，以龙井为佳。"《杭州府志》有"老龙井，其地产茶，为两山绝品"之说。《钱塘县志》亦有"茶出龙井者，作豆花香，色清味甘，与他山异"的记载。

至清朝，乾隆帝六下江南，有四次专门前往西湖龙井茶区观看茶叶采制，品茶赋诗。相传，乾隆写了上百首有关茶的诗，其中称赞龙井茶的诗篇不在少数。因尤为喜爱西湖龙井，乾隆还将其产地狮峰山下胡公庙前的十八棵茶树封为"御茶"，年年品鉴。

如果说在清朝前，西湖龙井的声名多局限在杭州一隅及周边地区。那么经由乾隆帝的传播推动，西湖龙井才是真正做到了驰名中外。自此往后，其地位一直居高不下。

2022 年 11 月 29 日，我国申报的"中国传统制茶技艺及其相关习俗"通过评审，列入联合国教科文组织人类非物质文化遗产代表作名录。

绿茶制作技艺（西湖龙井）作为其中的重要组成部分入选，再次将代代相传的龙井炒制工艺推向世人，揭开了西湖龙井茶背后的匠心工艺。

西湖龙井的炒制需要手工完成，这也是优质茶品形成的关键工艺。匠师用双手在一口特制的光滑铁锅中操作，依据不同鲜叶原料，灵活运用"抖、带、挤、甩、挺、拓、扣、抓、压、磨"十大手法。

整个炒茶过程分为青锅、回潮、辉锅三个阶段。不同阶段的手法针对不同品质的茶叶，从而"对症下药"，使得每片芽叶都得到充分加工。只有经过层层工序炒制出的茶色，才是机器远远替代不了的极品。

　　从采摘、晾晒、揉捻到炒制，西湖龙井茶的每个加工流程都要求精密，制作精良。如在采摘时，采摘的时间以早为贵；采摘的芽叶要细嫩，并按嫩度不同分别处理；采摘次数多，常常采大留小，分批采摘……

　　独到的工艺、精心的制造，方才造就了"色绿、香郁、味甘、形美"四绝兼具的西湖龙井茶。

　　看外形，西湖龙井扁平光滑，茶叶挺直，色泽嫩绿透亮；冲泡后，匀齐成朵的叶底，芽芽直立于清澈的汤色中。清高鲜嫩的香气随之散开，沁人心脾。唇齿间满是鲜爽甘醇的滋味，真令人回味无穷。

　　当然，西湖龙井的品质也会因不同产地而有所区别。传统的"狮（峰）、龙（井）、云（栖）、虎（跑）、梅（家坞）"五大核心产区是一级产区。除了一级产区外，西湖区其他产地是龙井茶的二级产区。特级精品的西湖龙井茶大多出于一级产区。

　　因湖得名，依城而生。茶味凝聚西湖山水之精华，茶品彰显西湖茶人之智慧。泡一杯西湖龙井，惊艳平淡生活，可谓妙哉。

　　我们将这篇文章作为提示词的一部分，让 ChatGPT 分析其中的关键词。

像一位 SEO 专家一样，拥有关于关键词的准确且详细的信息，并创建与下面的文章内容相关的 5 个 SEO 关键词清单。

< 此处插入《中国名茶之西湖龙井》的内容 >

这篇文章为我们提供了关于西湖龙井茶的历史、文化背景、制作工艺、品质特征等丰富的信息。基于这个内容，以下是五个可能的 SEO 关键词清单。

1. 历史与文化背景

　- 西湖龙井茶历史

　- 龙井茶文化

　- 乾隆与西湖龙井

　- 龙井茶茶经记载

　- 西湖龙井非物质文化遗产

2. 制作工艺与品质

　- 西湖龙井茶炒制技艺

　- 龙井茶匠心工艺

　　- 龙井茶采摘方法

　　- 西湖龙井茶质量评价

　　- 龙井茶色香味形分析

3. 产区与品级区分

　　- 龙井茶核心产区

　　- 一级产区西湖龙井

　　- 龙井茶产地评级

　　- 西湖龙井特级精品

　　- 龙井茶的不同产地比较

4. 品鉴与享用体验

　　- 如何品鉴西湖龙井茶

　　- 西湖龙井的冲泡技巧

　　- 龙井茶的口感体验

　　- 龙井茶与生活品味

　　- 西湖山水与龙井茶的联想

5. 市场与购买指南

　　- 西湖龙井茶购买指南

　　- 龙井茶市场价格分析

　　- 如何选择正宗龙井茶

　　- 西湖龙井企业礼品选购

　　- 龙井茶线上线下购买对比

通过精准定位这些关键词，并结合相关的元标签、图像优化、内部链接等 SEO 实践，可以提高文章在搜索引擎中的排名，并吸引与龙井茶相关的目标受众。

现在，我们基于排名靠前的文章，并借助 ChatGPT 的分析得到了一些热搜关键词。

5. 扮演内容策划师

我们再让 ChatGPT 扮演内容策划师，创建一些关于龙井茶的常见问题。

作为内容策划师，创建一个关于龙井茶的 10 个常见问题的汇编，这对想了解龙井茶的新用户很重要。

当然，为新用户提供关于龙井茶的常见问题（FAQs）可以增强用户体验并提供关键信息。以下是一个可能的 10 个问题汇编。

1. 什么是龙井茶？它为什么这么有名？

　　- 解答：龙井茶，又称西湖龙井茶，是中国著名的绿茶之一。因产于浙江杭州西湖龙井村而得名，它以其独特的色、香、味、形四绝著称，有着 1200 多年的历史。

2. 龙井茶的主要产区有哪些？

　　- 解答：主要的传统产区包括"狮（峰）、龙（井）、云（栖）、虎（跑）、梅（家坞）"五大核心产区。

3. 龙井茶的制作工艺是什么？

　　- 解答：西湖龙井的制作包括采摘、晾晒、揉捻和炒制等环节。独特的手工炒制技艺，使用了"抖、带、挤、甩、挺、拓、扣、抓、压、磨"十大手法。

4. 如何区分真正的西湖龙井茶和其他龙井茶？

　　- 解答：真正的西湖龙井茶外形扁平光滑，色泽嫩绿透亮，具有清高鲜嫩的香气。产地和品质等级标识也是判断的重要依据。

5. 怎样泡西湖龙井茶才能最大限度地展现其风味？

　　- 解答：使用透明玻璃杯或陶瓷茶具，控制水温在 75-85℃，注水后观看茶叶慢慢展开，能更好地体验龙井茶的美感。

6. 龙井茶有什么健康益处？

　　- 解答：龙井茶含有丰富的茶多酚、氨基酸、脂多糖等，有助于抗氧化、降低血压、减肥、提神等。

7. 龙井茶的季节有哪些，采摘时间对茶叶质量有何影响？

　　- 解答：龙井茶以早春的"明前茶"最为珍贵。采摘时间、芽叶的嫩度会直接影响茶叶的品质和口感。

8. 龙井茶可以搭配哪些食物一同享用？

　　- 解答：龙井茶口味清新，可与清淡的点心、蔬菜、鱼肉等搭配，避免与重口味食物同食。

9. 如何储存龙井茶以保持其新鲜？

　　- 解答：龙井茶应存放在阴凉干燥处，避免阳光直射，最好使用密封罐存放，避免吸潮和氧化。

10.西湖龙井茶和其他绿茶有什么不同？

　- 解答：西湖龙井茶以其独特的手工炒制工艺、扁平光滑的外形和特有的清香而与其他绿茶区分开来。

这些问题和答案可以为新用户提供全方位的知识，从而增强他们对西湖龙井茶的认知和兴趣。

6. 扮演营销经理

我们还可以让 ChatGPT 扮演营销经理，提供与龙井茶相关的广泛主题。

 作为在线营销经理，列出与龙井茶相关的广泛主题，并使用你认为客户会使用的短语扩展每个主题。

 当然，作为在线营销经理，理解与龙井茶相关的主题及客户可能使用的短语非常重要。以下是一些广泛主题和扩展短语的列表。

1.龙井茶的产地和历史

　- 西湖龙井茶的起源

　- 龙井茶的传统产区

　- 龙井茶与杭州文化的关系

2.龙井茶的品种和等级

　- 明前龙井茶的特点

　- 龙井茶的品质评级

　- 如何挑选高质量龙井茶

3.龙井茶的独特制造工艺

　- 龙井茶的手工炒制技艺

　- 龙井茶的采摘时节

　- 龙井茶制作过程的现场体验

4.龙井茶的风味和品鉴

　- 龙井茶的色香味形特点

　- 如何品鉴西湖龙井茶

　- 龙井茶与美食搭配的秘诀

5. 龙井茶的健康效益

　- 龙井茶的抗氧化功效

　- 喝龙井茶的减肥效果

　- 龙井茶对心血管健康的益处

6. 龙井茶的购买和存储

　- 在线购买龙井茶的指南

　- 龙井茶的价格对比

　- 如何正确存储龙井茶

7. 龙井茶的礼品和旅游

　- 龙井茶作为礼物的选择

　- 杭州龙井茶园旅游指南

　- 龙井茶文化体验活动

通过研究这些主题，并使用与之相关的短语和关键词，可以有效地针对不同的客户需求和兴趣来推动在线营销活动。这不仅有助于增强品牌知名度，还可以提高用户参与度和转化率。

7.2.2　根据关键词撰写内容大纲

在 ChatGPT 挖掘出热搜关键词之后，我们需要撰写经 SEO 的营销内容。我们可以先让 ChatGPT 根据前面挖掘到的关键词来撰写内容大纲。

 作为有经验的文案撰稿人，为关键词"龙井茶、西湖龙井、龙井茶叶、龙井茶的功效、龙井茶文化、龙井茶制作方法、龙井茶历史、龙井茶产地"生成全面的、经 SEO 的文章大纲，内容针对正在了解龙井茶的用户，以非正式的语气，期望长度为 1500~2000 个汉字。

当然！以下是一个全面的、经 SEO 的文章大纲，专门针对正在了解龙井茶的用户。内容以非正式的语气撰写，充满趣味和洞察力。

标题：一杯西湖龙井茶：深入解读中国的茶文化珍品

引言（约 150 字）

- 引入中国茶文化的概念。

- 简要提及龙井茶的知名度和受欢迎程度。

- 激发读者对龙井茶的好奇心。

第一部分：西湖龙井的魅力（约 300 字）

1.1 龙井茶的美丽传说（"龙井茶历史"关键词）

- 介绍有关龙井茶的古老传说和故事。

1.2 西湖龙井：茶的源泉（"龙井茶产地"关键词）

- 描述龙井茶的产地，包括风景和气候特点。

第二部分：一杯茶的故事：从采摘到制作（约 400 字）

2.1 采摘的艺术（"龙井茶"关键词）

- 描述采摘过程和标准，以及季节的选择。

2.2 制作的秘密（"龙井茶制作方法"关键词）

- 详细介绍手工炒制技艺等传统制茶工艺。

第三部分：品鉴西湖龙井的真味（约 300 字）

3.1 色香味形之美（"龙井茶叶"关键词）

- 详解龙井茶的外形、香气、味道和色泽。

3.2 健康的力量（"龙井茶的功效"关键词）

- 探讨龙井茶的健康益处，例如抗氧化、减肥等。

第四部分：龙井茶与你的生活（约 400 字）

4.1 一杯茶的文化底蕴（"龙井茶文化"关键词）

- 描述龙井茶在中国茶文化中的地位和象征意义。

4.2 如何享受一杯好茶（"西湖龙井"关键词）

- 提供一些泡茶和品茶的建议和窍门。

结尾（约 150 字）

- 总结全文，重申龙井茶的美丽和深刻的文化内涵。

- 邀请读者亲自体验一杯西湖龙井的魅力。

与读者互动（约 50 字）

- 邀请读者留言分享他们的龙井茶体验，或引导他们访问一个与龙井茶有关的产品页面。

通过这一全面和经过优化的大纲，文章可以吸引并保持正在了解龙井茶的用户的兴趣，并以轻松愉快的方式提供丰富的信息。

下面提供了另外两个版本的提示词模板，你也可以分别尝试。

> 假设你是一名内容营销人员，你要创建一个经过 SEO 的文章大纲，对比与关键词"龙井茶、西湖龙井、龙井茶叶、龙井茶的功效、龙井茶文化、龙井茶制作方法、龙井茶历史、龙井茶产地"相关的不同产品或服务，内容针对消费者，以中立的语气，期望长度为 1000~1500 个汉字。

> 作为一名自由撰稿人，生成一个详细的文章大纲，展示龙井茶、西湖龙井、龙井茶叶、龙井茶的功效、龙井茶文化、龙井茶制作方法、龙井茶历史、龙井茶产地的独特特点，内容针对龙井茶爱好者，以说服的语气，期望长度为 1500~2000 个汉字。

7.2.3　根据关键词和内容大纲撰写文案

现在，我们有了关键词和内容大纲了。接下来，我们可以根据内容大纲来撰写文案的正文部分。我们以引言和第一部分"西湖龙井的魅力"为例，来展示如何撰写正文部分。

首先，我们撰写引言，来介绍中国茶文化。

> 作为文案撰写人，为西湖龙井茶写一段引言，引入中国茶文化的概念，简要提及龙井茶的知名度和受欢迎程度，激发读者对龙井茶的好奇心。
>
> 请确保语气既具有信息性又具有说服力。字数 200 字。

> 当我们谈到中国茶文化时，一种特别的茶立即浮现在心头——那便是令人赞叹的西湖龙井茶。作为中国十大名茶之一，西湖龙井不仅仅是一杯茶，它是一个象征，一段传说，一个代表着中华民族悠久文化与精湛工艺的故事。龙井茶叶的独特外形、馥郁的香气和甘醇的口感使其在国内外茶界享有盛誉。但是，这一杯清雅脱俗的茶背后还隐藏着什么秘密呢？是什么让它成为了茶艺的化身，成为了品茶者的珍爱？让我们一同走进龙井茶的世界，揭开它迷人的面纱，探索这一中国茶文化的瑰宝。

接着，撰写第一部分"西湖龙井的魅力"。

> 作为文案撰写人，为西湖龙井茶写第一部分：西湖龙井的魅力，介绍有关龙井茶的古老传说和故事，要加入关键词：龙井茶历史；描述龙井茶的产地，包括风景和气候特点，要加入关键词：龙井茶产地。
>
> 请确保语气既具有信息性又具有说服力。字数 300 字。

西湖龙井茶的魅力不仅体现在其独特的口感和外形，更在于它背后蕴藏的丰富文化和古老传说。探寻龙井茶历史，我们将发现一段迷人的故事，如龙井名字的由来就充满了神秘色彩，相传古时有龙居于此，故名龙井。每一片龙井茶叶都似乎承载了古人对自然与和谐的追求与敬畏。

而谈及龙井茶产地，便不得不提浙江杭州的西湖区域。这里群山环绕，湖光山色交相辉映，四季分明的气候为茶叶的生长提供了得天独厚的条件。春天的龙井村，茶芽初长，青翠欲滴，仿佛能听到古人品茗赞美的诗篇在耳边回荡。这些自然特点使龙井茶的色、香、味、形都达到了极致的和谐。

西湖龙井茶更是一种情感的沉淀，一种文化的传承。当您品尝的时候，不仅是在享受一种美味，更是在体验一段历史，一种文化，一片风土人情。让我们一同继续深入了解这一中国茶文化的瑰宝，探寻它的更多魅力和秘密。

参考上面的示例，我们可以以同样的提示词结构，让 ChatGPT 根据大纲中另外几个部分来撰写文案。最终，我们就能得到一篇经过 SEO 的营销文案。

7.2.4 根据关键词优化标题

在有了文案正文后，我们让 ChatGPT 来给文案撰写几个经 SEO 的标题。

提供与以下 SEO 关键字相关的引人入胜的文章标题：龙井茶、西湖龙井、龙井茶叶、龙井茶的功效、龙井茶文化、龙井茶制作方法、龙井茶历史、龙井茶产地。

1. "品味龙井茶：一杯茶的风采与韵味"

2. "西湖龙井探秘：揭开中国顶级绿茶的神秘面纱"

3. "龙井茶叶挑选与品鉴：如何辨别真假龙井？"

4. "龙井茶的功效：一杯茶的健康与美丽"

5. "沉浸龙井茶文化：一次文化与历史的深度体验"

6. "龙井茶制作方法：传统与现代工艺的完美融合"

7. "穿越时空的茶：龙井茶历史的精彩演变"

8. "龙井茶产地风采：一次视觉与味觉的双重旅行"

9. "从古至今的龙井茶：一杯茶的中国情怀"

10. "西湖龙井之旅：探访名茶背后的自然与人文"

这些标题旨在吸引不同兴趣和背景的读者，无论是茶叶爱好者、历史文化研究者还是寻求健康生活方式的人士，都能在其中找到感兴趣的主题，并进一步探索龙井茶的多个方面。

上述方法结合了 AI 技术和搜索引擎优化，通过深度学习模型和自然语言处理算法，为我们提供了关键词优化和高质量的内容创作的支持。

总之，我们可以利用 ChatGPT 生成创意和文章大纲，获取关键词和竞争数据，同时借助 SEO 的技巧优化标题和关键词密度，提高搜索引擎可见性和流量。这种综合性的方法有助于我们实现更有效的内容营销策略，提升业绩和品牌影响力，打造个人 IP，在竞争激烈的市场中取得成功。

7.3　用 ChatGPT 协助创建视频

7.3.1　数字人口播视频创作平台

Studio D-ID 是一款 AI 视频创作平台，能够利用 AI 技术生成逼真的数字人，并让其以口型同步的方式表达你想要传达的内容。你只需要上传人像照片、输入文字，系统将自动将文字转换为语音，并将其与数字人的口型同步，最终生成一段数字人开口说话的视频。

首先，打开 Studio D-ID 的官网进行注册，如图 7-2 所示。

图　7-2

之后，单击"Sign up"，如图 7-3 所示。

然后，输入用户名、邮箱和密码，如图 7-4 所示。

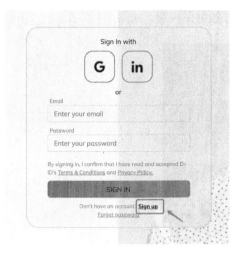

图 7-3

图 7-4

接下来，如图 7-5 所示，要根据提示到注册邮箱中单击确认链接。

注册成功之后，免费用户有 20 个积分，可以制作 5 分钟左右的视频，如图 7-6 所示。

图 7-5

图 7-6

7.3.2 制作数字人口播视频

现在，我们来制作一个数字人口播视频。

首先，单击左侧菜单栏中的"Create Video"开始制作视频，如图 7-7 所示。

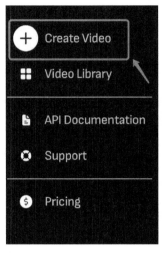

图　7-7

然后，会显示 Studio D-ID 提供的 3 种制作方式，如图 7-8 所示。

图　7-8

这 3 种制作方式包括：

- 选用平台推荐模特（Choose a presenter）；
- 自己上传头像（+ADD）；
- 平台自带 AI 功能，生成 AI 头像（Generate AI presenter）。

如果我们选择自己的头像，可单击"+ADD"上传自己的头像，如图 7-9 所示。

图　7-9

我们可以让 ChatGPT 围绕如何让 3~6 岁的儿童学好英语编写一段 300 字的口播视频脚本。

 帮我写一段 3~6 岁的儿童如何学好英语的文案，字数 300 字，语气幽默，通俗易懂。

小朋友们！想要学好英语吗？别担心，我有一些超级有用的小窍门，帮你们开启英语大冒险！听起来很酷吧？

首先，记住英语就像是一场有趣的游戏，不要把它当成一头大象！所以，让我们开始吧！

1. 找到英语的小伙伴：找一个一起学习英语的好朋友，一起探索英语世界吧！可以是爸爸妈妈、兄弟姐妹或者幼儿园的小伙伴们。和他们一起玩耍，说上几句英文，你会发现英语也可以很好玩！

2. 跳起来学英语：跳舞的时候，跟着英文歌曲一起摇摆吧！动起来不仅好玩，还能记住更多的英语单词。试试看，跳一支英文歌，感受一下英语的节奏！

3. 身边的英语宝藏：你的房间里有很多东西都是英语宝藏哦！找到你最喜欢的玩具，看一看上面有没有英文的标签，学习它们的名字吧！或者看一看你的绘本，里面英文故事会带你进入奇妙的英文世界！

> 4. 做英语小猎人：去公园或者超市时，带上小望远镜，变成英语小猎人！寻找标志、广告或者包装上的英文单词，然后告诉爸爸妈妈它们是什么意思。这样，你不仅可以学到更多的单词，还能为家人增添乐趣哦！
>
> 5. 玩转英文游戏：在手机或平板上下载一些有趣的英文游戏吧！有些游戏会教你拼写单词，有些则会帮助你学习字母和数字。玩游戏的同时，你还能开心地学习英语，简直是一举两得！
>
> 小朋友们，学习英语不需要紧张，只要玩得开心，学习就会变得轻松又有趣！记住这些小窍门，相信你们一定能成为英语小小达人！加油哦！

下面，我们将 ChatGPT 生成的脚本复制到 Studio D-ID 中，如图 7-10 所示。

然后，在下面的 Language（语言）下拉菜单中，选择想使用的语言，如图 7-11 所示。

图　7-10

图　7-11

在语言的下拉菜单里，我们可以选择不同国家或地区的语言，比如选择普通话。Studio D-ID 提供了中国不同地区的方言，如果感兴趣你也可以试一下。

图 7-11 上的 Voices 意为"角色声音"，我们可以选择男声"Yunxi"；Styles 意为"风格"，我们可以选择"cheerful"，即欢快的声音。在声音选择好后，可以单击上方的喇叭按钮试听。

除了选择 Studio D-ID 自带的语音，我们也可以通过剪映等软件去录制一段自己的声音。由自己的声音生成的口播视频的声音效果会更真实、更富有情感。

下一步，单击右上角的"GENERATE VIDEO"（生成视频），如图 7-12 所示。

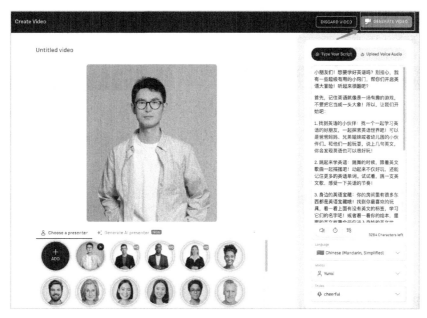

图 7-12

单击"GENERATE VIDEO"后，会弹出确认对话框，并显示这条视频的时长为 1 分 55 秒，会消耗 8 个积分。如果确认无误，单击"GENERATE"（生成）开始生成视频，如图 7-13 所示。

现在，你可以看到一个不断转圈的进度条，代表视频正在生成中，如图 7-14 所示。

图 7-13

图 7-14

视频创建成功后，你可以看到如图 7-15 所示的带封面的视频文件。

如果你想下载视频，单击视频右上角的 3 个点，选择第一个"Download"（下载）就可以下载视频了，如图 7-16 所示。

图 7-15

图 7-16

7.3.3 视频生成工具 Fliki

Fliki 是一款文本转语音及视频的工具，它具有文本转语音功能以及丰富的用于视频内容的媒体库。

首先，我们打开 Fliki 官网，如图 7-17 所示。

图 7-17

目前，Fliki 仅支持谷歌邮箱或者脸书账号等已有账号注册，因此，注册 Fliki 账号需要提前准备好谷歌邮箱等账号。

单击谷歌邮箱等账号即可登录 Fliki 官网，如图 7-18 所示。

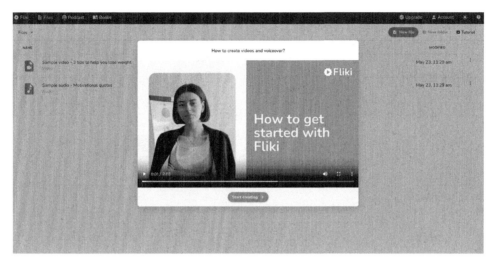

图 7-18

登录后，单击右上角的"Account"，出现的是 Credits 页面，可以在这个页面上看到用户目前可以免费创建 5 分钟的视频，如图 7-19 所示。

图 7-19

7.3.4　创建 Fliki 视频

下面，我们使用 Fliki 创建一个视频。

首先，我们单击左上角的"Fliki"，回到 Fliki 的首页。在首页上，单击"New File"（新文件）按钮，如图 7-20 所示。

图　7-20

然后，在弹出的框中，输入视频名称、选择语言，并单击"Submit"（提交）创建视频，如图 7-21 所示。

图　7-21

接着，会出现视频创建页面，如图 7-22 所示。

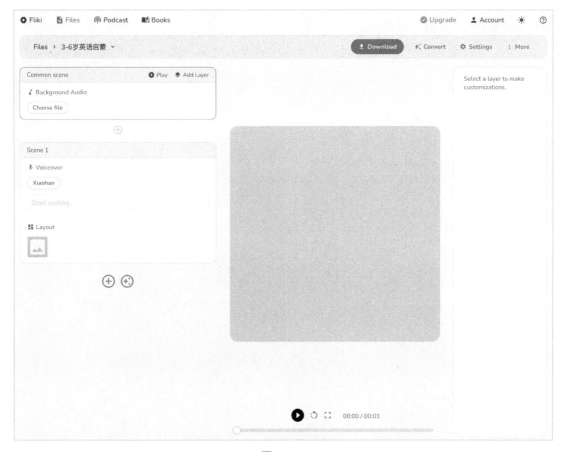

图 7-22

传统的视频剪辑工具，比如剪映、Adobe 公司开发的 PR 等，都是以时间轴的方式来剪辑视频的，而 Fliki 视频工具是通过文字编辑来编辑视频的。所以，你只需要使用视频脚本，就能创建视频的，这让创建视频的新手能够快速上手，制作视频。

Fliki 对于每一个分镜头，都有一个独立的编辑窗口。

　　首先，设置背景音乐。左上方的第一个功能模块是背景音乐的设置。如果你不需要设置背景音乐，这个模块可以忽略；如果你想设置背景音乐，可以上传自己的音乐，也可以选择网站自带的背景音乐，如图 7-23 所示。

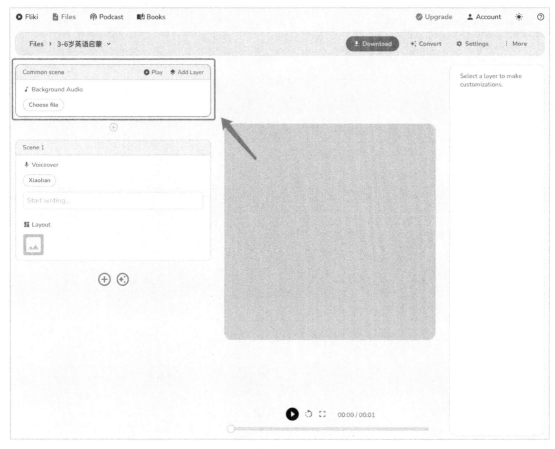

图　7-23

　　左下方的模块是第一个分镜头的编辑窗口，如图 7-24 所示。

　　接着，我们可以将前面生成的视频脚本分段粘贴过来，并根据脚本内容设置旁白音频、选择视频素材。比如，复制粘贴视频脚本的前几句话，如图 7-25 所示。

　　之后，设置 Voiceover（旁白音频），单击"Voiceover"下方的"Xiaohan"，就可以设置旁白音频，如图 7-26 所示。

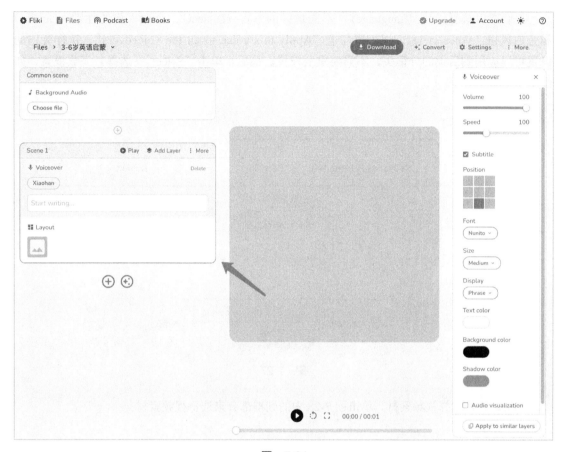

图 7-24

图 7-25

图 7-26

我们可以选择语言（Language）、不同地区的方言（Dialect）、旁白人物的性别（Gender）和旁白风格（Voice style）。记得要勾选"Apply this voice to all the voiceovers"，这样旁白的设置可以应用到后续的分镜头，不需要重复设置。最后，单击"Select"（选择）完成设置，如图 7-27 所示。

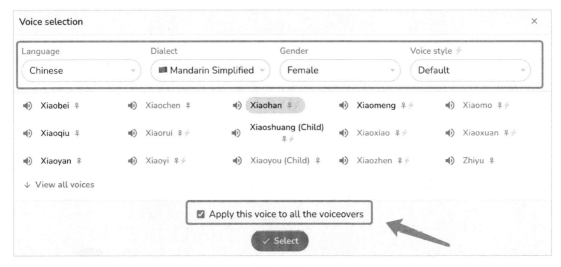

图　7-27

然后，我们选择视频素材。单击图 7-28 中的红框部分来选择视频素材。

图　7-28

在弹出的对话框中，在搜索框里输入英文关键词，如"children learning english"即可出现相应的视频素材，如图 7-29 所示。

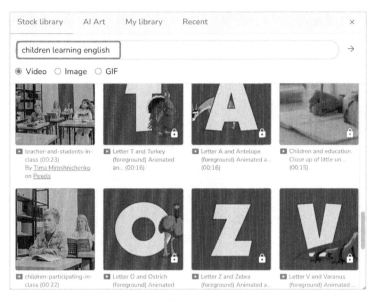

图 7-29

单击其中的素材即可生成脚本与素材相匹配的一段分镜头视频了，如图 7-30 所示。

图 7-30

以此类推，我们可以创作第二段分镜头视频。单击"＋"按钮，即可出现第二段分镜头的编辑窗口，如图 7-31 所示。按照上述步骤，我们可以完成每一个分镜头的编辑。

图　7-31

当所有分镜头制作完成后，可以单击右上方的"Download"下载视频，如图 7-32 所示。

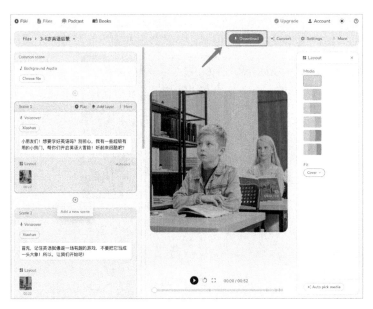

图　7-32

正在下载视频的画面如图 7-33 所示。

如果你是免费用户，在搜索视频素材时会看到搜索结果中有很多视频带有锁的图标，这些视频只有付费用户可以使用，如图 7-34 所示。

图　7-33

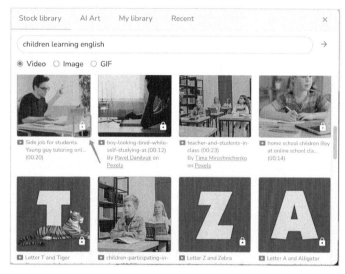

图　7-34

免费用户只能使用不带锁图标的免费素材，如图 7-35 所示。

图　7-35

如果希望使用所有素材，可以考虑成为付费用户。如果你是付费用户，图 7-36 中的素材都可以使用。

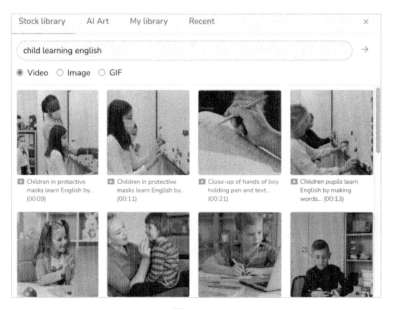

图　7-36

使用 Fliki 创作视频的优势在于，将传统的按时间线剪辑视频的方式改成了以编辑分镜头脚本的方式创建视频，这对新手来说更加简便，效率更高。此外，Fliki 提供了高清视频素材库，可以让你快速搜索到与分镜头脚本匹配的视频素材，有助于创作出观赏性强的视频。

7.3.5　使用 ChatGPT、剪映和视频素材网站创建视频

在 7.3.4 节中，我们了解了如何在 Fliki 中以分镜头的方式创作视频。Fliki 没有复杂的操作方式，对新手很友好。但是，Fliki 制作出的视频格式相对统一，画面主要取决于视频素材库里现成的内容。如果想拥有个性化的剪辑效果，则很难实现。

本节将介绍更加通用的视频创作方式，即通过 ChatGPT 撰写视频脚本，使用剪映进行视频创作。作为一款强大的视频剪辑软件，剪映可以提供多样化的编辑功能，能够让用户轻松地创建出有一定专业水准的视频作品。

视频创建的具体步骤如下。

首先，我们让 ChatGPT 按照我们的要求生成一段视频口播脚本。

你是一位多年钻研茶文化的茶艺师，你擅长与用户沟通，知道如何向用户介绍龙井茶的文化、龙井茶的特色。同时，你还知道短视频平台的运营技巧，知道如何撰写吸引人的短视频口播脚本。现在，请为我写一段介绍明前龙井茶的视频口播脚本，字数 300 字左右。在脚本的前 3 秒，要抓住观众的注意力，让观众有兴趣继续看下去。

[前 3 秒]

镜头快速推进西湖美景，茶叶在水中舞动，一个茶师优雅地冲泡着茶 *

主播："想知道春天的第一滴甘露是什么吗？跟随我一同探索，品味一杯不同凡响的明前龙井茶！"

[接下来的内容]

主播："亲爱的茶友们，今天我要带大家领略的，是来自杭州西湖的明前龙井。明前龙井是在清明节前采摘的龙井茶，是龙井茶中的极品。"*(镜头展示嫩绿的茶叶)*

主播："你可以看到这嫩绿的茶芽，每一片都充满了生机。明前龙井茶的口感鲜爽、香味浓郁，那是因为它承载了整个春天的精华。"*(镜头拉近茶叶细节)*

主播："而它的产地——西湖，有着得天独厚的自然环境和气候条件。茶树生长在这里的山间小谷中，每一片茶叶都受到了大自然的精心呵护。"*(展示美丽的茶园景色)*

主播："在品味明前龙井茶的同时，你不仅在享受一杯茶，更是在感受一段历史、一种文化和一份自然的馈赠。来，让我们共同沉浸在这一杯茶的世界里。"*(主播微笑，端杯轻饮)*

画面渐隐，留下一句邀请字幕："加入我们，体验更多茶的魅力。"

接着，我们打开桌面端的剪映平台首页，然后单击"图文成片"，如图 7-37 所示。

图 7-37

　　然后，我们将 ChatGPT 生成的脚本复制粘贴过来，并选择朗读音色，生成视频，如图 7-38、图 7-39 所示。

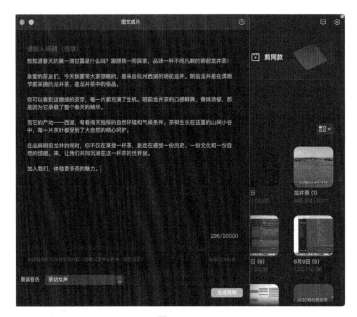

图　7-38

图　7-39

生成的视频片段如图 7-40 所示。

图　7-40

我们将音轨和字幕保留，将视频的配乐和配图删除，删除后的效果如图 7-41 所示。

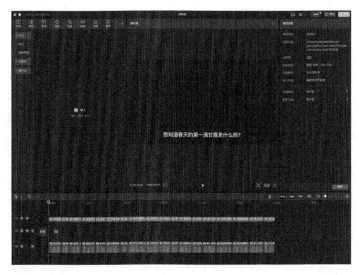

图　7-41

由于目前剪映的视频素材库中的素材质量一般，因此我们可以保留剪映上的音轨和字幕，然后去找高清视频进行合成。

我们可以使用视频素材网站，比如光厂，来挑选高清视频。打开光厂网站首页，找到和脚本匹配的视频素材，单击"立即下载"，可以将高清视频下载到本地，如图 7-42 所示。不过，该网站的高清视频需要付费购买。

图　7-42

然后，我们再次打开保留了音轨和字幕的剪映文件，单击"导入"按钮，上传在光厂网站下载的高清视频素材文件，如图 7-43、图 7-44 所示。

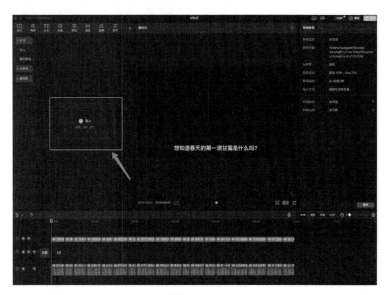

图　7-43

图　7-44

此时，我们可以对照字幕对视频画面进行剪辑了，即将每一帧画面与字幕进行匹配。我们还可以根据自己的喜好，加入一些视频特效。

通过上述方式，我们就可以合成一段图文匹配的高清视频。

不过，剪映需要我们进行手动剪辑；相比 Fliki，制作视频的效率会低一些，因为它无法做到像 Fliki 一样按照脚本一段一段地进行编辑。

本节介绍了制作数字人口播视频、创建 Fliki 视频，以及利用 ChatGPT、剪映和视频素材网站创建视频。我们可以结合实际的应用场景选择适合的工具创建视频，不断提高视频的质量和制作效率。

7.4 优化 ChatGPT 文案，提升原创度

自 ChatGPT 问世以来，其文案写作功能成为了人们爱恨参半的话题。有人称赞说，ChatGPT 能够创作高质量的文案，其原创文案甚至可以直接用来商业变现；也有人认为 ChatGPT 生成的内容过于机械、格式化、缺乏感情。在 ChatGPT 的文案中，经常会出现"首先""然后""其次""总的来说"等字眼，让人觉得 ChatGPT 只是一个没有情感的机器人。

事实上，ChatGPT 是一种基于预训练的大语言模型，它通过学习我们提供的训练数据，并根据上下文分析每个词语之后可能出现哪些词语，以及这些词语出现的概率有多大，来生成我

们需要的文字。这就意味着 ChatGPT 是可以被训练的，并且可以根据我们提供的数据集进行定制化训练，以生成符合我们需求的文案风格。因此，如果我们希望 ChatGPT 生成符合特定文案风格的内容，我们可以将具有该风格的文案输入给 ChatGPT 进行预训练，让它学习并生成我们所期望的文案。

下面将介绍两种方法来优化 ChatGPT 生成的文案，以提升文案的原创度，使其更接近真实人类的写作风格。

7.4.1　训练 ChatGPT 学习风格并改写文案

第一种方法是通过提供我们自己喜欢的文案内容，比如朋友圈文案，对 ChatGPT 进行训练，让其学习并模仿我们的语言风格进行文案的再次创作。

我们每个人的朋友圈文案可以说是最符合个人语言风格的内容，它们带有独特的个人特色、语言习惯，甚至口头禅。利用这样的数据进行训练无疑是最能满足个人需求的方式。

首先，我们找到自己的朋友圈文案，并复制过来备用。

本书中，我将选取我的朋友圈中的 10 段文案进行讲解。当然，训练的数据集内容越多，训练出的效果也会越好。如果你有兴趣尝试，可以选择 100 段朋友圈文案，这样训练出来的效果将远比 10 篇的效果好。

选择的 10 段朋友圈文案如下。

1. 体验了一下 GPT-4 插件新功能

    可以联网

    可以解读 PDF

    可以在线学习辅导

    可以拥有国际象棋教练

    可以分析股市

    总之，功能很强大

2. GPT-4 插件市场全面开放

    通往新世界的大门

    你拿到密钥没

3. 最近有好多课程要交付

PPT 一直是让我头疼的事情

过去很多课我几乎是花了 80% 的时间耗在 PPT 上，每次都让人崩溃

现在用上 AI 来制作 PPT，真的效率 plus 啊

一个几十页的 PPT 很快就能搞定

4. 正在做一门搭建个人知识系统的课

学会 AI 绘画和 AI 做 PPT

真的太爽了，谁用谁知道

效率得到了巨大的提升

可以快速根据你所需要的文字、场景生成能表达含义的图片

让你的 PPT 显得更生动

5. 受邀参加某知名线上教育机构分享

讲了快两个小时，虽然嗓子有点哑

不过能收获到学员的好评那就值了

我做课的风格就是太干了，想要帮你搭建一个完整的、系统的知识框架，而不是学一点碎片

化的知识，学完还是不会做

所以内容会讲得非常细，体量非常大，一套 ChatGPT 大师班课程，整整 40 节课，每节课 30 分钟，从入门到精通

但也带来了一个问题，有学员跟我反馈课程太多，学不完

下次争取能把课程拆解了带学员做深度陪伴式的训练营，不仅能系统学，还能轻松学

6. 假期没结束

学习不能停

把吴恩达老师的

提示词工程师课程

做成汉化版本

7. 抓娃娃机的快乐

运气爆棚

一口气抓了 5 个

8. 备课备的快吐血了

为了能把 AI 绘画大师班的各种风格讲透

自学了一遍西方艺术史

从史前时期的一把燧石手斧开始，带你一路走过神秘的埃及、伟大的希腊、光荣的罗马……

直到光辉的印象派，光怪陆离的现代艺术

艺术与 AI 技术的结合，能碰撞出怎样的火花，激发出我们对"美"的向往和创造

9. 回忆了一把青春

第一次看应该是 98 年

一眨眼都 25 年了

大电影依然精彩

最后 0.1 秒

整个电影院安静得能听到针掉下来的声音

隔壁大叔看的在抹眼泪

环顾了一下四周

全是中年人

这大概是给青春画上了一个最完美的句号

10. 原本计划一个小时

结果讲嗨了，搞了两个小时

不过收获了一波好评

还是很值得

给自己点赞

　　接着，将准备好的这 10 段朋友圈文案分步发送给 ChatGPT 进行训练。这里依然会用到前面提到的分步"投喂"的方法。由于"投喂"篇幅过长，本书只呈现第 1 段和第 10 段的"投喂"过程。

 让我们重新开始一轮问答。接下来我要在多个对话中，提供给你用"@"编号的文章内容，请先记住，但不要摘要，可以吗？

当然可以，我会尽量记住你提供的带有"@"编号的文章内容，并用于随后的对话。请随时告诉我你想问的问题或要提供的信息！不过请注意，我的记忆能力是有限的，因此可能无法长时间保留大量复杂的信息。如果有关键细节，请随时提醒我。

> @1 体验了一下 GPT-4 插件新功能，可以联网，可以解读 PDF，可以在线学习辅导，可以拥有国际象棋教练，可以分析股市，总之，功能很强大。

> 已经记录了你提供的"@1"编号的信息，关于 GPT-4 插件的新功能。如果有任何与此有关的问题或需要进一步讨论，请随时提出！

> @10 原本计划一个小时，结果讲嗨了，搞了两个小时，不过收获了一波好评，还是很值得，给自己点赞。

> 已记录"@10"编号的信息，关于你原本计划一个小时的讲座，因你讲得非常投入，延长到了两个小时。虽然时间延长，但是收获了好评，让你觉得非常值得，并为自己点赞。
>
> 这些细节反映了你的热情和专注。如果有任何关于这个主题的问题或需要进一步讨论，请随时提出！

在发完最后一段文案后，我们让 ChatGPT 学习并总结以上文案的写作风格。

> 结合前面"@1"～"@10"的文章内容，帮我分析以上 10 段文案的语言风格和写作手法。

> 当然，根据前面提供的"@1"到"@10"的文章内容，我可以分析一下 10 段文案的语言风格和写作手法。
>
> 1. 语言风格
>
> - 亲近感：使用了第一人称和日常口语，让读者感到与作者的亲近。
>
> - 热情与积极：整体来说，这些段落展示了作者对教育、艺术、科技、休闲等主题的热情和积极态度。
>
> - 直接与坦诚：作者直接表达了自己的想法和感受，没有太多的修饰。
>
> 2. 写作手法
>
> - 叙述性：多数段落以叙述的方式，讲述了作者的经历和观点，如在工作、教学和休闲活动中的体验。
>
> - 细节描写：通过具体的细节描写，使得描述更加生动，如"@8"中对西方艺术史的描绘，或"@9"中对观看电影的情感反应。
>
> - 修辞手法：部分内容使用了修辞手法，例如在"@9"中的夸张表达"整个电影院安静得能听到针掉下来的声音"，增强了情感效果。

> 　- 总结与反思：一些段落在叙述后，作者还加入了自己的总结和反思，强化了观点，如"@5"中关于教学风格的描述和计划。
>
> 　- 直接呼语：例如"@2"中的"你拿到密钥没"，使用直接呼语拉近了与读者的距离，增强互动感。
>
> 总体来说，这 10 段文案以亲近的语言风格和叙述性的写作手法，展示了作者在不同方面的经历和感受。通过具体细节和部分修辞手法，让内容更加生动有趣，同时也体现了作者对某些主题的热情和专注。

在 ChatGPT 学习完成后，我们让 ChatGPT 模仿朋友圈的文案风格改写一段文案。比如，在前文中，有一段介绍龙井茶文化的文案。现在，我们让 ChatGPT 模仿朋友圈的文案风格改写这段内容。

模仿以上文案的语言风格和写作手法，对以下文案进行改写。

西湖龙井茶的魅力不仅体现在其独特的口感和外形，更在于它背后蕴藏的丰富文化和古老传说。探寻龙井茶历史，我们将发现一段迷人的故事，如龙井名字的由来就充满了神秘色彩，相传古时有龙居于此，故名龙井。每一片龙井茶叶都似乎承载了古人对自然与和谐的追求与敬畏。

而谈及龙井茶产地，便不得不提浙江杭州的西湖区域。这里群山环绕，湖光山色交相辉映，四季分明的气候为茶叶的生长提供了得天独厚的条件。春天的龙井村，茶芽初长，青翠欲滴，仿佛能听到古人品茗赞美的诗篇在耳边回荡。这些自然特点使龙井茶的色、香、味、形都达到了极致的和谐。

西湖龙井茶更是一种情感的沉淀，一种文化的传承。当您品尝的时候，不仅是在享受一种美味，更是在体验一段历史，一种文化，一片风土人情。让我们一同继续深入了解这一中国茶文化的瑰宝，探寻它的更多魅力和秘密。

当然，让我们按照前面的文章风格和写作手法来对以下文案进行改写。

西湖龙井茶的魅力，喝了一口就知道了。那口感、那外形，还有背后的那些丰富文化和古老传说，真是让人陶醉。你知道龙井茶的历史吗？有一段迷人的故事，关于龙井名字的由来，听说古时有龙居于此，所以才叫龙井。每一片龙井茶叶，都好像在诉说古人对自然与和谐的追求和敬畏。

再说说龙井茶的产地，那就得提到浙江杭州的西湖区域了。那里的景色真美，群山环绕，湖光山色，四季的气候，给茶叶的生长提供了最好的条件。春天的龙井村，茶芽初长，真是青翠欲滴，仿佛能听到古人品茗赞美的诗篇在耳边回荡。这些自然的特点，让龙井茶的色、香、味、形都达到了完美的和谐。

> 西湖龙井茶，不仅仅是一种茶，更是一种情感的沉淀，一种文化的传承。当你品尝的时候，不只是在享受美味，更是在体验历史，感受文化，品味风土人情。你想不想更深入了解这一中国茶文化的瑰宝？跟我一起，探寻它的更多魅力和秘密吧！

我们来对比一下这两段文案的第一句话，看看有什么区别。

原文：西湖龙井茶的魅力不仅体现在其独特的口感和外形，更在于它背后蕴藏的丰富文化和古老传说。探寻龙井茶历史，我们将发现一段迷人的故事，如龙井名字的由来就充满了神秘色彩，相传古时有龙居于此，故名龙井。

改写后：西湖龙井茶的魅力，喝了一口就知道了。那口感、那外形，还有背后的那些丰富文化和古老传说，真是让人陶醉。你知道龙井茶的历史吗？有一段迷人的故事，关于龙井名字的由来，听说古时有龙居于此，所以才叫龙井。

原文的写作风格偏向用长句，文字比较工整，每句字数差不多，多用形容词、书面语；改写后的内容很好地参考了朋友圈文案的语言风格，对需要强调的地方进行了着重强调，更能引起人们的关注。改写后的文案更加口语化，使用了第一人称和直接呼语，增强了亲近感，同时保持了原文对西湖龙井茶魅力的描绘和赞美。

7.4.2 "吟唱"咒语

ChatGPT 是一种人工智能语言模型，能够通过机器学习算法学习人类语言，从而模拟人类的对话。这里所说的"咒语"，是一些特定的提示词或短语，它们被用来触发 ChatGPT 执行特定的功能或行为。在与 ChatGPT 的互动过程中，掌握和灵活运用这些咒语能够让 ChatGPT 发挥无限的智慧和潜力。如果我们想提高文案的原创性，可以利用文案的两个属性——费解性和突发性——来对文案内容进行改写。我们把对费解性和突发性的解释融入提示词中，就可以让 ChatGPT "吟唱"咒语，按照特定的要求改写文案了。

在要求你写一篇文章之前，我会给你一些信息。你明白吗？

说到写内容，有两个因素是至关重要的——费解性和突发性。费解性是衡量文本的复杂性的。突发性是比较句子的变化的。例如，人类倾向于用更短的句子写更长的或复杂的句子，而 AI 写出的句子往往更加统一。因此，当写下面我要让你创作的内容时，我需要它有足够的费解性和突发性。你明白吗？

当然明白，你提到的费解性和突发性分别指文本的复杂性和句子的变化。费解性强调了句子和概念的复杂度和深度，而突发性则是句子长度和结构的多样性。这两个因素有助于使文本更富有活力和有趣，避免了单调和机械的写作风格。你希望在即将创作的内容中看到这两个特点，我完全理解并准备好根据这些指导方针来写作。请随时提供你希望我创作的主题或内容方向。

使用前面学习过的概念，以高度的费解性和突发性重写这篇文章。

西湖龙井茶的魅力不仅体现在其独特的口感和外形，更在于它背后蕴藏的丰富文化和古老传说。探寻龙井茶历史，我们将发现一段迷人的故事，如龙井名字的由来就充满了神秘色彩，相传古时有龙居于此，故名龙井。每一片龙井茶叶都似乎承载了古人对自然与和谐的追求与敬畏。

而谈及龙井茶产地，便不得不提浙江杭州的西湖区域。这里群山环绕，湖光山色交相辉映，四季分明的气候为茶叶的生长提供了得天独厚的条件。春天的龙井村，茶芽初长，青翠欲滴，仿佛能听到古人品茗赞美的诗篇在耳边回荡。这些自然特点使龙井茶的色、香、味、形都达到了极致的和谐。

西湖龙井茶更是一种情感的沉淀，一种文化的传承。当您品尝的时候，不仅是在享受一种美味，更是在体验一段历史，一种文化，一片风土人情。让我们一同继续深入了解这一中国茶文化的瑰宝，探寻它的更多魅力和秘密。

 西湖龙井茶，那是一种感觉，一段历史的流淌，一幅画卷的展开。你可曾尝试去理解，那柔软的茶叶如何在舌尖舞动，留下的不仅是味道，更是一个时代的回响。

在风景如画的西湖畔，藏着龙井茶的灵魂，融入了自然与人的和谐共舞。那湖光山色，那四季分明的气候，那得天独厚的土壤，都成为茶叶生长的温床，赋予了它灵性和生命。

龙井名字的由来，是否知晓？它的背后有着神秘的传说，古时有龙居于此，因此得名。是的，每一片茶叶都是一段古人为自然和谐而写的诗篇，每一杯茶水都载着我们对美好生活的追求与敬畏。

再谈谈那远离城市喧嚣的龙井村，每逢春天，茶芽初长，如同仙女的眼泪，晶莹剔透。如果你仔细聆听，或许能听到古人品茗时赞美的诗歌在风中回荡。不是浮夸，不是造作，那些自然的特质让龙井茶的色、香、味、形都显得和谐至极。

别误解，西湖龙井茶不仅仅是一种饮品，它更是一种情感的沉淀，一种文化的传承。当你品尝的时候，仿佛穿越时空，体验着一段历史，一种文化，一片风土人情的交汇。是的，它是中国茶文化的瑰宝，隐藏着无尽的魅力和秘密。

所以，请与我一同潜心探索，共同呼吸那一份属于西湖龙井茶的气息，体会那浸润在每一片茶叶里的深厚文化和古老传说，让我们一同继续深入了解这一中国茶文化的瑰宝，探寻它的更多魅力和秘密。让每一口茶水，都成为一次对生活的沉思与赞美。

　　这段内容的改写结果令人惊叹，整体的文采和修辞都很优美。相较于之前的文案，这次的改写显然提升了文章的质量。

　　上述两种方法都可以优化 ChatGPT 生成的文案，提升文案的原创度。每种方法都有其独特的改写风格，我们可以根据个人喜好和需求选择适合自己的方式进行尝试。

7.5　ChatGPT 镜像工具与实用 AI 工具

7.5.1　ChatGPT 镜像工具

1. Poe

　　Poe 是由知名问答网站 Quora 开发并于 2022 年 12 月推出的一项服务。它允许用户提出问题，并从一系列建立在大语言模型之上的 AI 机器人那里获取答案，其中包括 ChatGPT、Sage、Claude 等多个聊天机器人。

　　Poe 的英文全称是 Platform for Open Exploration，意为"开放探索平台"。最初，Poe 于 2022 年 12 月 21 日以文本消息应用的形式在 iOS 上推出，允许用户与机器人单独聊天。它最初通过邀请制限制用户访问，直到 2023 年 2 月才对公众开放。2023 年 3 月 4 日，Poe 开始支持桌面浏览器。

　　Poe 支持的一系列聊天机器人如下所列。

- OpenAI
  - Sage：由 GPT-3.5-turbo 驱动
  - GPT-4
  - ChatGPT：由 GPT-3.5-turbo 驱动
  - Dragonfly：由 Text-Davinci-003 驱动
- Anthropic
  - Claude+
  - Claude-instant
  - Claude-instant-100k（仅限订阅用户）

　　如图 7-45 所示，Poe 平台是一个充满潜力的平台，它将多个平台的机器人集成到一个平台中，帮助用户获取信息和答案，为用户提供了极大的便利。

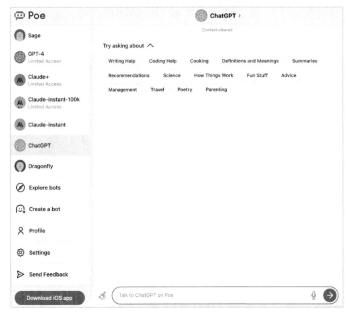

图　7-45

2. Chat For AI

Chat For AI 是一个基于 GPT-3.5-turbo 的聊天机器人平台，它可以与你进行自然语言对话。在这个平台上，你可以与机器人进行聊天，获得关于各种主题的信息。你可以使用自己的 API 密钥，或者在它的网站上购买 API 密钥以获得更多的使用权限，如图 7-46 所示。

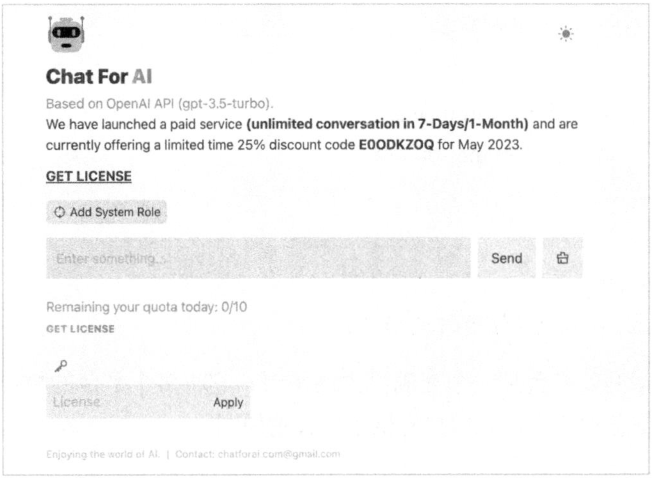

图　7-46

3. ChatGPT-Vercel

Vercel 是一个用来部署前端应用的云平台，它可以快速搭建自己的私有网站。ChatGPT-Vercel 通过 Vercel 可以一键免费创建私有的 ChatGPT 站点，支持多组文本和图像生成对话，如图 7-47 所示。

图　7-47

以下是 Vercel 的主要功能。

- 通过 Vercel 一键免费部署，只需要添加自己的域名即可无障碍访问。
- 支持文本对话，可以自由切换模型并设置上下文长度。
- 支持图像生成对话，支持 DALL-E 和 Midjourney 模型，能够调整图片大小和数量。
- 提供多种预设提示，可定制 AI 的行为。
- 支持切换多种语言，目前支持简体中文和英语。
- 可本地保存聊天记录，支持搜索、导入和导出等功能。

7.5.2 大厂的 AI 平台

1. 文心一言

文心一言是百度推出的一款生成式对话产品。它不仅是一个知识增强的大语言模型，还能够与人进行对话互动、回答问题、协助创作。它基于深度学习和自然语言处理技术，在"理解"语言的基础上进行推理，并且在回答问题的响应速度、人机交互的操作形式方面有了大幅提升和改进。

此外，文心一言在知识库方面比其他产品更丰富，例如在回答关于历史、地理、科学等方面的问题时，文心一言可以提供更多的细节和信息，如图 7-48 所示。

图　7-48

2. 讯飞星火

讯飞星火是科大讯飞推出的新一代认知智能大模型，拥有跨领域的知识和语言"理解"能力，能够基于自然对话方式"理解"与执行任务。它具有 7 大核心能力，即文本生成、语言"理解"、知识问答、逻辑推理、数学能力、代码能力、多模态能力。

讯飞星火认知大模型是以中文为核心的新一代认知智能大模型，通过对海量文本、代码和知识的学习，具备跨领域、多任务上类人的"理解"能力和生成能力，可实现基于自然对话方式的用户需求"理解"与任务执行，如图 7-49 所示。

3. 微软 Bing AI Chat

Bing AI Chat 是微软推出的一款全新的搜索产品，它不仅可以提供传统的网页搜索结果，还可以和用户进行智能对话、回答问题、提供建议，甚至帮助用户创造内容。Bing AI Chat 是由 ChatGPT AI 提供支持的，可以"理解"问题的上下文并以人性化的方式回复。Bing AI Chat 需要在微软 Edge 浏览器中使用。在 Edge 浏览器上打开 Bing 的网站，然后单击 Bing 徽标左下角的聊天选项即可进入 Bing AI Chat 的聊天模式，如图 7-50 所示。

图　7-49

图　7-50

7.5.3　AI 工具集导航

AI 工具集导航是一个一站式人工智能工具集合网站。它专注于收录和推荐国内外热门、有创意、有趣、前沿的 AI 工具和网站，致力于提供一个快速访问任意人工智能网站的门户和入口。它的目标是让所有人都能方便快捷地探索 AI 技术，在个人学习、生活和工作中能充分利用人工智能。

AI 工具集导航有如下三大主要功能。

1. AI 工具和网站

如图 7-51 所示，在 AI 工具集导航中，你可以查看广泛的 AI 工具和应用程序的集合，它收录了国内外数百个不同类型的 AI 工具，每日更新和添加最新的 AI 工具，其分类涵盖 AI 写作工具、AI 图像生成、AI 音频转换、AI 视频制作、AI 编程开发、AI 创意设计等领域，以满足不同需求。

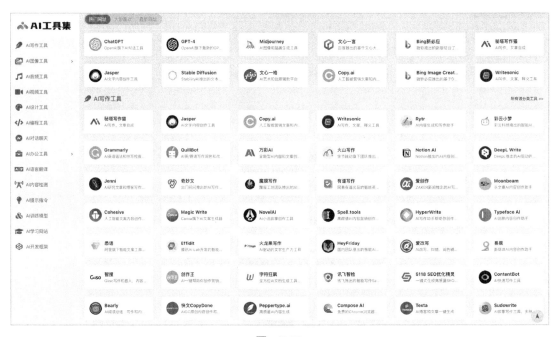

图　7-51

2. AI 教程和指南

AI 工具集导航提供了简单易懂的教程、指南和百科，你可以从中了解 AI 的基础知识和发展。即使你是初学者或完全不懂 AI，它也能帮助你在不断发展的 AI 领域中增加知识，培养新的技能。

3. AI 快讯

AI 工具集导航每日实时更新 AI 行业的最新资讯、新闻、热点、产品动态，让你了解 AI 领域的最新趋势、重大突破和重大事件，可以为你带来 AI 领域令人兴奋的新事件。

7.5.4　特色 AI 小工具

1. AI 帮个忙

AI 帮个忙是一个针对不同业务需求和场景的写作文案的网站。它对 AI 的写作功能进行了模块化的定制，使得在需要撰写特定领域文案时，不再需要费尽心思去思考使用哪些提示词，而是可以直接按照提供的模块格式，输入关键信息，快速生成所需文案的内容。这个定制化的模块化系统让写作变得更加高效和便捷，使用户能够更快速地满足特定领域文案的写作需求，如图 7-52 所示。

图　7-52

2. 文心一格

文心一格是基于文心大模型的文生图系统实现的产品化创新。2022 年 8 月 19 日，在中国图象图形大会 CCIG 2022 成都峰会上，百度正式发布了 AI 艺术和创意辅助平台——文心一格。这是百度依托飞桨和文心大模型的技术创新推出的首款"AI 作画"产品。

通常，人们在学习绘画时需要从基本功开始练习。要想画出出色的作品，除了不断勤奋练习外，还需要一定的天赋、对世界的精细观察和独特的创造力。这导致大多数人只能成为画作的观赏者而非创作者。然而，随着深度学习、大模型等技术的发展，AI 能够在极短的时间内"创造"出不同风格的画作，大大降低了绘画的门槛，使每个人都有可能成为"艺术家"。

在文心一格的官方网站上，用户只须输入自己的创意文字，并选择期望的画作风格，即可快速获得由文心一格生成的相应画作。文心一格目前支持国风、油画、水彩、水粉、动漫、写实等十余种不同风格的高清画作生成，同时还提供不同的画幅选择，如图 7-53 所示。

文心一格面向的用户人群非常广泛。它既能启发画师、设计师、艺术家等专业视觉内容创作者的灵感，辅助他们进行艺术创作，又能为媒体工作者、作者等文字内容创作者提供高质量、高效率的配图服务。

图　7-53

此外，文心一格还为大众用户提供了一个零门槛的绘画创作平台，让每个人都能展现个性化的风格，享受艺术创作的乐趣。

3. Xmind Copilot

Xmind Copilot 是思维导图软件 XMind 新推出的 AI 功能。它能够根据用户输入的关键词自动生成相关主题，帮助用户快速构建思维导图，如图 7-54 所示。

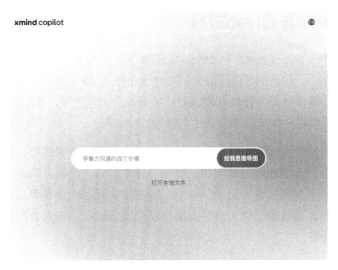

图 7-54

4. Notion AI

Notion AI 是一款基于人工智能技术的写作工具，它能够帮助用户自动生成高质量、流畅的文章。作为一款全新的工具，它备受关注，受到了许多人的青睐。Notion AI 的最大特点就是可以自动生成文章，用户只需要输入关键词，Notion AI 就会自动帮你生成一篇文章。Notion AI 不仅支持文本、表格的智能生成，还支持图片、文件、代码等多种格式的处理。用户可以通过 Notion AI 整理笔记、文档、项目等，还可以与其他用户协作完成一些团队任务。其网站首页如图 7-55 所示。

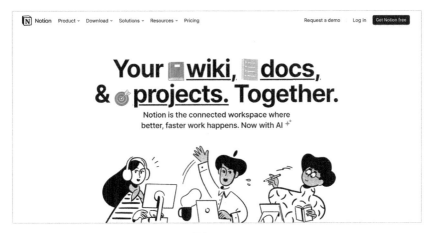

图 7-55

7.6 在飞书中部署 ChatGPT

截至目前，本书介绍了 ChatGPT 的许多功能和其他一些 AI 工具的独特优势。在企业中，员工之间需要协同办公，如果能在协同办公的工作流中融入 AI 工具，能够为协同办公带来更多的便利性，增强办公软件处理各种数据的能力，显著提升工作效率。幸运的是，OpenAI 提供了第三方接口，我们可以在一些协同办公软件中部署 ChatGPT。

飞书是目前国内比较流行的一个企业协作办公平台。通过开放接口，我们可以将 ChatGPT 部署在飞书中，帮助企业更加高效地沟通、协作、提供服务。比如，ChatGPT 可以作为聊天机器人自动回复聊天内容并生成聊天记录。对于一些常见的问题或者需要定期执行的任务，如日程安排、会议预约等，可以通过聊天机器人来自动完成，从而节省人力资源，让团队更好地集中精力处理复杂的任务。

在飞书中部署 ChatGPT 可以借助知名技术博主白宦成（bestony）在 Github 上的开源项目。ChatGPT 在飞书上的部署步骤如下。

7.6.1 创建一个飞书开放平台应用，获取 APP ID 和 APP Secret

访问飞书开放后台，创建一个名为 ChatGPT 的应用，并上传应用头像，如图 7-56、图 7-57 所示。

图 7-56

图　7-57

然后，添加机器人能力，如图 7-58 所示。

图　7-58

　　创建完成后，访问"凭证与基础信息"页面，复制 APP ID 和 APP Secret 以备用，如图 7-59 所示。

图　7-59

7.6.2　访问 AirCode，创建一个新项目

　　访问 AirCode 并用谷歌账户登录，如图 7-60 所示。

图　7-60

我们创建一个新的 Node.js 的项目，如图 7-61 所示。

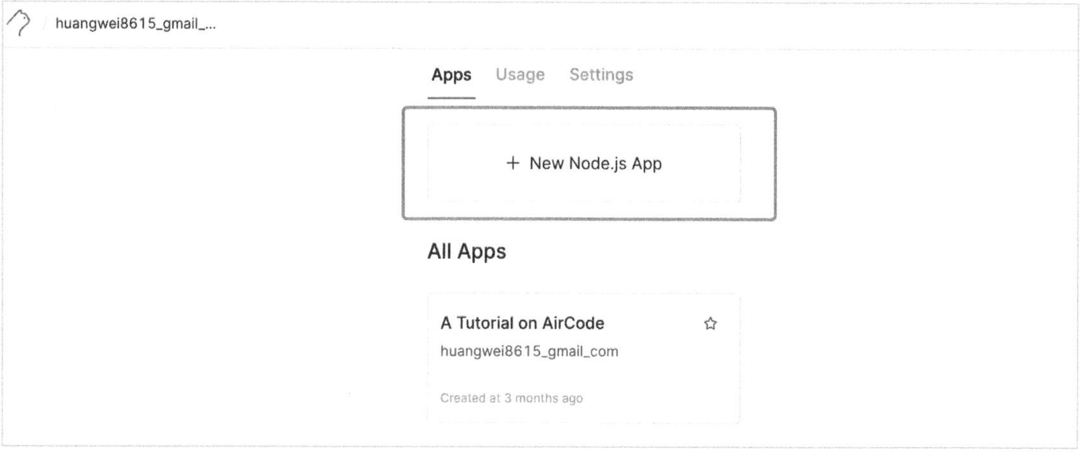

图　7-61

我们可以根据需要填写项目名称，比如填写"ChatGPT"，如图 7-62 所示。

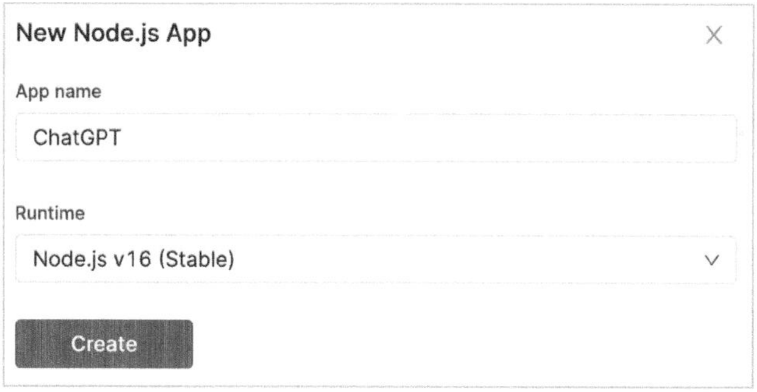

图　7-62

7.6.3　复制 ChatGPT–Feishu 源码到 AirCode，完成第一次部署

复制本项目下的 event.js 的源码内容，并粘贴到 AirCode 当中。

通过访问 https://github.com/bestony/ChatGPT-Feishu/blob/master/event.js，可以复制代码，如图 7-63 所示。

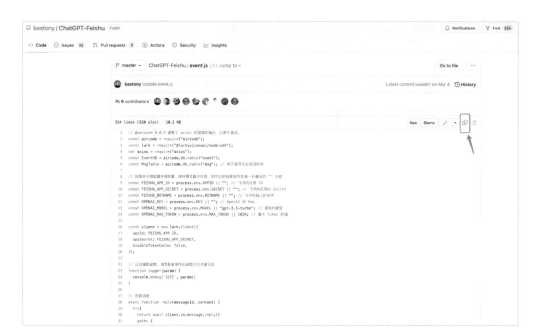

图 7-63

然后将代码粘贴到 AirCode 默认创建的 hello.js 中。之后，单击顶部的"Deploy"（部署），完成第一次部署，如图 7-64 所示。

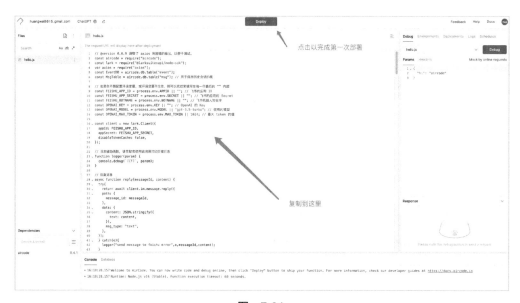

图 7-64

第一次部署完成后，我们可以从下方看到"Version: 1"，如图 7-65 所示。

图 7-65

7.6.4 安装所需依赖包

下面，我们安装所需的依赖包。在安装过程中，我们需要使用飞书开放平台官方提供的 SDK，以及 axios 来完成调用。

　　单击页面左下角的包管理器，安装 axios 和 @larksuiteoapi/node-sdk。安装完成后，单击上方的"Deploy"，使其生效，如图 7-66、图 7-67 所示。

图　7-66

图　7-67

7.6.5　配置环境变量

接下来，我们配置环境变量。我们需要配置 3 个环境变量，即 APP ID、SECRET 和 BOTNAME。在 APP ID 处，填写刚刚在飞书开放平台获取的 APP ID；在 SECRET 处填写在飞书开放平台获取的 SECRET；在 BOTNAME 处填写机器人的名字，如图 7-68 所示。

配置环境变量可能会出现失败，可以多部署几次，以确保配置成功。

图　7-68

配置完成后，单击上方的"Deploy"，使这些环境变量生效。配置成功后，右侧黄色背景和下面的黄色字会消失，如图 7-69 所示。

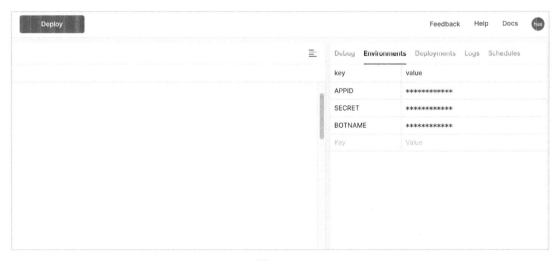

图　7-69

7.6.6　获取 OpenAI API keys，配置环境变量

接着，我们需要获取 OpenAI 的 API keys，并配置环境变量。

在 OpenAI 官网的 API keys 页面上，单击"+ Create new secret key"（创建新密钥），来创建一个新的密钥，并保存成备用，如图 7-70 所示。

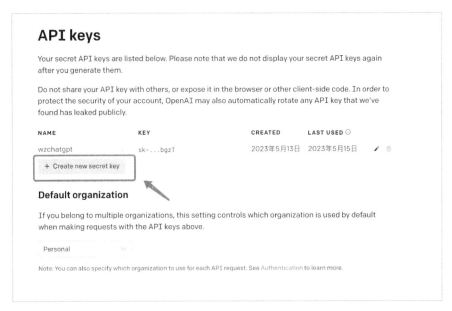

图 7-70

然后，回到 AirCode 页面，配置一个名为"KEY"的环境变量，并填写刚刚生成的密钥。配置完成后，单击"Deploy"使其生效，如图 7-71 所示。

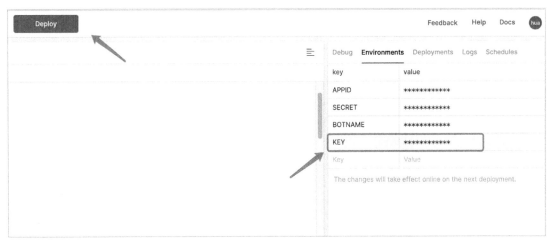

图 7-71

7.6.7 开启飞书应用权限

接着，我们需要在飞书中开启权限并配置事件。我们需要开通如下 6 个权限。

```
im:message
im:message.group_at_msg
im:message.group_at_msg:readonly
im:message.p2p_msg
im:message.p2p_msg:readonly
im:message:send_as_bot
```

开通权限的操作步骤如下。

首先，访问飞书开放平台，在左侧找到"权限管理"，如图 7-72 所示。

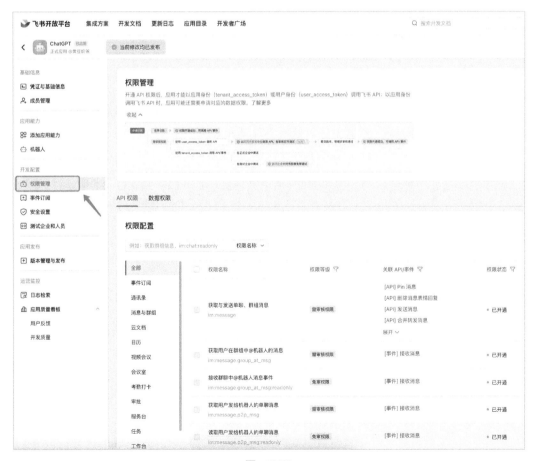

图 7-72

然后，在右侧的“权限配置”的输入框中输入“im:message”，如图 7-73 所示。

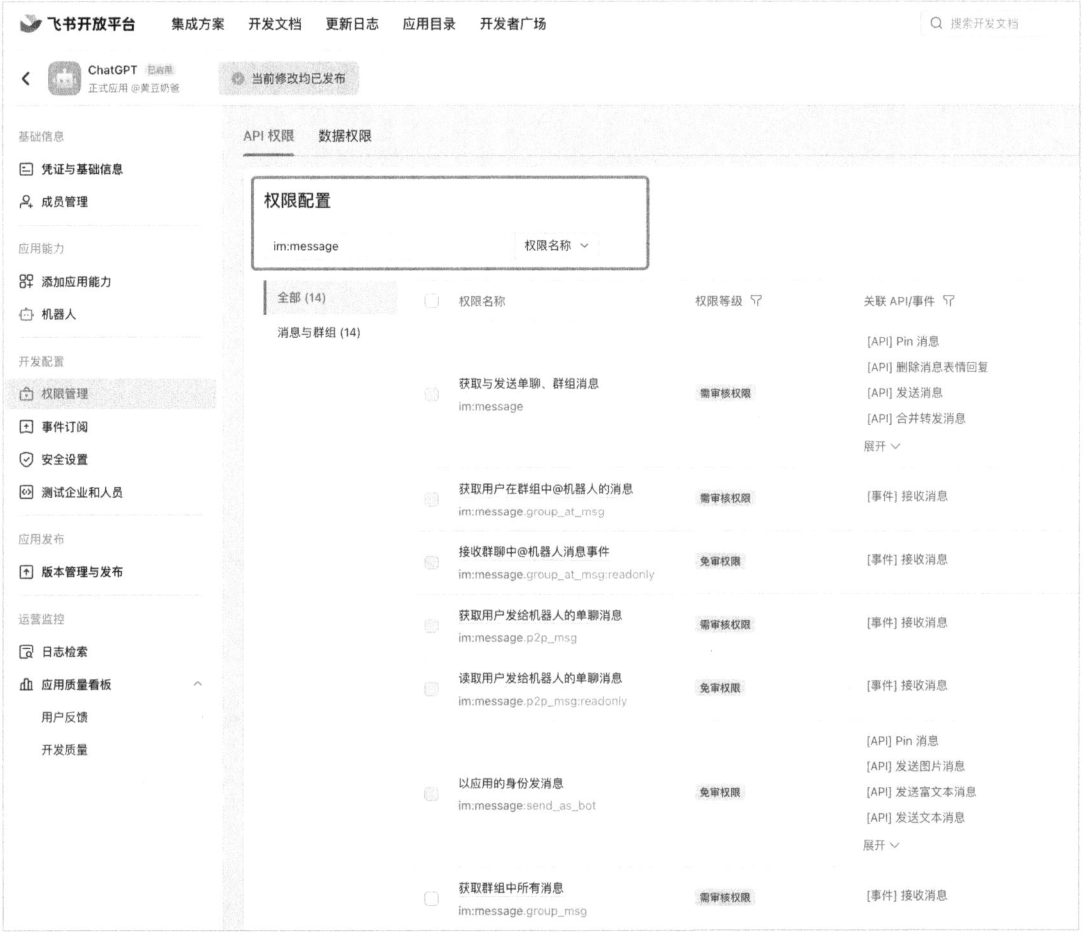

图 7-73

接着，找到前文提到的 6 个权限，在方框中进行勾选，之后单击右上角的"批量开通"，如图 7-74 所示。

图 7-74

然后，我们回到前面已配置好的 AirCode 页面，单击图 7-75 中的代码复制按钮，来复制函数的调用地址。

图 7-75

接着，我们回到飞书开放平台，在左侧菜单栏中单击"事件订阅"，并单击右侧"请求地址配置"的编辑按钮，如图 7-76 所示。

图 7-76

我们把在 AirCode 中复制的函数调用地址粘贴进去，并单击"保存"，如图 7-77 所示。

图 7-77

然后，我们在该页面单击"添加事件"，如图 7-78 所示。

图 7-78

之后，在弹窗中单击"消息与群组"，勾选右侧的"接收消息 v2.0"，并单击"确认添加"，如图 7-79 所示。

图 7-79

这样，我们就成功添加了事件，如图 7-80 所示。

图 7-80

7.6.8 发布版本，部署成功

在完成上述配置后，ChatGPT 就配置好了。接下来只需要在飞书开放平台后台找到"应用发布"，在"版本管理与发布"处，创建一个版本，填写应用版本号和更新说明等信息并保存，如图 7-81、图 7-82 所示。

图 7-81

图　7-82

在飞书平台审核通过后，ChatGPT 就部署成功了，我们就可以在飞书中与 ChatGPT 对话了，如图 7-83、图 7-84 所示。

图 7-83

图 7-84

后　记

在我撰写这本书的这段时间里，人工智能已经逐渐走进了人们的视野。很多第一波嗅到商机的人，已经将人工智能和 ChatGPT 应用到自己的工作和企业中，以帮助自己和企业提高生产力，节约成本。

中国科技巨头公司正在全力角逐人工智能和大模型领域的研发，这些领域的技术可谓是"日日新，又日新"。有人甚至开玩笑说，人工智能圈子里的一天相当于人间的一年。

百度发布文心一言后的一个月，包括阿里、腾讯、京东、字节跳动和商汤等在内的头部互联网公司加快业务布局，纷纷推出了大模型产品。可以说，大模型产品如雨后春笋般涌现。这些公司的动向可能是受到科技进步或某种焦虑的驱动，但它们明显地达成了一个共识：如果不做点什么，就有可能被时代或市场抛弃。

腾讯已经发布了混元 AI 大模型，并正在研发类似于 ChatGPT 的聊天机器人。京东今年发布了新一代产业大模型——言犀，为京东的各个业务场景提供智能化的解决方案。阿里巴巴则宣布，未来所有的产品将接入通义千问大模型，进行全面改造。

这些大型 AI 模型有望重塑各行各业，渗透到人们的衣食住行，从而构建新的商业生态。然而，这也带来了一些挑战，比如版权问题、创意风格问题，以及对部分文字工作者的潜在影响。

生成式 AI 工具在文字处理方面的精炼能力确实会对部分从事文字工作的人士产生实质性的影响。不过，从另一种视角看，生成式 AI 工具也为人们提供了自我提升的机会，因为人们将面临"优胜劣汰"的挑战。尽管人类可能永远无法在数据存储量和调用速度上超越机器，但独特的视角、对美的理解，甚至带有个人特色的"不完美"，都能为作品或产品注入新的灵感，为客户提供真正的价值。

毋庸置疑，AI 技术将全面融入日常应用并逐渐成熟，这个过程所用的时间可能要以年来计算。在此期间，那些无法更好地适应变化、满足需求的大模型产品和应用将面临严酷的淘汰。资源可能会集中在少数头部公司，它们会持续地进行自我强化。领先者可能会从适应时代转变为引领时代。

　　在这个人工智能日益普及的时代，我们面临着前所未有的挑战和机遇。人工智能的发展，尤其是生成式 AI 的进步，正在改变我们的工作方式，甚至可能改变我们的生活方式。然而，这并不意味着人类的价值会被削弱。相反，这是一个让我们更深入地了解自己、发掘自己的潜力并提升能力的机会。

　　AI 并不能完全替代人类。尽管 AI 可以处理大量的数据，执行复杂的任务，甚至模仿人类的行为，但它仍然缺乏人类的情感、创造力和独特的视角，这些是 AI 无法复制的，也是我们的优势所在。

　　我们应当善用 AI 的力量，而非抵制它。AI 能够帮助我们处理烦琐的任务，提高我们的工作效率，提升我们的生活质量，让我们有更多的时间和精力去做我们真正热爱的事情。

　　更为重要的是，我们需要持续不断地学习和进步。在这个快速变化的世界中，我们不能停止学习。我们需要不断提升技能，拓展知识领域，以适应这个不断变化的世界。

　　最后，我想强调，人工智能并非我们的敌人，而是我们的伙伴。我们需要与它共同成长、共同进步。我们应当利用它的力量，发掘自身潜力，共同创造更美好的未来。

　　在《财富》全球科技论坛上，阿里云的创始人王坚在探讨人工智能时表达了他的观点："人们担心人工智能会取代人类，但是作为曾经的心理学研究者，（我）有一个问题：我们都没有真正了解人类本身，所以它（人工智能）并不是一个故事的结束而是故事的开始。"

　　在这个 AI 技术革命的时代，独立思考、批判性思维、快速学习、独特的审美以及创新能力对人类而言变得更加重要。当 AI 能够替代我们的大部分重复性工作时，放弃思考就意味着放弃未来。事实上，或许被 AI 接管的"笔"，正在为人类的未来开启新的篇章。